翁文波《预测论基础》研究与实践

RESEARCH AND PRACTICE ON WENG WENBO'S

FUNDAMETALS OF FORECASTING THEORY

赵永胜　黄伏生　著

石油工业出版社

内 容 提 要

本书是一部比较系统、全面解读、研究和实践翁文波院士《预测论基础》的专著。

全书以科学方法论为引导，概述了传统预测理论、系统辨识与信息预测理论的关系与区别，论述了《预测论基础》的理论内涵，提出了《预测论基础》的方法论是功能模拟。同时以油田系统的预测实践以及汶川地震预报为例，阐述了信息预测理论、方法的科学性与普适性。不失为研究翁文波预测理论的有参考价值的文献。

预测是一门横断科学，该书不做特定专业的限定。可供石油行业科研人员、从事自然和社会科学研究的科技人员、大专院校的师生以及从事科研管理工作的人员阅读、参考。

图书在版编目（CIP）数据

翁文波《预测论基础》研究与实践 / 赵永胜，黄伏生著.—北京：石油工业出版社，2018.5
ISBN 978-7-5183-2482-8

Ⅰ.①翁… Ⅱ.①赵…②黄… Ⅲ.①预测科学—研究 Ⅳ.① G303

中国版本图书馆 CIP 数据核字（2018）第 046103 号

出版发行：石油工业出版社
（北京安定门外安华里 2 区 1 号　100011）
网　　址：www.petropub.com
编辑部：(010) 64523535　图书营销中心：(010) 64523633
经　　销：全国新华书店
印　　刷：北京中石油彩色印刷有限责任公司

2018 年 5 月第 1 版　2018 年 5 月第 1 次印刷
710×1000 毫米　开本：1/16　印张：19.5
字数：400 千字

定价：118.00 元
（如出现印装质量问题，我社图书营销中心负责调换）
版权所有，翻印必究

谨以此书纪念

我国石油地质学家、地球物理学家及信息预测理论创始人、中国科学院院士翁文波先生诞辰105周年。

序 一

《〈预测论基础〉研究与实践》紧紧围绕着《预测论基础》的解读及其在复杂系统研究中的特殊意义做了全面阐述。同时，从理论上对预测、系统辨识和信息预测理论的联系与区别做了比较概括的讨论，处处体现出这是一部从科学方法论角度论述《预测论基础》的著作。

19世纪，机械论的还原论世界观把法国数学家拉普拉斯引向了他那著名的被称之为"拉普拉斯妖"主张："只要给出充分的事实，我们不仅能够预言未来，甚至可以追溯过去"。

20世纪，系统科学方法的诞生彻底地改变了世界的科学前景和当代科学家的思维方式。概括来说，系统科学方法遵循着两个原则：一是整体性原则，因为整体性原则是揭示系统本质的最高原则；二是系统的有序原则。所谓序，是指系统保持自己整体特性和功能的内部结构方式与运动秩序，它体现了整体与部分的对立统一。有序是系统的本质属性，是预测的理论依据。

20世纪80年代，翁文波院士将系统科学方法与我国传统思维相结合，创建了信息预测理论，出版了专著《预测论基础》。《预测论基础》问世已经过去了33年，随着时间的流逝，人们对《预测论基础》的印象或许已经淡忘了许多，甚至或许已无印象，尽管在工作一线从事预测工作的研究人员对《预测论基础》的重要作用和意义体会颇深，但实际上信息预测理论与方法并未受到应有的重视，这是不争的事实。

《〈预测论基础〉研究与实践》重新勾起了我们对翁文波院士信息预测理论的回忆、注意和兴趣。本书对《预测论基础》的简要解读，同时，本书对于人们深入学习、研究、实践信息预测理论起到了很好的桥梁与沟通作用。同时，本书对《预测论基础》核心内涵的研究，清晰地展现了《预测论基础》作为现代预测理论的依据及其在预测领域中的地位与价值。《〈预测论基础〉研究与实践》还值得给予肯定的是，研究了信息预测理论的哲学基础，剥去了某些人的偏见及其强加在《预测论基础》上的神秘外衣，有力诠释了翁文波院士在不同场合反复说的一句话"预测并不神秘"。

通过对预测体系与预测方法的分析，进一步阐述了"体系是预测的基础"这句精辟论述对预测理论的贡献与意义。唯物辩证法的常识是，任何事物都不能离开空间和时间而存在。翁文波以惊人的敏锐与思辨能力，深刻剖析了这句哲学论点的精髓，在他所创立的信息预测理论中，紧紧围绕时空的有序性完成了《预测论基础》，完成了对传统预测理论的一次挑战，实现了对传统预测研究的一次重大突破，同时也改写了预测研究的历史。

《〈预测论基础〉研究与实践》一书是作者学习、研究和实践翁文波院士信息预测理论的总结。论述了功能模拟是信息预测论的基本方法论。从系统辨识角度研究并通过实例论证了在模型参数估计中采用递推最小二乘一类方法更能获得比较可靠的参数估计。以油田为研究对象，按照不同的预测体系给出了有关信息预测理论与方法的大量研究实例，包括油田产量、含水、累计产量、采出程度、套管损坏预测等，这些经过实践和时间检验的实例充分说明了信息预测理论的普适性与科学性。

读完《〈预测论基础〉研究与实践》全书，你会感到作者在《预测论基础》学习研究的过程中，通过对油藏工程研究对象的深入分析、辨识、建模及其应用实例，对《预测论基础》中提出的极具创新性的、精典的预测方法——Weng 旋回模型、翁氏 Logistik 模型、可公度性预测模型给出了比较清晰完整的论述。

本书是作者多年的心力所聚。将自己的时间和知识献给这项有意义的《预测论基础》研究工作，并朝着全面、正确解读的目标迈进是非常令人鼓舞的。虽然对《预测论基础》的研究某些地方或章节还不能完全尽如人意，距实现既定的目标可能还有一段距离，但客观地讲，在这方面的任何研究与进展都是很可贵的。特别是综观是书，处处尊重实践的检验，也颇具创见性，不失为研究翁文波院士《预测论基础》有参考价值的文献。可以说，该书是应用系统科学方法研究《预测论基础》思维框架的一个较好介绍，相信会引起广大读者的瞩目和兴趣。

作者将翁文波生前对《预测论基础》发行 10 年后所遇到的无奈与困惑称之为"翁文波之忧"，寓意是深刻的。我相信，这种具有指导性的解读将使人们对翁文波院士《预测论基础》有更深入的理解，相信通过该书可以使翁文波研究开拓的、具有独立自主知识产权的信息预测理论在我国各个研究领域的应用能向前推进一大步，发挥出应有的作用。同时也相信，《预测论基础》借《〈预测论基础〉研究与实践》一书发行的东风，有望能够在较大程度上扫尽、解除"翁文波之忧"。

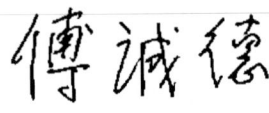

2017 年 8 月

序 二

1984年，我得知翁文波先生要出版他的《预测论基础》，我立刻去翁老家与他面谈，并表示石油工业出版社全力出版。此后，曾多次到翁老家请教讨论。我有幸负责翁文波院士几乎倾其一生心血所著《预测论基础》的编辑出版工作，在深感责任重大的同时，也深感压力重重。

《现代汉语词典》对大师的释义是："在学问或艺术上有很深的造诣。为大家所尊崇的人"。在编辑工作开始之前，我对翁文波院士《预测论基础》便有了明显的期待心理和意向性。该书虽然仅有区区8万多字，但却是一部近乎增一减一不可之作。无论在编辑过程中或是在完成之后，我始终都感到受益匪浅，劳有所值。该书出版后得到的反馈信息也是令人兴奋的，自然也感到这是我此生工作中值得骄傲的一个亮点。

距离《预测论基础》出版已经过去了33年，我也退休10载有余，可谓弹指一挥间。值此之际，《〈预测论基础〉研究与实践》一书作者诚邀我为其所著写个序，我觉得这是件多年来所期盼的、令我非常高兴的事情之一，该书出版无论对现在还是对未来都是件很有意义的事。

连续几天，与当年一样，满怀着期待，认真阅读了《〈预测论基础〉研究与实践》，读后深感作者对《预测论基础》的解读与研究尽管尚有进一步研究之必要，但总体来说是比较全面、深刻和到位的。值得称道的是，作者研究的某些独到之处对于充实、完善翁文波信息预测理论与方法不但是必要的，也是很成功的。

这些年来，我一直关注着、并对翁文波院士预测理论的应用情况也有一些了解。正如作者所说的，翁文波几十年苦心专研创立的信息预测理论并没有得到应该有的应用，并没有发挥出它应该发挥出的作用。特别是每当翁文波院士逝世周年纪念的时候，当看到追思缅怀，继承发扬翁老的遗愿，将信息预测论发扬光大等一通表白之后，仍是久久不见推广应用的迹象与成果，深感"非不能也，是不为也"，"翁文波之忧"依然存在着，并时刻缠绕在作者的心怀。

摆在面前的是一本有分量的好书。以往的研究、平时的阅读已经使作者有了原始积累，退休后又重读《预测论基础》，回头写一点学习研究应用体会也毕竟是心中有数。同时，作者以此为课题又开始进行了大范围的阅读，补充了视野里的盲点和科学哲学史的盲点。这使得作者有信心将它写成一本经得起时间考验的、在书架上存放时间能够稍久远的好书。作者认为，学习研究《预测论基础》，最根本、最核心的问题是搞清楚《预测论基础》的基础究竟是什么？在书中，作者论述了《预测论基础》的哲学基础、《预测论基础》的理论基础、《预测论基础》的方法论基础；作者虽然对各种预测方法与理想完善方法的比较未做过多的阐述，但对预测面临的实际问题与误区进行了详细的论述。此外，作者还叙述了一些预测研究的经历，它使得这本书有了一些个性化的特点。

《〈预测论基础〉研究与实践》是第一部比较系统、全面论述学习、研究和实践翁文波院士《预测论基础》的书籍。作者是以科学方法论为导引，特别是在跨学科的科学方法的导引之下来表达自己对《预测论基础》的思想和观点。因此，该书也是对预测理论进行深入探索的一部著作。

所谓学习，是指对《预测论基础》的简要解读；所谓研究，是指对《预测论基础》核心内涵即预测的基础究竟是什么的归纳；所谓实践是指作者对《预测论基础》的应用。作者认为，《预测论基础》中灾变预测方法的灵魂和精髓就是隐藏在"复周而复始也"中的可公度性。简而言之，离散的就是可数的，可数的就是可公度的，可公度的就是可预测的基础。结论如此简单，简单得令人惊讶，然而它却深刻揭示了灾变预测理论的本质基础，在预测领域已经产生或正在产生着深刻的影响。通过《预测论基础》中灾变性及生命旋回预测模型的应用实践，作者向人们深入浅出地描述、阐明了《预测论基础》能够完成人们想要完成的所有预测任务。

作者多年来用了大量的精力，一直在试图寻求《预测论基础》的解读。虽然所寻求的答案还缺乏系统和深刻，就连作者自己也不甚满意，但却给我们留下了探索的足迹，为《预测论基础》的解读提供了有价值的思维成果。对于刚刚涉足预测领域的读者来说，虽然书中尚有诸多难解的数学公式、深奥的解题方法和艰涩的专有名词，但作者呈现给读者的思想是非常宝贵的，也是十分深刻的。

我想无须再多说什么，相信当你读了《〈预测论基础〉研究与实践》之后，一定会领略到这部充满数学理性与深富哲理之书给予人们的是难得的启迪，如研究思维的启迪、研究方法的启迪、研究精神的启迪、科研道德的启迪……

2017年8月

前　言

自从有了人类几乎就有了预测。几千年来，世界各地的预测领域一向是学派林立，深晦莫测。我们所从事的研究是油藏工程，而油藏工程所研究的是一个"看不见、摸不着，既不能称量、不能计量，也不能试验的系统"（F.F. 克雷格）。这个领域充满了神奇，也充满了无奈。要想知道地下储层的空间分布，要想知道驱油过程中油、气、水变化历程，所用的研究方式、方法虽然很多，但最终可归结为一类——预测。

我们很赞同和欣赏这样的一种观点，即"科学工作者最重要的一点是要有'创造性智慧'，要有'思想'即Idea，科学研究中必须要有自己的Idea，否则就是复制，就是模仿，不是创新，更不是创造"。翁文波是一个富于创新的科学家，他以当代预测家的才华和博学，果敢地来到这个多种传统科学之间的边缘地带。他大胆冲破传统科学方法的束缚，吸收了统计学的合理部分，摒弃了完全取决于作用条件的机械唯物主义形而上学，将中国传统思维方法和当时科学已经出现的系统、随机、复杂、信息等最新概念结合起来，仅着眼于行为、功能的一致性，进而创立了信息预测论。可以说，信息预测理论与方法，在"复杂、复杂性与复杂系统的研究的无望中"闪现了一线希望，为灾变预测提供了一种方法，为探索复杂奥秘指出了一条重要途径。

翁文波院士的《预测论基础》已经问世33年，33年来，对《预测论基础》的应用状况仍然是议论有余。我们的体会是，若对《预测论基础》这样一本思想丰富、深邃的著作做出全面和终极的评价是比较困难的。在学习、研究、实践《预测论基础》的过程中，读者可能会被某些章节所困惑，这可能是因为少数章节对读者来说简直太专业化了，而可能又被另一些章节所惊叹，因为有些太神奇了，偶尔也会产生怀疑，认为不可思议，但无论哪种可能，从知识的角度来看一定会得到全面的长进。如何才能将翁文波院士的信息预测理论与方法推广下去，考虑到学习《预测论基础》，苦于没有一本概述性的入门读物，预测研究人员或预测学习者不得不从大量的原始文献中体悟、琢磨对《预测论基础》有关问题的理解，费时费事。受一种责任心驱使，我们将多年来研读信息预测理论与方法的成果浓缩、提炼、串连在一起并添加了一些缺环，具体通过"预测概述""系统辨识概述""《预测论基础》简要解读""《预测论基础》研究"及"《预测论基础》的实践"等几个主要部分，形成了这本以解读、研究、实践为一体的读物，初衷是希望能够对《预测论基础》给出深入浅出的几点理论性的解释与说明，并希望能够引起读者的注意与兴趣，对《预测论基础》有更进一步的了解。对初次步入预测领域的研究人员有科普的作用，对经验丰富的预测人员有激发灵感的作用，全方位推进《预测论基础》的应用，实现翁文波院士的遗愿，让我国学者独创的信息预测理论在中国的大地上生根、开花和结果。

通常，科学专著写作的核心问题在于简洁的描述从假设到结论的逻辑过程，往往不进行展开性的、大量的详细描述，并且只要有可能，著作者一般都会使用规范化的简写。《预测论基础》的写作就是如此。对于《预测论基础》的解读与研究，有很多相当不错的参考书目，吕牛顿、赵旭东、王明太、王志明、李均之、郭增建、徐道一、耿庆国、白志强等一批学者从不同角度、以不同的方式都曾有过令人耳目一新的论述[1, 2]，中国科学技术发展基金会翁文波科学发展基金和中国地球物理学会天灾预测专业委员会召开的"翁文波预测学术研讨会"详细记录了这些研究的理论与实践成果。虽然我们深知对翁文波院士《预测论基础》的探索研究是远远不够的，但作为信息预测理论的追随者、实践者总觉得有义务、有责任，并力图采用一种比较正规的方式将人们对《预测论基础》的研究成果系统化，或许对于解除某些读者理解上的困难与障碍有所启迪和帮助。有此考虑，所以在材料编排的顺序上注重符合认识的逻辑，使读者对《预测论基础》的实质有更多的了解，并希望通过自己的预测实践让读者对信息预测理论与方法有更深刻的认识。

简而言之，本书是将我们对信息预测理论的理解及其在实践中应用的部分整理出来的结果。确切地说，是在自以为是的学习阅读中不知不觉地完成了对大师著作的解读。这里饱含着对真理的向往与渴望，也饱含着对权威的崇拜。开卷有益，虽然翁文波院士的《预测论基础》从某种程度上可以说改写了预测的历史，但现实仍然是"不信者视为玄学，而信者恒信"。有人说"今天时代的问题之一就是那种认为科学团体及其理论的孤立状态是正常的倾向"。因此，呼吁必须要为科学理论与社会间的沟通打开新的渠道，本书正是在这样的思想指导下写成的。《预测论基础》内容博大精深，要揭开《预测论基础》的神秘面纱，展现出她的伟岸，需要一定深度的哲学与数学知识。虽深知不能胜任，充其量也只能是在极为有限的范围内尝试掀开她的面纱一角而已，但如果本书能对您有所启发，我们也会心满意足。

信息预测理论与方法还处于发展之中，处于探索之中。研究与认识是肤浅的、理解是有限的，相信错误一定很多，恳请专家、学者和有耐心的读者批评指正，或许还能创造再版的机会，我们将不胜感谢。

目　　录

绪论 ··· 1

第1章　预测概述 ·· 7
1.1　预测基本理论 ··· 7
1.2　预测方法 ·· 21
1.3　预测中的误区 ·· 38
1.4　预测中应注意的问题 ··· 43

第2章　系统辨识概述 ·· 49
2.1　系统辨识的定义 ··· 50
2.2　系统辨识的目的 ··· 51
2.3　系统辨识的内容和步骤 ·· 52
2.4　系统辨识的分类 ··· 53
2.5　系统辨识的方法 ··· 54
2.6　建立数学模型的基本方法 ··· 63
2.7　系统辨识的条件、基础与类型 ·· 64
2.8　数学模型的分类 ··· 66
2.9　系统辨识建模过程中应注意的问题 ·· 67

第3章　《预测论基础》简要解读 ··· 69
3.1　翁文波信息预测论的哲学背景 ·· 69
3.2　《预测论基础》解读基础 ··· 83
3.3　《预测论基础》解读要点 ··· 88
3.4　《预测论基础》的几个主要模型 ·· 110

第4章　《预测论基础》研究 ··· 133
4.1　《预测论基础》核心内涵 ··· 134
4.2　信息预测与统计预测的区别 ··· 142
4.3　《预测论基础》的基本方法论——功能模拟 ·································· 143
4.4　信息预测方法 ·· 151
4.5　信息预测模型研究与改进 ·· 158

第 5 章 《预测论基础》的实践——以油田为例 ················· **190**
   5.1 油藏渗流系统概述 ·· 190
   5.2 油藏工程研究的内容 ·· 199
   5.3 油田动态预测的历史与现状 ·· 204
   5.4 油藏系统功能模拟的可行性 ·· 231
   5.5 信息预测理论与方法应用实践 ·· 234

第 6 章 《预测论基础》的未来与思考 ··· **275**
   6.1 "翁文波之忧"何时了 ·· 275
   6.2 史蒂芬·霍金对预测的研究 ·· 276
   6.3 《预测论基础》推广的艰难 ·· 277
   6.4 解除"翁文波之忧"的关键之举 ·· 281
   6.5 《预测论基础》未来与思考 ·· 285

参考文献 ··· **289**
跋 ··· **293**
附录 1 翁文波及其《预测论基础》 ·· **296**
附录 2 回答王志明同志五个问题 ··· **297**

绪 论

> 在终极的分析中，一切知识都是历史；
> 在抽象的意义下，一切科学都是数学；
> 在理性的基础上，所有的判断都是统计学。
>
> ——C.R.劳

因为有随机性，所以才需要预测。预测同任何科学一样，是数千年人类文明发展史的产物，离开了历史，无从谈预测，更遑论预测学了。也正是基于这样的历史唯物主义观点，预测人员通常将预测的特征概括为"根植过去，立足现在，展望未来"。

世界诺贝尔物理奖获得者爱因斯坦说"时间是一种错觉"，诺贝尔化学奖获得者伊·普利高津说"确定性是一种错觉"，究其始作俑者就是因为"非线性"与"复杂"。为了解决复杂问题，人们研究、提出并创立了各种各样的理论和方法。

客观而准确地说，我国石油业界的预测研究起始于20世纪80年代。1979年8月30日，石油工业部在玉门油田召开了"全国油田开发科研项目协调会"。会议由石油工业部副部长闵豫主持，27个单位249人参加，制订了以"六大学科和十大工艺技术"为主要内容的油田开发科技发展规划，并明确提出了要加强采收率预测研究，开启了目的明确的石油科技预测研究的新纪元。自1979年以来，石油科研人员进行了大量的探索性研究与实践，取得了一些可喜的成果。特别令石油界引以为骄傲的是，地质学家、地球物理学家翁文波院士于1984年成功完成了具有时代意义的著作——《预测论基础》[3]。该书出版发行后，引起了国内外预测学者的高度重视，并赢得了高度评价。

1 《预测论基础》与"翁文波之忧"

复杂性科学是通过揭露和克服还原论的片面性和局限性而发展起来的。有人将复杂系统的复杂性概括为非线性、多样性、多重性（或多层性）、多变性、整体性、统计性、自相似性、非对称性、不可逆性和自组织临界性等 10 大特性。显然，现行科学研究的理念、理论、方法、知识与经验已经在不同程度上表现出了不适应、不胜任复杂系统的预测研究。更为重要的是，长期以来人们所信奉与遵循的预测就是根据事物发展的规律进行外推的这一金科玉律也受到了挑战。为了研究解决复杂性问题、为了认识物质运动的本质，我们需要理论，而理论是创造出来的。翁文波院士的《预测论基础》一书中提出的信息预测理论就是应对复杂系统所创立的一种理论与方法。

几百年前，亚里多士德就写下了这样的话，"科学是无用的学问，不抱任何功利目的的人才会献身于科学，才促使了科学诞生与发展"。因此，对于科研人员来说，特别是对于一位学者，一位有成就的科学家，最关心的是科研成果能否得到科学界的承认，能否得到普遍推广应用。当信息预测理论创新成功后，翁文波院士直言"在推广上遇到了困难"，感慨与无奈的是"非不能也，是不为也"。

《预测论基础》问世 10 年之后，1994 年 5 月 28 日翁文波院士认真而又严肃回复了王志明同志的 5 个问题（见本书附录 2）。该回复函可归结为两点：一是指出了《预测论基础》的理论创新在于通过在自然体系的属性上引入了不确定性、不稳定、非排中、可数（量子化、离散性）、可公度等概念，在认识体系的属性上引入了片面、模糊、灰色、分体等概念。在数学方法中，从以求共性为主的统计学，开拓到以求特性为主的信息学。于是，信息预测论就将原本排除在技术预测研究范围之外的，从中微子质量、地震到洪水等自然现象变成为可研究、可预测的对象。二是对《预测论基础》命运的担心。书面文字叫做"存在的问题与我们的困惑"。"《预测论基础》一书的出版，标志着一个新学科的提出，但她像一个先天不足的婴儿，在一片荒野中诞生了。我们的困惑是，有谁将成为她的热心的抚养人"？紧接着翁文波又满怀忧虑地说，"目前，她的命运并不十分理想，在这种种不利因素的背景后，还有一个最基本的问题，那就是任何新的学说，都有一个被认识的过程，如果她没有被遗忘，这可能要等几年或十几年的时间"。说到如此程度，翁文波院士仍不放心，仍然担心不能引起人们的重视，于是他在对 2000 年的思考中又严肃的写道，完整和科学的"预测学"将是人类文化在信息时代的一个核心，"如果她有足够的生命力，一个比较完整的'预测学'将在下一个世纪诞生"。1994 年 9 月，病重住进医院期间，他曾反复强调"我死不足惜，唯一放心不下的是如何把预测论研究告一段落""希望找到可靠的人接我的班，使预测论的研究继续下去"。

在我国科学研究的历史上，曾有过无数惊人相似的故事，也正是这些故事时刻提醒、激励着人们努力向前。例如"中国科学为什么长期停留在经验科学阶段

（原始型或中古型的理论），而没有上升到理论科学阶段"？这个著名的"李约瑟之谜"至今没有完全破解；"为什么我们的学校总是培养不出杰出的人才"？这个人人皆知的"钱学森之问"，至今还没有完整的答案。而对《预测论基础》推广的无奈和担忧，"有谁将成为她的热心的抚养人"？堪称20世纪的"翁文波之忧"。

种种事实告诉我们，尽管翁文波的《预测学》[4]已于1996年出版，但从《预测论基础》《预测学》出版到现在，33年过去了，综观石油业界预测理论的研究与应用现状，不能不令人感到翁文波院士对《预测论基础》的担心与困惑却依然存在着。

2 《预测论基础》是预测理论的突破

我们在油田的预测领域里辛勤耕耘了几十年，在科研工作中结识了一些科研院所和高校从事系统辨识、预测、优化及复杂性研究的老师和朋友。尤其是经过与黑龙江大学韩志刚、邓自立教授的一段愉快合作之后，对辨识、预测问题有了更深刻的认识。1984年，在大庆油田开发规划经济数学模型研究过程中，有幸结识了翁文波院士，拜读了《预测论基础》。此后我们曾先后几次就预测问题请教过翁文波院士，受益匪浅，并在学习与实践中逐步认识到了《预测论基础》的理论价值与意义。

"科学是建立于可检验的解释和对客观事物的形式、组织等进行预测的有序的知识系统"。简单地说，定义科学的作用在于"解释和预测"。显然，预测在科学中的地位是何等重要。

1966年3月8日，河北邢台发生了6.8级强烈地震。次日，我国著名地球物理学家、石油地质学家、中国科学院院士翁文波教授，接到石油工业部领导通知，奉周恩来总理之命前往地震现场考察。4月27日，周总理召见翁文波和李四光院士，希望他们能开展地震预测研究。1967年3月，河北河间又发生6.3级地震，周总理又单独召见翁文波，希望他能在地震预测方面放异彩。翁文波教授接受了周总理的委托，开始了地震预报研究。从此，他改变过去近30年所从事的科研方向，又重新操起"地震预报"的旧业，着手研究天灾预测。他很有感慨地说："科学的成功是需要很多人铺路的，其中也包括很多的科学家，我对于预测论的研究也许只能起到铺路石的作用，我就做一个铺路石吧"。话外之意并不是胸有成竹。

基于系统科学的理论与方法，经过近20年的潜心刻苦研究，翁文波院士突破了传统科学方法的局限，在预测研究领域做出了开拓与卓有成效的创造性研究，独立完成了20世纪惊世之作——《预测论基础》，创立了引人瞩目的信息预测理论，这是现代预测领域研究中取得的一项重要成果，为预测学的研究与发展奠定了较坚实的基础。

翁文波认为，预测研究是一个庞大的体系，依据不同的标准可以将预测划分为以统计学为基础的统计预测和以信息学为基础的信息预测。对于一类以机理为基础的"因果预测"问题，《预测论基础》一书中未予过多论述。所谓"因果预测"本质属于唯理一族，而唯理者侧重于讲道理，从理论出发，原则是一种理论解释一种现象。而回归可以看作是拟合模型中的一种比较重要的特款，基于回归分析可以研究多因素的相关性，所以可用于所谓"因果预测"。对于唯理与唯象，翁文波院士给出了下述的定义与解释：在预知的信号的物理意义和定义至少有一部分是确定的，或者是可以推理得到的，这样看待信息是唯理的；而拟合信号，即对信息的定义和性质不作任何假设，而从实际情况里找出信息来，这样看待信息是唯象的。历史上唯理与唯象曾有过争论，并在争论中逐渐互为补充与融合，今天已经没有了截然的界限。实践表明，预测领域的研究方法很多，这些方法既有一些共同性，又有各自的特殊性，通常不能对其作一个绝然分明的区分。世界上各国对预测的分类也各不相同，翁文波将其归为统计预测、信息预测和因果预测三种类型，这样的划分已不再是具有相对性的意义了，这对于预测理论来说是极为重要的一个进步。

翁文波院士创立的唯象信息预测论，它既有别于传统的统计预测，又不同于一般的时间序列分析技术，给人以独辟蹊径、简洁明了之感。其理论基础和学术观点具有不容忽视的哲学和科学认识论意义。世界是物质的，本质是概率的。翁文波将具有普遍分布意义的正态分布、泊松分布、逻辑斯蒂分布引入到信息预测理论之中，并将其改造成具有普适性的预测模型，这对预测理论与方法的贡献也是前所未有的。其中，Weng旋回和翁氏Logistic模型，在生命科学系统、资源有限的油田系统预测中具有普遍应用价值。

《预测论基础》所论述、推荐和介绍的方法与实例中，最令世人瞩目的是灾变预测模型——可公度信息系。可公度性是自然界的一种秩序，所谓秩序就是有规律可循。翁文波将可公度的信息系从天文学扩张到预测学，并成功地运用于灾变预测之中。先后作过252次各类天灾的预测，实际发生的有211次，从定性角度看准确率83.73%，不仅证明了信息预测理论及方法的科学性、可行性，而且也预示了建立现代系统预测科学的可能前景。

3 《预测论基础》推广应用步履维艰

《预测论基础》是具有自主知识产权的创新成果，获得了石油系统科技进步成果二等奖，并得到了国内外一些预测研究者的认可、赞许和关注，但却没有得到应有的推广与应用。

对于预测研究应用的人员来说，如何在众多的方法中选择出最适合于预测问题的方法，是预测的关键一步。预测方法的选择，不但要看它能否作出比较准确的预测，而且还要考虑方法的理论基础的正确性，而在理论正确的前提下，关键是用户的接受能力和态度。分析认为《预测论基础》没有得到广泛应用的原因可能有五个：

一是翁文波院士在《预测论基础》绪论里写道："笔者相信，读者如果有普通高等数学的一般知识和必要的耐心，一定能够理解笔者提出来的预测方法和方向，并且为开拓新的领域和途径做好准备，使将来的预测工作更有成效"。实际的情况是，只有普通高等数学知识要读懂《预测论基础》一书是有一定困难的，甚至是有较大的困难。因为读懂《预测论基础》不但需要有普通高等数学知识，还需要有"老三论"（信息论、系统论、控制论）、"新三论"（协同论、耗散结构论和灾变论）以及现代控制数学、系统辨识等基本知识。

二是翁文波院士在绪论里写道："为了避免阅读上过分耗费时间，文字上力求简短，也不做详细的推导和讨论"。正是由于文字上力求简短，往往使读者失去了耐心，自然也就难以为继了。

三是在油田预测研究领域里弥漫着一种模糊认识，认为这类信息预测模型缺乏机理的有力支撑，因此模型的预测结果也是不可信的。这种认识对于《预测论基础》推广应用的影响比较大或者说特别大。回顾自《预测论基础》问世以来，争议就一直存在着。尤其是对用于灾变预测的"可公度性方法"争议较大。一种观点认为，作为一种方法，它具有可行性，需要在实践中不断地探索和研究；另一种观点认为，"可公度方法没有从机理上说明问题，仅凭数学计算来确定地震发生趋势，是不具备研究价值和实践上的可行性"。科学研究需要清晰，不能有半点的模糊，追求使用的预测模型机理清楚也是很正常的。信息预测理论一个重要的方法论是功能模拟。所谓功能模拟，是一种以功能和行为上的相似为基础，用模型模拟原型的功能和行为的方法。该方法在建模时不是从因果论出发，并不要求模型与原型具有相同形状和结构，而只要求它们是同构系统或同态系统，具有相同的功能与输出。

四是翁先生没有注意到在预测领域中存在一个非常现实的问题，那就是如果用户的主观缺乏对新事物的热情，对预测方法不学习、不明白、不理解、不认可，那么，这种方法再好也是不会得到应用的。

五是书中列举的预测实例内容比较宽泛、高深、广博。某些科技人员可能感到离自己的专业太遥远，甚至无关，难以举一反三，消化吸收，因而失去了兴趣。

关于书与读者的关系，史蒂芬·霍金这样说："一本书中多一个公式就会减少一半读者"。《预测论基础》的公式究竟多不多，多多少，没有人研究，但公式较多是事实。上述"一个公式与一半读者"的关系虽然是不正常的，但这也许是《预测论基础》的读者群不够兴旺的原因之一。

从系统的观点来看，凡是能用的预测方法都是不应该拒绝的。科学研究需要创造新的方法，也要注意在明确体系特征的基础上选择更合适的预测方法。对此，翁文波给出了下述精辟的论述："体系是预测的基础，没有搞清楚信息体系的特征（如没有考虑到长周期的变化）或者对体系的原始认识不同（如体系的范围起了变化，未考虑到某种突然事件发生了等）都会引起预测的失误"。可见真正搞清预测体系的特征，选择合适的预测方法，对于取得预测的成功是非常重要的。

特别值得注意的是，只要选择的预测方法合理、得当，加减乘除也可发挥最积极的预测作用，这可以说是翁文波院士预测研究、实践的认识与收获，也是最惊人之处。预测不是神机妙算，它只是人们借助大脑或数学模型对未来做出的力所能及的判断或估计。预测也不能完全消除未来的高度不确定性，它的最大价值在于向决策者指出了事物按照过去和现在的变化规律发展下去，或在假设了某些变化条件的前提下，将会达到一个什么样的境地。因此，对预测功能与作用过低贬斥和过高评价都是有失偏颇的，只有充分认识到这一点，才能对预测中出现的许多失误、失败给予充分的理解，才能有助于预测研究与应用。

第1章 预测概述

> 预测的挑战在于我们运用直觉及横向思维的能力，在某种意义上讲，就是识别风险和已有信息中那些固有的不确定性的能力。
>
> ——詹金斯博士

预测是一种描述未来、对事物发展高层次的认识手段。预测同任何科学一样，是数千年人类文明发展史的产物，离开了历史，无从谈预测学。因此，凡是涉及事物或事件未来行为、状态或数量的推测都属于预测学的研究范围。预测是由人完成的，由于人的知识经验、心理素质、认识水平、所处环境等不同，对同一问题的看法往往也不尽相同。正如詹金斯博士所说"预测的挑战在于我们运用直觉及横向思维的能力，在某种意义上讲，就是识别风险和已有信息中那些固有的不确定性的能力"。由于预测研究的内容很广，为阅读《预测论基础》方便起见，这里将有关"预测"问题分成若干个部分，并给出每个部分的简单阐述，这里的阐述不是具体的理论与方法，而是通过预测思想、逻辑与方法的介绍，希望能够对"预测"问题实现从理论、方法到应用形成一个比较完整的、轮廓性概念，进而对《预测论基础》学习、研究、认识与实践奠定一定的基础。

1.1 预测基本理论

英国神经生理学家及控制论专家威廉·艾什比在《控制论导论》中有这样的论述"所有的事物实际上都是黑箱，并且我们从小到老一辈子都在跟黑箱打交道"。显然，要打开黑箱，要了解黑箱的秘密，预测是一条有效的途径，所有揭示黑箱秘密的思想、技术、方法的集合就构成了预测的基本理论。

1.1.1 预测的发展历程

预测是一个古老的概念。自从人类诞生以来，其实预测活动就已经随着存在了。目前一种普遍的观点认为，预测作为一种社会活动，已经有了几千年的历史。而对预测的研究，先后经历了神秘、宗教、哲学几个阶段之后，已进入科学的阶段。也就是说，预测真正成为一门自成体系、独立的学科是近几十年的事情。

第二次世界大战以后，预测技术得到了迅速发展，这主要是由于数学、统计学与社会科学的交叉发展，为预测由经验上升到科学提供了理论基础。20世纪40年代电子计算机的诞生及其发展为预测技术提供了强有力的手段。而社会、经济、科学技术统计指标体系的建立，又为预测技术提供了丰富的资料基础。60年代以来，卡尔曼滤波理论的出现，使得平稳时间序列的预报、内插的平滑方面工作有了新的进展，产生了博克斯（Box）—詹金斯（Jenkins）预报方法、自适应预报方法等。这些预测技术无论从理论上还是从应用上看，都具有十分重要的意义。据不完全统计，各种预测方法的总数多达300余种，并主要是以统计预测方法为主，并在社会各个领域得到了不同程度的应用。

实践中人们发现，所有这些方法在应用过程中都有一个共同的缺欠，即随着预报时间（或步数）的增大，方法预报误差也很快增大。发生这种现象的原因，主要是由于用来建立预报模型的辨识方法本身的缺欠所造成的。客观上，动态系统自身发展变化的规律是具有时变特征的，然而在进行预报时所用的模型往往是非时变性的。一般的自适应预报，虽然在进行辨识时注意到了系统的时变特性，而在进行向前多步预报时，预报模型的参数仍是非时变的。也就是说，这些方法在预报过程中把一个时变系统作为非时变参数系统来处理，预报误差也必然随着预报时间（或步数）的增大而增大。鉴于这种问题存在的普遍性，预测研究人员进行了大量有效的研究并取得了一些可喜的成果。其中，1982年韩志刚教授提出的"动态系统多层递阶预报方法"受到了世人的瞩目。这种方法的基本思想是把时变系统的状态预报分离成为对时变参数的预报和在此基础上对系统状态的预报两部分，尽可能考虑系统的时变性，因而可以使预报精度有较大提高。

20世纪80年代初，翁文波院士的《预测论基础》问世，标志着信息预测理论的诞生，这为进一步发展、完善预测方法奠定了具有革命性的理论基础。该书的精彩之处在于对可公度性给出了惊人的重新解释。"可公度性在某些条件下也是有序之源"。这与诺贝尔化学奖获得者比利时化学家伊·普利高津"有序来自混沌、非平衡是有序之源"的说法如出一辙，别无二致。特别是，信息预测理论对地震、旱涝等自然灾害成功预测的实践震惊了世界。而预测方法的简单、简单的甚至令人难以相信其预测结果的可信性。老子说"大道至简",复杂性研究的结论是"简单是高级形式的复杂,越是高级的东西越是简单"。于是惊呼翁文波是"走出黑洞的老人"。

"科学就是整理事实,以便从中得出普遍的规律或结论"(达尔文)。由于各种预测研究都是建立在对客观世界规律认识基础上的认识活动,而预测研究是创造性活动流程的起点,即预测→规划→决策→创造。显然,人们有了一个最重要的认识:决策失误是最大的错误,是最可怕的错误,而预测是决策的基础。在这种认识的前提下,人们对预测的研究除了继续探索新的预测理论与方法之外,在充分研究、利用好现有的预测方法的同时,还注意到了对预测误区及预测过程的条理性、真实性问题的研究。在预测过程中,尽管人们普遍认为不存在单一的"最好"预测方法,同时也承认预测方法的选择在很大程度上与个人喜好有关,与人们主观上选定的相对重要的因素,诸如预测精度、方法易于使用性等有关。与此同时,人们也充分认识到不可追求预测结果符合某种主观意愿,如果迎合长官的意愿、受长官意志驱使,不断地修正数据和模型,那么,这样的预测往往是徒有虚名。

翁文波的信息预测理论和方法,无论在理论上还是在实践上完全可以满足和解决各类系统的预测问题。因此,除了要不断学习、研究、完善信息预测理论和方法,同时要加强对预测进行事后分析。从检查过去的预测、特别是在那些错误的预测中总结教训,在今后的预测中尽量避免再犯此类错误。但这也无法保证今后始终都能做出完全正确的预测。正如 W. 邱吉尔所讲的,"这些错误我们可以不再重复,但我们自己还会犯许多新的错误。"尽管如此,但排除已知错误之源,必然会改进预测,提高预测在决策中的效用。

1.1.2 预测的哲学基础

预测是一门跨越时空的透视科学和艺术。预测的基本逻辑就是在研究历史和现状的基础上,根据事物的客观规律,对其未来做出科学地推测。或者说在确认现在与未来之间具有密切的联系的基础上,人们通过对事物过去和现在的研究,提出、把握两者的规律性联系,并将其引向未来,从而对事物未来状况做出正确、合理预测。

显然,"存在决定意识"是解释科学预测活动的哲学基础。从哲学的角度上看,事物的客观存在中已包含着未来发展的基本趋势或萌芽,人们对事物的未来所作出的预测就是对事物现状中所包含的未来发展趋势或萌芽的反映。而这种反映的正确程度,主要取决于人们实践的广度和深度,以及科学思维的广度和深度，一句话，取决于人们对信息的认识和驾驭能力。于是，有人认为以明确的实践性和高度严密性为主要特征的预测技术，是一门跨越时空的透视科学[5]，更是一门有着巨大社会功用、哲学基础牢靠、新型的创造性思维科学。

翁文波院士认为预测的哲学基础在于认识论。他认为在哲学中，经典的划分是思维和物质，反映在认识体系中，即是思维的抽象体系和物质的物理体系。由于人工智能和计算机的出现，导致构成人类的认识体系又增加了一个体系，即信息体系。抽象体系如果只讨论数学抽象，它的基础是集合、公理和关系；物理体系承认时间、空间和物质的客观存在，时间和空间是连续的，与单位和原点有关，物质是可数的，只与单位有关；信息体系建筑在物理体系之上，承认信息、知识和智能的存在，信息的存在自然导致承认人和机器（计算机）的存在。因此认为，抽象、物理和信息三大体系构成了信息预测的哲学认识论基础，拓展了预测的范围，发展、完善了预测理论，奠定了信息预测理论的基础。

1.1.3　预测的使命

一般而言，预测的使命有两个：一是科学地预测各类系统未来的状态，将这些未来情形概要地或相对具体地描绘出来，摆在决策者的面前。让人们知道将会发生什么，又将会怎样发生，其中哪些是必然的，哪些是偶然的，从而使人们能主动地选择和控制未来。二是从理论的高度研究、完善已有的预测方法，探寻新的、科学的预测途径、方法和步骤。为人们提供最基本、最一般的科学预测手段，使人们懂得怎样才能在各自领域里自觉、有效地预测未来，进而实现系统的决策最优化。

1.1.4　预测的特征

预测是认识客观世界的一种方法，预测的实质是在可靠的原始信息基础上研究客观事物过去、现在和将来的演变规律性，包括自然规律和统计规律，并对其未来做出比较科学地推测。然而必须清楚的是，当这种演变规律能用于判断未来时，将其称之为"预测规律"。但"预测规律"还不完全等同于系统的客观规律。因此，如何使"预测规律"更接近客观规律，这才是预测研究的核心。研究的成功与失败关键在于最终对系统未来的控制是否提供了比较科学、合理的依据，一句话就是预测是否准确。

由于预测是对目前尚未发生的事件的推断，因此预测有两个明显的特点：一是探讨系统未来的状态演变规律；二是推测、研究与未来有关的不确定性。其作用就在于帮助人们逐步认识和控制这种不确定性，使之对未来的无知降到最低限度，从而避免决策的失误。

1.1.5　预测的途径

在预测的研究与实践中，存在着两种截然不同的研究思想方法，从而导致预测及预测方法的研究也沿着两个不同的方向发展着。

1.1.5.1　传统的分析方法

1962 年，美国科学哲学家托马斯·库恩在《科学革命的结构》一书中提出并阐述了范式的概念和理论。所谓范式是指常规科学所赖以运作的理论基础和实践规范，是从事某一科学的研究者群体所共同遵从的世界观和行为方式[6]。

随着认识能力的提高，古代那种粗糙、笼统的观察—猜测方法必然为近代科学精细、分析的实验—数学方法所取代。所谓传统的分析方法就是把一个整体分成几个细小的组成部分，深入地研究其中每个部分，然后给出整体的规律性。例如，原子论者德谟克利特认为世界仅仅是一部受着盲力驱动着的机器。世界的变化并没有什么偶然性。更为著名的是法国数学家拉普拉斯决定论。拉普拉斯认为，由于所有的物理系统都遵循着牛顿定律，于是在 1819 年他宣称："世界上没有什么是不确定的。即使未来对我们的眼睛来说可能会表现出不确定性，实质上它在每一个时刻的每一细节上都已固定下来了"。200 多年来，人们相信拉普拉斯所说的，并认为世界就像一部机器，只要能够找到构成这部机器的最基本部件及其运动规律，那么机器的未来也就确定下来了。在这一范式或思维方式下，人们试图通过事物结构的解剖和部分运动规律的把握来预测其未来。一切不确定随机事件的发生，都被归咎于那些尚未得到了解的或未知因素作用的结果，以为只要搜集到有关系统的足够信息，一切事件自然也就确定了。正是这种还原论的思想，深深地影响着西方人，并一直在科学研究中占据着主导地位。于是形成了在分析的基础上试图通过探求其结构和机制，进行解释的白箱原则。出现了由内部的构造阐述外观行为的理论。贝特朗菲说：把复杂的现象分解成基本的部分和过程，这是科学从创立到现代实验活动的概念，"规范"。

实践中，人们已经认识到分析方法存在着一定的局限性。比如当研究的系统非常复杂，涉及的变量很多，而且各变量之间并非彼此无关，而是不但相互依赖而且相互制约，对这样的系统来说，传统的分析方法就暴露了它的不适应性。原因是这样的复杂系统不能看作是由许多微小单元简单的线性组合。

1.1.5.2 现代的系统方法

从科学发展史看,每一种科学理论都有自己的解释范围,迟早会遇到它的概念体系无法说明的现象。但是当范式转换后,在原来科学范式下不可理解或判定的对象往往就可以成为可理解的了,这对预测研究来说是非常重要的。

基于传统分析所建立的预测理论与方法是传统科学范式影响下的产物,是机械论、还原论在预测技术上的具体体现。已有的预测理论与方法在社会、经济和技术的发展中所起到的非常重要作用是毋庸置疑的。然而,面对众多纷繁复杂的自然现象和社会现象,基于传统分析所建立的预测理论与方法已不能给予合理解释和有效预测,甚至是预测结果常常与现实情况存在着较大偏差,以至于有人怀疑预测是否属于科学。

另外,预测理论工作者也一直在积极探求提高预测精度和预测有效性的理论与方法,对原有的预测思想和假定提出了质疑并加以补充和修正。然而,预测研究的对象通常是由相互之间非线性作用的多种因素构成的开放的复杂系统,简单的、线性的、稳定的、平衡的系统只是极少数,其行为大多是动态的、不稳定的、不连续的、不可逆的,具有多种可能的未来。因此,依靠建立在传统科学范式基础上的预测理论与方法,对于复杂系统预测其局限性已经日益显露,难以解决预测领域存在的问题,这就迫使预测学的发展要寻求新的范式。

以混沌理论为代表的包括耗散结构论、协同论、自组织理论等在内的非线性系统理论,对于自然界和社会现象的认识有着不同于传统科学的思想。比如关于非直接因果关系的思想和简单与复杂、确定与随机统一的思想等,除了能够解释、说明传统科学理论所能解释和说明的现象与问题之外,还能够解释、说明传统科学理论所不能解释与说明的许多现象或问题。

从一定程度上讲是预测领域存在的问题促进了非线性系统理论的发展[7]。而非线性系统理论对于预测学的影响从其一开始就得到了科学家们的重视。耗散结构理论创始人普里高津指出,"我们正处在线性科学可能到达的顶端,但我们也正处在一个新科学——非线性科学的始端,后者为我们展望世界的未来打开了一扇新的窗户"。研究表明,混沌理论一方面指出了原本认为不可预测的复杂事物具有可预测性;另一方面也指出对原本认为可预测的简单事物的预测具有局限性。混沌理论开辟了预测研究新的领域,为原来被认为不可预测的复杂系统的预测提供了新的理论与途径。《混沌与社会》(A.Albert,1995)一书的前言有这样一段精彩的论述,"复杂性科学不是时髦的辞藻,而是为我们理解所处的这个世界提供了方法论。包括混沌理论内在的非线性系统理论对于预测学的影响将是革命性的，它们不仅是对现有理论与模型的简单修正，而是要求具有根本性的变革"[8]。这种环境下人们自然需要重新认识预测的理论基础。对此，有人将现代预测理论的基础，确切说是将复杂系统的预测理论基础归为：

（1）耗散结构理论认为，复杂性总是伴随着不可逆性。系统状态与扰动或涨落有关。当系统处于非平衡态的时候，混沌性态特有的分叉就会产生，即非平衡系统可以自发地演化到复杂性增加的状态。如果分叉是系统由简单走向复杂的一条道路，过去将不会得到"延续"。如果系统是稳定的，那么，趋势外推是有效的；如果系统是不稳定的，或者稳定的系统演化到了临近分叉节点的附近，那么，无论预测模型对历史数据拟合得如何好，外推总是不可靠的，这也就是拐点为什么难预测的理论解释与依据。

（2）复杂系统有时会产生"伪信息"。也就是说，看上去有些似乎强烈相关的因素之间并不存在任何直接的联系。又如，众所周知的"蝴蝶效应"就表明了微小的、不起眼的原因也会导致惊人的结果。因此，无论前者还是后者，这些都要求预测研究人员重新考虑对预测模型中解释变量的选取，不能仅仅依赖于相关系数的分析，还需寻求理论上的或者逻辑上的依据。

（3）复杂性研究结果表明，系统的随机性既可以来自系统外部的扰动，也可以由系统内部生成或决定。因此，关于预测误差的解释需要首先从系统内部找原因，然后再从系统外部找原因。

（4）对于复杂系统来说，长期而又精确的预测是不可能的。因此，对于复杂系统没有必要投入太多的成本来建立复杂的预测模型。如果对于复杂系统短期预测是可行的，那么，若能对初始条件和系统结构给予较为准确的刻画，必然会有利于改善短期预测的准确性，同时对于长期的定性预测也是可行的。因此，在没有认清复杂系统规律的情况下，依靠专家的经验、学识和智慧，通过类比、分析和综合的直观悟性预测方法，要比定量预测方法更为有效和实用。

综上所述，现代预测理论的认识论、方法论就是在强调整体性和相互相联系性的基础上，建立起来的一种强调研究系统的输入—输出信息、强调考察输入—输出变化的动态过程、强调系统输入—输出的统计规律性的方法。

1.1.6 预测的基本假定

预测理论与方法的形成与发展是以人们所处时代的科学范式为背景的。对预测来说，一个基本的要求是体系存在着相对稳定的结构[9]。但需要指出的是，预测研究中稳定结构的概念是广义的，也就是说，如果描述某一预测体系的特征值或者不随时间的变化而变化，或者随时间变化遵循着某种规律性，都可称之为稳定结构。系统只有结构基本稳定，预测才有基础，预测也才有可能。因此说，任何预测总是在预测体系具有稳定结构或者假设具有稳定结构的基础上进行的。考察现有的预测理论与方法，一般都是基于并遵循下述的基本假定与原则。

1.1.6.1 惯性原则

事物的发展总是存在惯性，未来可以从过去得到延伸。预测的主要根据之一就是系统状态发展的惯性，即在时间上的续前延后效应。在惯性系统内，由于影响因素之间存在着一定的相关性，因而系统具有一定的柔性。从其历史轨迹上就可推断未来，即任何事物的发展都有时间上的延续性，这表明可从事物发展的历史和现状看出事物未来发展的影子。比如油田注水开发过程中的含水不断上升、产量不断递减等即存在着明显的时间延续性。事物的未来状态与过去和现在的状态有关。即事物本身的矛盾运动有着连续性，它不可能割断历史，而只能在历史的基础上前进和发展。现在的情况是由过去发展而来的，是过去情况的继续；未来情况是由过去和现在发展起来的，是过去和现在的继续，在其发展中有变异也有继承，变异是有根据的，发展是有连贯性的。并且认为，对事物的过去和现在状态有影响的因素不会立即消失，在将来仍会发生作用。比如模型参数估计中的递推算法、遗忘因子算法等就体现出了这种关系与作用。由于事物本身的矛盾运动及其与外界的联系性均以连续的过程状态出现，因此，依据其过去和现在去推知未来就是顺理成章的了。对于惯性大的事物，从其历史轨迹上就可推断未来，即认为这类事物的发展是连续的。反之，惯性小的事物，具体来说就是数据的成熟度，即数据量的多少、反应系统状态规律的明显程度等如果比较差，或由于随机因素影响的缘故，系统未来的状态就不易从过去得到延伸。

1.1.6.2 类推原则

根据不同事物之间的相似性，利用已知事物的发展规律推演相似事物的未来可能发展趋势，利用事物与其他事物的发展变化在时间上有前后不同，但在表现形式上又具有相同的特点，有可能把先前发展事物的表现过程类推到后发展事物上去，从而对后面事物发展前景做出预测。翁文波在《预测论基础》中提出的"先驱预测"即是类比的一种。世界上没有一样的油田，但存在着大量相似的油田。因此，开发初期类似油田或区块的产能、最终采收率预测以及加密区块的初含水估计等就可采用类推预测方法。

1.1.6.3 相关原则

相关性有多种表现形式，其中最主要的、应用最广泛的是因果关系。因果关系的特点是：原因在前，结果在后。并且原因和结果之间常常具有函数或类似函数的密切关系。也就说，通过对事物间相互影响、相互制约联系的研究与分析，就可以从已知事物的变化规律推演出与之相关事物的可能发展变化趋势，进而综合利用这些原则提出有关的预测模型和方法。例如，在油田开发体系预测研究中，通过对累计产水量与累计产油量在对数坐标系中存在线性关系的研究，提出了驱替特征曲线预测模型。由于事物之间的关联程度是可以测量的，当两个变量之间或一个变量与多个变量之间存在相互作用或作用与被作用关系时，它们之间的相关系数就大，反之就小。因此，人们也自然地将相关性作为预测的原则之一。

1.1.6.4 概率推断原则

事实上，客观世界的一切事物都是变化着的，不是静止的。倘若事物一成不变，只有一种可能，那么，只要掌握了它的过去和现在便可知道未来，预测便没有必要和意义了。恰恰是由于各种因素的干扰，常常使描述系统的变量呈现出随机性。

随机与概率是联系在一起、密不可分的。所谓概率原则，就是通过分析认为，当推断预测结果能以较大概率出现时，尽管整个运动轨迹不一定符合严密的数学函数曲线，但却具有一定的趋势性，这便构成了预测的前提，并且就认为这个结果是成立的，可用的。这就是预测过程中所说的概率推断原则。

1.1.6.5 拟合精度是评价模型的重要指标

对于传统的预测理论与方法来说，坚信如果过去产生了一定的规律性，那么，未来系统也会产生同样的规律性。因此，对历史数据的拟合程度常常作为评估预测模型优劣的一项重要指标，这是符合一般认识逻辑的。因为从逻辑角度来看，在系统平稳的前提下，拟合精度越高，一定可以保证得到较高的预测精度。但对于随机性较强或强干扰系统来说，如果已经知道了这是个随机性较强的系统，那么，就不可过高估计拟合精度的作用，否则也会对预测产生不良影响。也就是说，如果过高估计了拟合精度的作用，将预测误差一律认为是不可解释变量作用所引起的，而对预测误差随机性不做进一步的研究与分析，这对提高预测水平显然是不利的。比如，如果拟合精度高、误差小是一种假象时，而不作误差分析就会导致预测失败。

1.1.6.6 初始条件越精确预测结果越有效

任何事物的发生与发展都是有原因的。因此只要原因相同，结果就会相同，这已是常识性的结论。在这种认知前提之下，人们普遍认为，对于因果关系模型来说，如果初始条件也就是初始原因清楚或者说自变量是充分的、准确的，那么，被解释变量的拟合误差就可以减少，预测的结果就会越有效。这也是从数值模拟引申出地质模拟模型的原因或依据。

总之，上述有关预测的这些基本思想和基本假定为人们认识系统的运动规律，展望它们未来发展的图景，提供了思维框架和建模的一般原理、原则和途径。

1.1.7 预测的基本步骤

所谓预测步骤，就是对预测工作的阶段、内容的划分。

首先需要指出，现代预测任务规定要描述事物未来发展的所有可能状态，这较之传统预测任务要求确定未来某一时刻单一的准确值更加符合实际。虽然预测选值的范围放宽了，但预测的困难并没有减少。因此，预测要采纳各种传统的、已有预测方法的长处，这是预测的很重要的一个步骤。然后再通过预测综合分析，给出预测结果。预测的基本步骤简述如下：

(1) 要明确预测的任务与要求，这对于选择预测技术与方法是很关键的。

(2) 详细占有资料，既要了解有关专业理论，又要搜集有关系统及其环境的各种历史和目前的数据，并对资料进行必要的分析与处理。数据是建模的基础，是影响预测结果的关键，是能否取得成功的第一步。因此，在数据分析中，相关分析是很重要的，因变量和自变量之间关系的密切程度，著名统计学家卡尔·皮尔逊设计了统计指标－相关系数。一般认为相关系数 $R \leqslant 0.3$ 为不相关，$R \geqslant 0.8$ 为强相关，$0.3 < R < 0.5$ 为低度相关，$0.5 \leqslant R < 0.8$ 为显著相关。

(3) 本着定性和定量分析相结合的原则，选择预测技术与方法。这是因为截至目前，定量数学模型虽然有不少发展，但都是局限在了解过去规律基础上的某些改进，仍不能对系统未来的随机性变化和一些突变点、转折点等特殊变化进行有效辨识及预测。而定性判断方法却可以对未来进行分析、发挥一定辨识作用。所以进行系统分析首先要进行结构分析，即画出历史数据的散点图，分析历史上变化的特点。例如，过程的稳定程度、有无转折点和突变点的发生，分析其原因并探讨未来发展的可能趋势。

(4) 预测研究中要正确应用主观判断。通常所说的主观概率是指某一个人或某一个群体在已有定性和定量信息基础上对事件未来各种可能离散值发生概率的判断。主观概率的确定是个专门的课题，也是个不容易说得清楚的问题。由于主观概率是个模糊的数值，很难对其进行精确估计。因此，一般可选择高、中、低三点，中位点即为最大可能值。

(5) 建立预测模型。从系统整体性出发，研究体系的变化规律，搞清楚所有对系统有影响的环境因素，分析或排列各种因素的重要程度次序，在所列出的因素中，要分析哪些可能在时域上发生重大变化，并估计这些变化可能产生的影响及程度。综合上述信息选择能够表达规律的数学模型，即分析数据的演变规律，结合体系的结构特点选择一种或几种模型。

(6) 预测面对的既然是不确定系统，未来就不是透明的水晶球。不能期望预测结果绝对正确，也不能期望准确估计突变点和转折点，更不能保证最大概率可能值一定出现。所以在事物发展和认识不断提高的过程中，应随时根据新情况的出现不断地对模型加以必要的修正。

(7) 通过反馈、后验检验修改模型，改善预测结果。即利用模型进行预测，对数据资料和预测结果进行分析，通过反馈进一步对模型做出评价与修改，进而达到预测的目的。

(8) 对体系的未来做出预测，由于预测是个选择与判断的过程，因此，对有些体系的状态预测需要给出区间预测的结果供决策选择。

总之，在预测过程中，确定一个比较合理的预测原则，既考虑预测精度、预测成本、又考虑预测的可理解性。同时要特别注意考虑两个问题：究竟是怎样得到预测结果的？对自己所做的预测究竟有多大的把握？这对于取得比较理想的预测结果是非常关键的。上述这些步骤是预测实践经验的总结，对于取得预测的成功有非常宝贵的借鉴作用。

1.1.8 预测方法的评价

从评价角度来看，要对预测方法进行客观的评价。首先要建立评价的准则，否则评价就很难给出易于被人们接受的结果。目前，世界上的预测方法评价准则并无统一的观点与认识[12]。总的来看，用户不同对预测方法的评价就可能不一样。但大多数预测方法评价准则大同小异，基本是一致的。预测方法的评价准则主要有两种。

(1) 第一种预测方法评价准则是由春日井博提出，内容是：

①精确性准则。要求预测方法输出的预测值，一是能满足工程精度的需要；二是必须具有与预测费用相当的精度，预测费用越高，那么预测精度也应越高。

②弹性准则。要求预测模型能迅速反映出系统外部条件变化所引起的动态变

化。也就是说模型要易于控制，预测用户可根据条件变化使模型做出相应的反应。

③适用性准则。要求预测方法具有很好的说服力，能适应用户的要求。即要求预测方法有坚实的理论基础，又要适应预测体系的特点。

④持续性准则。要求预测方法能够长期地、反复地使用，不是一次性的，方法本身不但要有"可重复性"，同时要具有"可检验性"。

⑤便利性准则。要求预测方法便于计算，使用户能简便地求出预测值。

(2) 第二种预测方法评价准则是由 D.C.LitUe 提出，具体内容：

①预测方法容易为用户所理解。

②预测方法易于控制，用户可根据自己的需要使模型做出相应的反映。

③预测方法具有适应性。预测模型要善于吸收有关参数的新信息，也就是具有自适应的功能。

④预测方法具有完备性。即要求预测模型能把与预测目标有关的重大因素都包括进去。

⑤测方法要易于交流，对用户友好。

⑥预测方法对外生变量的各种合理的组合都能给出灵敏的反映。

以上两种评价准则，在目前是较有代表性的，但并不是最完善的。因此，预测方法的评价准则仍有进一步完善的空间。

1.1.9 预测评价研究

第二次世界大战以后，预测学以惊人的速度向前发展。曾任国际预测协会主席的 J.S.Armstrong 对预测做了深入研究，并在《预测评论》上发表了题为"预测研究：四分之一世纪的回顾"的评论性文章，对各种方法的预测的精度、应用效果一一做了对比评价。列举了历史上人们对预测的精确性方面所做的大量对比研究。比如，1982 年 Makridakis 和 Hibon 等 9 人对 1001 个序列，运用 24 种预测方法进行了"预测竞赛"，得到了许多与以往概念、想法不同的结果。最值得注意的是，对久负盛名的博克斯（Box）和詹金斯（Jenkins）方法（B-J）的研究结果提出了挑战。尽管 B-J 方法在学术上的地位很高，但仍然受到了威协。

目前，预测评价研究的重点是关于预测精确性的对比研究。例如，以 Madridakis 为首的研究小组，选用了 22 种定量方法，分别对 111 个来源不同、时期不同、类型及长度不同的时间序列进行了预测分析，采用了平均绝对百分误差（MAPE）作为评价标准，研究得到了如下的结论：

(1) 采用经过季节修正的指数平滑法最为理想。

(2) 分解法（本身不能作预测）同指数平滑法结合效果最好。

(3) 简单方法的 MAPE 与复杂方法的 MAPE 惊人地接近。
(4) ARMA 方法并没有比指数平滑方法更精确。

预测评价研究是一个永恒的研究课题。任何国家和地区、任何组织和个人都有权利和兴趣对预测方法做出评价，这对于预测理论与方法的进一步发展是极其重要的。

1.1.10　是否可以精确预测

对复杂系统的成功预测关键在于对所研究问题的透彻了解、对数据的科学归纳和敏锐判断、对各种预测方法的深刻理解和灵活运用。一种观点认为，目前预测方法越来越多，却仍然找不到一种完全可靠的、有效的模型在各种情况下都能有精确的预测。对此，有人认为预测结果不可靠是由于数学方法不完善。也有人认为已有的预测方法只是利用了历史信息的一部分，假使模型能够反映历史数据的全部信息就可以基本把握未来的结果。因此，仍然致力于企图找到一些理想的、完善的、定量的数学模型精确预测未来。

事实上，不论事物是简单还是复杂，过程是稳定还是不稳定，只要存在不确定因素，用任何预测方法，就不可能有绝对精确的预测结果。假使能够保证精确，就不是不确定问题而是确定性问题了。但预测不准并不等于不能预测或没必要去预测。努力用预测方法为决策服务，提出一些预测不能保证精度时的防护措施，这是一种积极的作为态度，而预测不准就不预测的提法是不妥的。

量子力学的发展为世界上的不可预见事件的发生找到了另一条解释的理由。海森堡（Heisenberg，1901—1976）测不准原理表明，对两个共轭变量同时进行测量会给测量精度带来一种必然的限制。在极端的情况下，一个变量的绝对精确会造成另一个变量的绝对不精确。人们刻画世界的任何规律，事实上都是对客观世界运行规律的一种近似描述。不可能准确地获得某一事物的初始状态，因而不能准确地确定其未来的运动状态也就是正常的了。这也就是预测模型中一类系数一定要出现的原因。当然，对于信息预测来说，测不准原理并不意味着可以心安理得、聊以自慰了。尽可能准确地对未来做出预测，不失败或少一些失败，是每一个有责任的信息预测专家应该为之奋斗的目标。

1.1.11　预测任务的新界定

以往预测的任务基本上是确定一个过程未来的某个目标值，并希望尽可能准确地预测这个未来值。这个预测规定是不全面的，并没有照着事物的本来面目来认识它。系统在将来某时刻确实有一个确定值，但系统从现在演变到该时刻可以沿着不同的轨线变化，因此该值是不确定的，是有多种可能的。此外，其他的人为的和非人为干预的随机因素对系统的发展也会产生影响。因此，预测的任务就转化为在可能的情况下确定出未来确定值的变化范围[13]。

但必须明确，系统从现在的状态到未来的演化过程不是"可能不唯一"，而是"肯定不唯一"。因此，要求准确预测未来的一个状态值不仅是"难不难"的问题，也不是"往往不现实"的问题，而是"肯定不现实"的问题。假使某个预测方法在某次预测中预测值正好是结果的实际值，应该说预测非常成功。但这个预测方法在其他预测中就不一定还是这么准确。也就是说，这次成功不能完全归功于预测方法的准确，而是有一定程度是碰巧，或是由于偶然性。因为有随机性才需要预测。预测与随机性永相伴随，正是由于这种偶然性，所以简单的预测方法有可能和精致的预测方法有同样的甚至更好的预测精度。同样，由于这种偶然性，就不可能有一种完全可靠的模型在各种情况下都能有精确的预测。早在1947年HenriMatisse就指出"精确要求是不符合实际的，预测任务要求精确地预测过程未来某个时刻的值是不全面的，也是不符合实际的"。所以预测任务应该明确规定为：描述一个系统（或过程）未来某时刻可能出现的各种状态或集值，并估计最大可能出现的状态或未来值变化范围或区间。这一点对决策来说恰恰是极为必要的。因为从控制的角度来看，一个毫无弹性的预测数字对决策来说往往也是毫无意义的。这是由于在进行决策时，不但要了解系统状态未来发展的方向和程度，更重要的是还得知道预测目标会在多大一个范围内变化。同时还需要知道它以多大的可信度在此范围内变化，只有这样才能做出比较满意的决策。

1.1.12　预测的困难

众所周知，预测的历史悠久，有无数预测成功的事例，推动了社会的进步，也促进了预测技术的发展。但也有不少预测失败的严重教训，发人深思[13]。例如，美国32所预测机构有31所对1974年爆发的经济危机都做了经济继续高涨的预测，成为预测历史上的一大笑柄。对自然现象的预测也有不少失误。日本花了数亿美元来研究和预测地震，但却未能预测到1995年1月17日的关西大地震，损失十分惨重。多次出现的预测与实际不符，在一定程度上引发了对预测技术的信任危机。但这也使人们更加深刻认识到了预测是十分困难的，或者说极其困难的。历史上的长期预测一直是很不精确的。而且，目前也没有十分乐观的理由使人们相信将来能提高长期预测的精度。

人们越来越清楚地认识到预测的根本困难在于信息不完全，这也是目前最精准的解读。首先，复杂系统预测的困难在于预测对象行为是不可重复的。而现行的科学规范要求研究对象的过程能够重复再现。现行的科学研究的理念、方法、理论、知识和经验还不适应、不胜任复杂的预测研究。其次，对初始条件的敏感依赖在复杂系统中是普遍存在的，往往使得对复杂事物未来的发展状况难以预测。例如，由于油藏数值模拟对三维地质模型准确性、可靠性的依赖性极强，这使得数值模拟对油田未来状态预测的准确性失去了坚实的基础和保障。由于预测是对尚未发生的、或目前还不明确的事物进行预先的估计和推测，因此，预测存在于对未来所进行的严肃思考。基于这样的认识，可以说，预测的特点和难点不仅是要考虑环境和系统原来的演变规律和未来趋势，更困难的是要考虑环境和系统在人为地施加某种扰动后可能的演化轨迹。进而将预测演变成对系统中固有的不确定性和为减少决策风险而进行的不确定性预测。至此，我们必须清醒地认识到，人是复杂的，而有人参与的系统就会更复杂。因此，对环境的复杂性和灵活多变性给预测带来的困难必须要有充分的估计。实践中往往出现方案实施后果和影响有些是可以推算和预料的。而有些却是随机的，带有风险和难以预测的，一旦出现往往会令人瞠目结舌。所以将历史发展与未来预测结合起来，综合利用多种独立的方法，并随时估价预测的准确性。

1.1.13　预测研究方向及其重点

目前，国际上预测方法的研究重点集中在三个方向：一是探索一些新的预测理论与方法，特别是复杂系统的预测理论与方法，如突变体系的预测途径与方法；二是改进传统的、常用的预测方法，以提高它的预测精度；三是对预测精确性进行深入的研究，寻求各种不同类型的数据、预测期限与预测精确性之间的关系。

《国际预测》杂志副主编 C. 查特菲尔德认为，从道理上讲，复杂的方法往往能改进预测精度。但对统计学的挑战不仅是要发展新的，乃至更复杂的方法，而且要寻求更好地应用现在方法的途径，寻求与专业人员进行思想交流的途径。如果在今后几年里预测方法不发生很大变化的时候，人们的注意力将集中在更深入的了解现有的预测方法和使用这些方法以及提高预测精度的条件。

1.2　预测方法

预测学是阐述预测方法的一门学科和理论，是一门应用方法论的科学。理论上讲，预测技术的风险在于信息不完全条件下的推断。由于推断预测存在着多种可能性，不能够给出问题的唯一解，这就提供了建立或使用多种方法的可能性，即预测方法不可能是唯一的。这也是预测研究中一直存在着不同派别的一个直接理由。

1.2.1 预测方法的分类

目前，国际上使用的预测方法多达 300 多种，要一一加以具体的评价研究，既困难也不够明智。因此，许多评价研究总是将预测方法归类，然后对各类方法进行统一评价。但直至目前，对预测方法的分类尚未能统一起来，没有形成共识。这里将国际流行的几种分类介绍如下[10]：

（1）阿姆斯特朗（ArmStrong）分类法。阿姆斯特朗在《四分之一世纪预测研究的回顾》一文中将预测方法分为 7 类：①分解法；②外推法；③专家意见法；④模拟仿真法；⑤动机调查法；⑥因果法；⑦组合预测。

（2）捷恩茨（E.Jantsiz）分类法。捷恩茨将预测方法分为四类：①直观判断型预测；②探索型预测；③规范型预测；④反馈型预测。

（3）前苏联分类法。以预测学家斯图热夫为代表将预测方法分为三类：①征询法；②外推法；③模拟法。

（4）英国分类法。英国的预测学家将预测方法分为三种类型：①客观预测；②主观预测；③系统预测。

（5）日本分类法。以预测学家春日井博提出的分类方法为代表，更加抽象地把预测方法归纳为两大类：①积极的预测方法；②消极的预测方法。积极的预测方法根据所研究的对象和目标的特性进行分析判断，没有什么固定的方法。消极的预测方法，这类方法是用统计方法处理历史数据，然后再做出预测。

上述各种分类方法虽然形式不同，有粗有细，但分类结果大同小异，其目的都是便于预测方法归纳与研究。但就现有的种种预测方法来看，更一般的、预测人员趋同的分类思想与原则分为定性和定量方法两大类[11]：

（1）定性的方法。定性预测方法是指建立在经验、逻辑思维和推理基础上的预测方法。这种方法的基本特点就是要从事物的基本属性方面研究它未来可能发展变化的趋势。就是以人的经验、事理等主观判断为主的预测方法，对事物的未来性质做出描述。定性预测主要通过社会调查，根据少量的数据和直观材料，结合人们的经验加以综合分析，对预测对象做出判断和预测。定性预测的优点是能集思广益，简便易行，当对所要预测的事物掌握的数量化资料不足或实际上不要求对事物的未来进行定量预测时，往往采用定性的方法。由于定性预测一般不需要建立高深的数学模型，所以最易于被人们所采纳。定性预测的缺点是：由于缺乏客观标准，往往易受到预测人员经验和认识上的局限，可能会带有一定的主观片面性。在定性预测中，为了消除主观因素的影响，可对调查资料和经验判断资料进行一些计算或统计处理，以提高预测的准确性。定性预测方法主要包括市场调查法、主观判断法、德尔菲预测法、情景分析预测法、推断预测法、头脑风暴预测法等。

（2）定量的方法。定量预测就是要对预测对象给出一个数量化的结果。无论从理论还是从应用方面来看，定量方法都具有重大的意义，因此它受到了人们的普遍重视。定量预测方法是建立在统计学、数学、系统论、控制论、信息论、运筹学及计量经济学等学科基础上，运用方程、图表、模型和计算机仿真等技术来进行预测的方法。它是通过揭示事物之间的规律性来研究推断事物的未来发展趋势和结构关系。定量预测方法包括回归预测、时间序列预测、因果分析预测及组合预测等统计预测方法。其中，因果分析预测方法主要基于机理的因果预测方法。回归预测方法，主要有一元线性回归分析预测法、多元线性回归分析预测法、自回归预测法以及非线性回归分析预测法等。时间序列预测主要有简单平均数预测法、移动平均预测法、指数平滑预测法及趋势外推预测法以及随机时间序列预测方法等。这就要求预测对象本身以及一些主要相关变量都是能够、并且容易数量化的。同时，定量预测对于数据的完整性、准确性和数量的大小等都有较高的要求。20世纪80年代，翁文波院士在《预测论基础》中给出预测的分类是统计预测、信息预测和因果预测。这样的分类是比较科学和完善的，同时给出的信息预测方法也具有很强的普适性。

1.2.2 预测误差

用预测规律判断、预测未来肯定是有误差的。因此，预测的难度、技巧与精华就体现在预测过程中如何处理好预测的误差范围。如果只给出预测结果而没有误差分析，那么这个预测就是不完整的，甚至会失去了预测的可信性与作用。预测实践中，确定误差的范围主要考虑时间因素的影响。一般的规律是，首先，预测的时间越短预测的误差越小，预测的时间越长预测的误差越大。其次，如果考虑影响未来的变量越多，那么预测的误差就会越大，甚至有时由于误差的正反馈还会导致预测毫无意义。第三，要考虑预测体系成熟度的影响，即在建立预测模型之前必须要有一定的数据量、并且数据要具有真实性和可靠性，这是消除误差的根本途径。由于是误差决定了预测结果的实用价值，所以人们非常重视预测误差的研究。长期以来，对误差的不断深入研究形成了系统的误差理论。最基本的是由于预测结果实质是随机过程的一种期望值，因此，为保证预测的质量，需要给出置信区间和概率大小等。

1.2.3 预测方法的特点

定义预测是科学，在于它实现各种预测目标时，要依赖于科学的理论和方法、可靠的数据资料、先进的计算技术等。然而预测总是带有主观性的，因此普遍认为预测也是一门艺术。原因是由于预测还要依赖于预测者所提出的假设、选择的方法、利用资料的技巧和运用自己的学识、经验、获得的情报所进行判断的能力。正是由于预测是科学加艺术，所以预测并不存在唯一的方法。然而一个成熟的、实用的预测方法必须具备"可重复性"和"可检验性"两个特点。所谓"可重复性"是说方法必须有清楚的、明确的设计好的一系列步骤，能使用不同资料，在不同情况下进行连续的预测和重复预测。而其他人采用相同的方法对此问题预测也会得出同样的结果。所谓"可检验性"是指经过一段时间后能做出证据确凿的结论，说明预测的结果是正确还是错误，误差有多大。也就是说，预测结果必须可由实践来检验，离开实践的检验都是不可靠的。经常看到这样的叙述"用数值模拟验证了方法的可靠性"，显然，这样的验证是毫无意义的。

1.2.4 统计预测

依据从总体中随机抽取的样本资料来推断总体性质的研究定义为统计学。统计研究的根本目的是预测，或称统计预测[14]。统计预测的理论基础是概率论和数理统计。其中，一个主要理论基础是概率论中的大数定理。"当试验次数足够多时，事件发生的频率无穷接近于该事件发生的概率"，该描述也称伯努利大数定律。

数理统计的研究内容分为两个部分：一是把大量数据转化为相对较少的统计量，这些统计量如平均数、方差；二是研究统计推断的方法、估计、假设检验等。统计预测的方法可归为定性预测和定量预测两类，其中定量预测可大致包括趋势外推预测、回归预测、时间序列分析预测等。

统计预测的历史悠久，技术也很成熟。在人类生产实践活动中发挥了巨大的作用。但在数理统计研究中一直存在着两种思想和派别[15]。为了更深刻地理解信息预测理论研究的思维方式以及预测的本质，对数理统计研究中的两派——频率学派和Bayes学派的统计预测内涵、发展历程概述如下。

1.2.4.1 频率学派

频率学派通常称经典数理统计。经典数理统计推断预测的模式是首先假定研究系统或对象观察值的分布属于某种类型的分布（总体分布）。然后选择一个被认为是好的统计方法，并取得一批观察数据 X_1，X_2，…，X_n，也就是样本，根据样本所提供的信息与所选择的统计方法去做统计估计、假设检验和预报。经典数理统计推断的逻辑是"从无到有"的过程。做出统计推断的依据只有观察数据和模型假定，而将人的主观能动作用只局限于对模型和统计方法的选择，人们的历史经验及认识是不起作用的。自始至终坚持概率的频率解释，并认为，参数在每一确定问题中都是取一个确定的值，没有随机性可言。

经典统计的最大缺陷是在作统计判断和结论时，过于着眼于当前数据，忽视历史的经验、人们已有的认识和知识、人们主观的能动性。统计推断的精度主要取决于数据多少，要提高统计预测的精度主要靠增加数据，追求数据越多越好，这对于一些特小子样，统计预测往往会发生很大困难，甚至无能为力。例如在油田开发初期，试油试采的井数是很有限的，但又必须对开发初期的产能作出推断，这就是一个已知信息很少又必须做出决策的特小子样问题。

1.2.4.2　Bayes 统计学派

Bayes 数理统计学派又称主观概率方法。英国牧师贝叶斯（Bayes）于 18 世纪发明了一个对于概率运算和风险决策非常有用的定理，被命名为"贝叶斯定理"。概率有主观概率和客观概率两种。主观概率是个人的主观判断，反映个人对某事件的信念程度。Bayes 数理统计推断的模式或称萨维奇理论（Savage），是指在统计预测时要考虑下述两个问题：一是当前数据所提供的信息；二是历史上预测者对此类事物的认识和经验。除以上两种信息外，还需要利用有关总体分布的信息。由于这种信息是在进行试验以前就有的，故一般称之为"先验信息或主观概率"。需要指出的是，这里把概率理解为人们对某事件出现可能性大小的相信程度，而不依赖于事件能否重复。对此，Bayes 统计学派给出了如下解释与说明，即在通常情况下，人们在对一个问题做决定的时候，总是不自觉地先利用经验做出定性地分析，然后再做决定或预测，这个预测过程就是使用了先验信息。但如何使用，各有各人的处理方式。经验多的人，用得好一点，经验少的人，用得差一点，但尽量应用先验信息，应当是预测的一个原则。

Bayes 统计的思想是，先验信息反映了试验前人们关于待估参数的有关知识。在有了样本带来的信息后，这个先验信息知识就有了改变，其结果则反映在后验分布中——即预测结果之中。Bayes 统计推断的逻辑则是一个"从有到有"的过程。这种思想或思维逻辑符合常人的思维习惯，即按获得的情报信息修正以前的看法与认识。在生活中，不难看到使用先验信息的例子。例如打电话，如果是你的熟人，你拿起电话，对方一说话就能判断对方是谁。如果是一位陌生人给你打电话，不报名字就很难判断对方是谁。也就是说，有同样的当前信息，有无先验信息其效果就明显不同，这是对 Bayes 统计的思想的最好的诠释。在油田开发研究过程中，一般情况下管理者宁愿信任掌握全面资料的本地区的地质家、油藏工程专家，而不愿相信其他地质家或其他任何人。

至此，可以看到无论从理论上还是在实践中，主观概率总是存在的，但其价值同个人掌握的情报信息数量、质量有直接关系。恰恰是 Bayes 统计原理把先验概率、情报和后验概率紧密联系起来了。从概率角度看，如果 $P(A/B)$ 表示事物 B 已发生的条件下，事物 A 发生的概率，则叶贝斯定理为：$P(A \cap B) = P(B) \cdot P(A/B) = P(A) \cdot P(B/A)$（∩ 通集，乘），该定理说明了 Bayes 统计问题的实质。对此可做如下的简单解释，即它说明了主观概率是如何筛选和集中一切可用资料，将一个直观的、基础不牢固的先验概率如何发展为条件概率，进而使这种统计推断更加符合客观实际。

为了让人们深刻理解和利用 Bayes 统计方法，Bayes 统计派又提出了"最不利贝叶斯原则"。在预测研究中需要清楚的一个问题，即我们遇到的问题通常是"可能性大小"。但"可能性大小"并不是一个数学概念，如何在特定的问题中确定出合适或合理的先验信息？这是一个关键性的、必须解决的一个问题。如果先验信息是一个纯主观随意性的东西，则统计问题的解也将是一个纯主观的随意性的东西，显然就没有什么科学可言了。Bayes 学派赞成主观概率，但并不等于说主张可以用主观随意的方式去选取先验信息。对怎样解决先验信息的确定问题，Bayes 学派作了不少研究与探讨，成功地提出了"最不利贝叶斯原则"。具体来说就是对收集数据的态度：一是尽量收集各种各样的先验信息，拿来再说；二是对这种信息要持分析、慎重的态度，既不漏掉重要信息，又要排除不正确的信息。基于这种考虑，对先验信息的选取宁可采取保守的态度。即在已知的先验信息中，选取对我们最不利的，这就是"最不利贝叶斯原则"。实践表明，"最不利贝叶斯原则"使 Bayes 统计方法更加臻于完善，预测结果更加符合实际。

在频率学派和 Bayes 统计学派的对比研究中可以清楚地看到，在对复杂系统的预测研究过程中，经典统计的最大缺陷是在作统计判断和结论时过于着眼于当前数据，忽视了历史的经验、人们已有的认识和知识以及人们主观的能动性。而 Bayes 统计学派的主张恰恰是弥补了经典统计的不足。在对统计预测理论深刻研究的基础上，翁文波院士的信息预测理论明确提出主观概率在预测中的作用是不可忽视的。这种思维方式从根本上动摇了固守确定性系统所形成的建模思路，即在预测中不能有人的主观因素。实践也表明这是认识上的一个误区，因为没有主观因素的预测事实上也是不存在的。

1.2.5 常用预测方法

1.2.5.1 因果关系预测法

因果关系预测法是根据事物之间的因果关系来预测事物未来的发展变化。因果关系包含函数关系和相关关系。因果关系分析即是函数关系分析，相关分析是研究两个或两个以上随机变量之间相关关系的密切程度。

几百年来，在传统分析方法思维的训练下，人们习惯于利用函数关系建立系统状态的预测模型或检验一个模型的合理性，这无论从认识上还是从逻辑上都是一件很正常的事情。

利用函数关系建立系统状态的预测模型，通常称之为机理模型。这类预测模型的建立是在传统分析方法，即拆零技术的指导下进行的。人们不仅习惯了把复杂的事物划分成许多细小的部分，而且还常常用一种技术把这些细小部分的每一个都从其周围环境中孤立出来，于是所研究的问题与其余部分间的复杂相互作用就可以不予考虑，这就是所说的合理简化。这也是所谓利用哈密顿函数 $H(P, G)$ 来描述一个复杂系统的动力学过程的经典方法。只有采用这种描述，人们的经验知识才可以明确地放入哈密顿函数之中，一旦知道了这个函数，至少在原则上可以解答我们可能感兴趣的一切问题。用哈密顿函数 $H(P, G)$ 来描述一个系统的动力学过程，其中每个事件都由初始条件来决定，而这些初始条件至少在原则上又都是可以精确给出的。比如，油藏数值模拟模型就是基于上述经典方法建立起来的一种解析、机理模型。该模型的最大特点在于物理概念是明确的、反映流体渗流过程是全面的。从模型功能上看它可以回答、解决油藏开发过程中的所有问题。但遗憾的是，模型应用除油藏描述的困难外，还表现在动态系统很难满足模型建立所要求的"可分离性"，或者说很难给出系统的基本单元的量值和边界条件。

在预测的实践中，人们往往忽略了这样一点，即采用的模型是否恰当主要应根据研究的目的来判断。当采用机理模型来研究复杂系统问题的时候，应该充分地认识到模型和实际之间的直观上的一致性并不能保证这种模型所导出结果的有效性和可靠性。这是因为，虽然机理模型的结构决定着模型的预测功能，尽管结构详细的模型较有能力反映定量的有效性，但鉴于具体问题中有很多不确定的因素，或者模型中的某些参数很难给出准确值，自然也难以保证结果的可靠性。因此，实践中机理模型的应用必须注意它的应用范围，否则就会误入歧途。

回归分析方法实质上是因果关系预测的一种方法，但随着预测理论的不断发展，回归分析已演变成统计预测的核心方法。

1.2.5.2 统计预测方法

1.2.5.2.1 回归预测

回归一词最早由英国高尔顿（F.Galton）所采用。19世纪之初，统计学的产生最初与"编制国情报告"有关，主要服务于政府部门。统计学面对的是统计数据，是对多个不同对象的测量。高尔顿是生物统计学派的奠基人。表哥达尔文的巨著《物种起源》问世后，触动他用统计方法研究遗传进化问题。高尔顿在研究身高的遗传效应的时候，同时发现一个奇特的现象：高个子父母的子女，其身高有低于父母身高的趋势，而矮个子父母的子女身高有高于父母身高的趋势，这也是回归一词最早的含义。高尔顿用正态分布去拟合父代和子代身高的数据，同时引进了回归直线、相关系数的概念，从而开创了回归分析技术。回归分析方法是一种因果分析预测。随着数理统计研究的不断进步，回归逐渐成为统计学中的一个重要内容。通常是指根据最小二乘原理拟合系统状态观察值的一种建模方法。

回归分析是研究某一随机变量与其他一个或几个变量之间的数量变动关系。在回归分析研究中，首先要确定出自变量和因变量。自变量的选择原则有三个：一是自变量应具有完整的数据资料，并且自变量本身的变化要有一定的规律性，能够给予定量描述；二是自变量必须对因变量有显著的影响，两者之间必须有较强的相关性；三是要尽可能避免自变量之间具有高度线性相关，否则自变量过多导致不必要的模型复杂。

回归分析方法包含：一元回归、多元回归、自回归分析方法等。回归分析方法又可分为线性回归和非线性回归分析。回归建模过程中通过统计检验，即显著性检验、自相关检验确定预测模型，最后给出区间估计值。

1.2.5.2.2 时间序列分析

时间序列分析是一种看似简单，但却是非常重要的一种预测技术。诚如纽·博尔特（P.New bld）博士所说的那样"我们相信，时间序列是最富有成效的"。时间序列分析含确定性时间序列分析和随机性时间序列分析两类，下面做一简单概述。

(1) 时间序列预测概述。

有人将建模方法做了如下的划分：基于白箱理论的机理建模方法；基于黑箱理论的测试建模方法；基于灰箱理论的统计数据推演建模方法。在此之外还有一些系统和过程，如地震过程、生态过程、气候变化过程等，这些体系的外部激励往往不能直接测量，只能利用输出的统计数据来进行建模，一般称这种方法为时间序列建模法。

时间序列预测从20世纪50年代中期发展到现在，各种方法可以说已经相当成熟。所谓时间序列预测方法，就是利用预测体系过去和现在的观测数据建立以时间为自变量的预测模型，然后借助模型进行外推以预测未来。时间序列预测方法可以分成单变量预测方法和多变量预测方法。前者是根据所给序列自身的观测数据进行预测，而后者则结合外生变量的观测数据进行预测。由于时间序列预测是属于外推类的预测方法，其前提是被预测系统在预测期限内的变化规律过去和现在相同。对任何有人参与的各类系统来说，由于人类的行为变化无常，而且是很难预先知道的，结果导致事物的变化规律不稳定。即使模型对数据拟合精度相当高，有时也无法做出比较准确的预测，预测的准确性常常受到质疑。但预测的实践表明，对于大多数的自然系统，如生命、气象、水文等，采用时间序列方法进行预测往往是比较准确的。

(2) 时间序列及其内涵。

时间，是任何事物运动的存在形式之一。它具有一维性、不可逆性，这是时间序列预测的理论基础之一。

一个有序的随机数据或动态数据称之为时间序列。时间序列起源于预测，先有预测，后有时间序列。我们知道，预测中的定量分析大体可分成"因果模型"和"时间序列模型"两类。"因果模型"着重揭示系统各变量间的内在联系。只考虑单个变量随时间发展变化规律所建立起来的数学模型称为时间序列模型。时间序列预测实际上就是对有序随机数据进行分析、研究与处理的一种方法。即以过去、现在为依据，循着时间序列去探索事物发展变化的规律，展望和预测事物的未来[16]。例如，观测油田年产油量的变化，依着时间顺序将油田产油量的数据排列起来，这个有序的随机数据就称为油田年产油量的时间序列。研究表明，正是数据的这种顺序与大小表达了数据中所包含的信息，反映了数据内部的相互联系或规律性，蕴含了产生这些数据的现象与过程。因此，在分析、研究与处理这些数据的基础上所建立的一个既简洁而又能全面表征所研究的系统状态的数学模型，就可以用来分析预测系统未来的状态变化。

时间序列是指把统计资料按发生的先后次序进行排列，形成一连串数字，在数学上定义为离散化有序数的集合，即：

$$x(t_1), \ x(t_2), \ \cdots, \ x(t_n) \tag{1.1}$$

式中，t 为时刻，$t_1 < t_2 < \cdots < t_n$，(1.1) 式或简单记为 $\{X_t\}$。

对于连续型时间序列，可表示为 $X(t)$，$(t_0 \leqslant t \leqslant t_{0+T})$。可以通过一定的均

匀地采样间隔 Δt 将 $X(t)$ 离散化，进而描述为式（1.1）的形式。

各种时间序列的波动，都是因为许多因素波动综合作用的结果。如果要想把各种因素都分离出来，并做逐个计算，那是不可能的。这是由复杂系统"不可分性原理"所决定的。例如，油田日产油量、产水量、含水、累计产液量的变化，其影响的因素很多，要将每一个因素都说清楚是不可能的。时间序列分析不追求具体因素对油田产量波动影响的研究，而是从总的方面、系统的角度考察各种因素的综合作用结果。或者说，直接采用时间 t 作为变量来综合地代替所有的影响因素。将时间 t 作为一个明确的自变量写进模型，其意义从表面上看表示因变量随时间 t 的变化而变化，实质上是代表了决定因变量变化诸因素的综合影响。

（3）确定性时间序列预测模型。

时间序列分析的特点，是认为观察值或统计数据的排列顺序有着异常的重要性，有序数据最为重要和有用的特性就是观察值之间的依赖关系或相关性。正是这种相关性表征了所论系统的"动态"或"记忆"。因此，这种相关性一旦被定量地描述出来，就可以从系统的过去预测其将来的状态变化，这是对时间序列预测技术的理论解释之一。由于不同系统有序数列的相关性或动态特性彼此不同，因此，采用哪一种数学模型来表达这种相关性是很重要的。一个时间序列的形成，其理论模型可以分为三类：一类是加法模型，另一类是乘法模型或称比例模型，还有一类是混合模型[16]。如果全序列变化为 y_t，x_t，s_t，则可有：

加法模型

$$y_t = x_t + s_t + t \tag{1.2}$$

比例模型

$$y_t = x_t s_t t \tag{1.3}$$

混合模型

$$y_t = x_t(s_t + t) \tag{1.4}$$

预测的实践使人们充分认识到为了建模分析的需要，可把各种不同时间序列的曲线变化归结为四种基本类型：长期趋势 T、季节波动 S、循环波动 C 和随机波动 R。因此，在选择分析方法之前对数据进行观察是很重要的。在时序分析中要检查所给出序列的时间图，通过看图，常常可以发现该序列中的趋势性、季节性、不正规偏差的大小，是否有跳点式结构性的变化。任何体系时间序列的变化或是其中一种、或是某几个结合、或是由于这四类同时结合的结果。

由于对上述四大类因素作用考虑的侧重点不同，加之预测目的、预测时间范围、精确度要求的不同，尽管都是利用时序的相关性，但可建立多种预测方法。如移动平均法、指数平滑法、趋势分析和自回归、"成长"曲线预测模型、季节周期预测法等。这些方法的共同特点是将时间序列看作是由某种确定性函数所产生的。因此，用不同的确定性函数去拟合时间序列，所以是一种确定性模型或称静态模型。这类模型预测精度的提高由于受到确定性限制，难度较大，但由于其计算较为简便，需时较短，计算成本较低。因此，比较适合对各种事物进行短期和中期预测。

①移动平均方法。所谓移动平均，是指对给定的一组历史数据，计算这组数据的平均值，然后利用这一平均值作为下一期的预测值。移动平均目地主要是平滑数据，消除一些干扰，使趋势变化显示出来。移动平均方法具有简单、直观、容易理解等优点，而且很容易从数据序列中排除季节分量。方法的不足：一是计算移动平均要有 N 个数据，当预测项目较多时，需要存贮大量数据；二是这种方法把各期实际值对预测的作用同等看待，削弱了近期数据的作用，这是不够合理的。从应用的效果来看，许多研究都表明移动平均方法的预测精度是比较低的。

②指数平滑方法。指数平滑方法是移动平均法的改进和发展。针对移动平均的不足，人们设想如果有一种方法，既能给近期数据以较大的权，给较远期的数据以较小的权，并且不需要储存 n 期的历史数据资料，不必对每期的资料做逐期的加权运算，就理想了。于是发展了加权移动平均方法。所谓加权滑动平均是指在计算平均值时各个序列值不做同等看待。而是对每个序列值乘以不同的加权因子 α（$0<\alpha<1$），加权因子和等于 1.0。指数平滑方法诞生于 20 世纪 50 年代末，这主要归功于布朗（R.G.Brow）和 P.R.Winters 的开创性工作，在《库存管理的统计预测》一书中提出的指数修匀法，即指数平滑。在所有的指数平滑模型中，最具代表性的应属 Efoit-Winters 线性趋势季节平滑模型。该模型以三个方程式为基础，每一个方程式所平滑的参数，都与模型的三个组成部分：随机因子、趋势因子和季节因子之一有关系。

在实际预测中，经常使用的是低阶平滑模型，而高阶平滑模型则很少使用。另外，一些研究表明，尽管平滑方法简单，但预测精度却能和许多较精致的方法相比拟。所以自该方法问世以来，一直对实际工作者具有很强的吸引力。作为一种方法论，平滑方法缺乏模型辨识和诊断检验的客观程序。由于这一缺陷，平滑方法常常受到一些理论工作者的批评。另外，平滑方法不是对应单一的模型，而是一组模型。在使用这些模型时，人们必须一开始就施加一个非常严格的先验限制，而不像 B-J 模型那样具有一定的灵活性。

尽管平滑方法有许多不足，但其简单易懂、费用低廉等优点，使得它在时间序列预测方法中占有举足轻重的地位。

(4) 随机性时间序列模型。

由于各种因素的影响，预测体系的状态变化具有很大的随机性。对于这种时间序列不能认为是由某个确定性函数产生的，只能看作是由某个随机过程产生的。也就是说，时间序列是依赖时间 t 的一族随机变量。单个序列值的出现具有不确定性，某一固定时刻的状态是一个随机变量，但是整个序列的变化却呈现出一定的规律性，是一个随机过程。由于这类体系自身发展变化的规律具有时变或非线性的特征，因此要求建立的预测模型也应具有随机性、非线性或时变性。

20 世纪 60 年代以来，由于卡尔曼滤波理论的出现，使得符合上述要求的时序模型研究有了很大进展。加之，电子计算机的迅猛发展，提供了崭新的计算手段，于是出现了引人注目的博克斯—詹金斯预测模型（B–J）。B–J 预测模型有着严密的理论基础和实用价值，所以，流行广，影响大。受其影响而发展起来的动态数据系统方法，是由美国学者吴贤铭和潘迪特（Pandit）建立的，简称 DDS 方法（Dynamic Data System）。上述理论和方法可以称之为随机型时间序列模型的典型代表。目前，时序分析应用范围已极为广泛，涉及工程技术领域和社会经济领域，并取得了很大进展。下面介绍几个常用的和较有发展前途的单变量随机时间序列预测模型[17, 18]，从中可领略到时间序列预测方法的概貌。

① 博克斯—詹金斯预测模型。博克斯—詹金斯模型，简称 B–J 法。早在 1920 年，G.U–Yule 就提出了自回归概念，但这一工作在当时对预测并没有产生多大影响。直到 20 世纪 70 年代，博克斯和詹金斯两人发表了专著《时间序列分析》，1980 年两人再度联合发表了《时间序列分析、预报和控制》专著，被公认为时间序列分析的最经典著作。博克斯是美国的数理统计权威，而且对经济、气象很有研究。詹金斯是英国控制理论的知名学者，由于博克斯和詹金斯的开拓性工作，ARIMA 模型才成了人们研究的热门课题。B–J 法的最大优点是它的一般性。它能处理各种数据模式（如趋势、季节等），该方法在统计上是完善的，有牢固的理论基础。它提供了一种正规的、结构化的建模途径，提出了基于"吝啬性原理"的建模哲学。

对于平稳、正态、零均值的时间序列 $\{x_t\}$ 而言，按 B–J 法可以建立如下随机差分方程：

$$x(t) - \sum_{i=1}^{n} b(i)x(t-i) = a(t) - \sum_{j=1}^{m} a(j)e(t-j) \qquad (1.5)$$

式中：$b(i)$ 为模型的自回归参数，n 为其阶数；$a(j)$ 为模型的滑动平均参数，m 为其阶数；$e(i)$ 为残差（白噪声），它服从正态独立分布 NID（0，1）。

用式（1.5）表征所研究对象、过程或系统的状态，称为 ARMA (n, m) 自回归滑动平均模型。模型虽是根据有限个观察数据 $\{x_t\}$ 所建立，但却具有外延性质，从理论上它描述了无穷多个观测数据的内部关系与变化规律。式（1.5）不是函数关系的数学模型，而是随机差分方程。其系数 $b(i)$ 和 $a(j)$ 以及相应的阶数 n 和 m 都是待定的。通常采用 ARMA $(n, n-1)$ 模型形式，从低阶到高阶逐步发展，寻找适用模型。当适用的 ARMA $(n, n-1)$ 模型获得后，再逐步降低滑动平均部分的阶次，以获得参数最少的适用模型。

B-J 模型使得时序分析由非参数模型发展到参数模型，这是时序分析的一个重要突破。ARMA 模型利用线性系统分析理论，把时间序列 $\{x_t\}$ 看成是随机系统对"白噪声" $e(i)$ 输入的响应。这样，就可以利用数理统计理论对观测数据进行估计，使得误差大为减少。

与控制论中系统辨识方法不同，时序方法并不要求知道系统的输入或输入与输出的完全因果关系。而只要知道系统的输出就可以对系统进行辨识和建立模型。虽然 B-J 模型具有使用灵活、适应性广和抗干扰能力强等优点，但这种方法是复杂的，使用时对观测数据要求比较严格，必须尽可能对有关现象、过程或系统有所了解，要求有一定的专业知识和先验知识，这样才能正确地理解所获得的观测数据及其处理结果，才能确定模型形式、确定模型阶数、估计参数及适用性检验，所有这些使得计算工作量很大。

关于 B-J 法的精度，一直是预测界争论的问题。B-J 法是迄今理论上最完善的方法，精度要优于那些简单方法的精度，但也有一些研究却给出了完全相反的结论，这就使得该方法在实际推广应用中的进展比较缓慢。

② Pandit-Wu 方法。1977 年，Pandit 和吴贤铭在 B-J 法的基础上，经过研究与实践提出了系统建模的新方法，并称之为动态数据系统 DDS（Dynamic Data System）建模方法。简单来说，在建模策略上从应用角度对 B-J 法做了一定程度的改进。

Pandit-Wu 最初是在研究连续系统和离散系统的对应关系时提出采用 ARMA $(n, n-1)$ 模型逼近序列代替 ARMA (p, q)，这使得模型定阶问题大为简化，这是该方法在建模策略上的独到之处。然而，Pandit 和吴贤铭的观点并不是在任何情况下都成立的，是有局限性的。因而，实际预测中的应用远不如 B-J 法普遍。

③状态空间模型。状态空间模型的提出是基于马尔柯夫过程，即过程的未来状态只取决于目前的状态，而与过去的状态无关。

在许多情况下，状态空间模型中的参数可根据问题的实际背景得到，也可通过对其他模型推导得到。例如，平滑模型、ARMA 模型都可写成状态空间模型的形式。模型中参数通常采取某种典范结构，即在参数的数目上是最"吝啬"的。优点是辨识参数最少，缺点是对数据误差较敏感。在状态空间模型中，要求随机序列是平稳的，如果不平稳，就需要对测量数据进行预处理，以排除趋势和季节分量，然后用处理过的数据建模。当然，也可对含有趋势和季节分量的数据直接建立状态空间模型，这样可以避免由于数据的预处理所带来的额外误差，但代价是状态空间模型的维数大大增加。

状态空间模型与其他时间序列预测模型相比，更具一般性。许多时间序列预测方法都可用状态空间模型来描述。它能够很容易地处理结构变化，可以很方便地从单变量模型扩展到多变量模型。状态空间模型的不足之处在于模型的起始参数、协方差矩阵以及哪些参数随时间变化有时很难确定，这或许是这种模型在实际预测中应用较缓慢的原因之一。

④ ARARMA 模型。Parzen 的 ARARMA 模型是人们关注的随机模型之一。

对于一个时间序列，如果是非平稳的，就称为长记忆序列，如果是平稳的，就称为短记忆序列，如果是白噪声，就称为无记忆序列。Parzen 的建模哲学就是采用某种记忆缩短变换，直到得到的预测模型的误差序列成为无记忆时为止，即残差为零。由长记忆到短记忆，经历一个 AR 变换，由短记忆到无记忆，经过一个 ARMA 变换，这就是 Parzen 的 ARARMA 模型名称的由来。ARARMA 模型与 B-J 模型相比，其模型参数不是最"吝啬"的。ARARMA 模型的建模过程与 B-J 模型的建模过程一样，也是非常复杂的，这或许是人们对这种模型使用较少的原因。

⑤ 干预分析模型。干预分析模型的研究始于 20 世纪 70 年代中期，由 Box 和 Tiao 首先提出。这种模型可以理解为时间序列模型中传递函数模型的一种推广。而且被应用去描绘经济政策的变化或突发事件给经济带来的影响做定量分析。干预分析模型由两部分组成：一部分是反映了干预变量的影响；另一部分是随机性部分，表示随机误差或噪声。干预分析模型能够对时间序列的动态特性进行合理的描述，甚至可以对未来做出主观的估计，把先验知识反映到模型中来。但干预模型要求"干预"发生前后都要有一定的观测数据，否则无法建模。自该模型问世以来，就引起了人们的很大重视，在许多领域，如交通、经济等领域都有其成功应用的例子。

（5）时序分析预测模型的优势。

时间序列预测模型最突出的优点是建模上的便利性。如果影响某项指标的因素（自变量）很多，关系很复杂，虽然可以在许多因素中找出若干主要的自变量，但对这些主要的自变量又缺乏必要的统计数据。此外，从数学的观点来看，因果关系模型对变量及随机扰动项的假定是很严格的,而这类要求往往又是很难满足的。显然,在这样的情况下运用因果关系预测方法是很困难的,而选用时序模型就可基本上避免这些困难,显得特别便利。

时序模型的方法的特点是比较简单易行。建模过程中,在选择分析方法之前对数据进行观察是重要的。时序分析中的数据观察就是要检查所给序列的时间图,这是时间序列分析中最重要的一环。通过序列的时间图,常常可以发现该序列中的趋势是否属于季节性、递增性或递减性或不正规偏差的大小,是否有跳点式结构性变化,以及跳点和结构性变化是否使得正常的预测方法不再适用。这一切用得着一句老生常谈,有时称之为"Newbold 定理":"如果你认为能用眼睛得到好的预测,那么时序方法就会大显威力;反之,它就无所作为"。

1.2.5.2.3 判断预测

在某种意义上说,所有的预测都是判断。因为预测要涉及未来的事件或条件,而且这些事件或条件是不能以确定的形式所预言的。因此在决定我们所必需的结论推导中,总要涉及人类的某些判断:例如把过去作为未来的指导,利用某一特殊的模型而不是其他模型去外推合适的数据;选择一个合适的假设推测未来事件是否会发生等等都是人类的判断行为。判断,在一定程度上可以说是预测的同义词。预测中必须有判断是不可否认的,一个没有判断的预测是不存在的。既然预测中要涉及大量的判断,那么如何使这些判断更贴近预测对象的本质,这就是预测中的判断或判断预测问题[19]。

所谓判断预测,就是将判断理论和判断技术应用于预测之中。由于事物间因果关系的含混性或称概率的关系,环境变量间相互渗透的关系,使得人们对环境很难有确切的了解。由于预测系统与其环境的交流中存在着大量的、相互依赖的、各种形式的变量关系,而这些变量关系的可信程度又是极其有限的。因此,在处理环境的研究与努力中,人们引进了各种各样的信息处理方法,目的在于尽可能减少预测体系中因果关系的含混性。例如人类经常试图去操纵变量即通过试验来消除含混性。但是,当体系中的变量不能被操纵时,人们只能尽全力通过被动的方式去获得对一个被因果关系的含混性所笼罩着的事物状态的判断。简而言之,人们必须使用自己的判断。判断是人类的最后一项认识活动,是一种将线索所携带的信息进行综合的过程。进一步的研究表明,判断的失败往往在于错误地处理了线索间的重要性或相对权重。

最后要讨论的是判断中的一致性或相容性。即对于相同的数据而言,人们必须做出相同的判断。虽然许多判断者都声称自己面临相同的事件时总是做出相同的判断,然而事实上是除非在极简单的情况下,否则人们做的并不像其所说的那样。判断的完全一致性或相容性只有当目标情景中没有不确定性时才会发生。

将判断应用于预测之中需要解决两个问题：第一个问题是人类判断的可信赖程度如何；第二个问题是如何改进预测中所使用的判断。就第一个问题而言，目前人们还不可能给出一个明确的答案。因为预测是关于未来的研究，对某一特定的预测而言，在相关的未来事件发生以前，人们无法知道判断是否正确，所能做的仅仅是根据已知条件下，仅有信息的特征，去构建一个一般性的有效判断的假设，并利用这一结果，对未来的事件做出自己的判断。关于第二个问题，改进预测中的判断的努力在有关判断的各个层次上都在进行着，无论是判断心理的研究还是判断技术的改进，但目前还不能给出、也很难给出一个简单的答案。

判断预测与一般预测的不同在于，在出发点上更加注重人们的心理因素，在操作程序上一般都存在着同有关当事人之间的相互反馈，利用结果的反馈来了解被预测事物的修正的可能性，进而做出预测。

1.2.5.2.4 组合预测

所谓组合预测就是将不同的预测方法进行适当的组合，综合利用各种方法所提供的信息，尽可能地提高预测精度。

在预测实践中，人们已观察和认识到两个预测值的简单平均较优于其中任何一个。一个很自然的引申问题是：几个预测的结果加权组合是否会更好些。这种可能性在 1969 年由 Bates 和 J.Granger（简称 BG）进行了研究，并探讨了如何确定最优权数的理论[20, 21]。基于两个预测的权数之和应等于 1.0，并假定各预测是无偏的，则其组合预测也应是无偏的。这种方法简单、实用，可以解决环境迅速变化而使预测面临的某些困境问题，并且常常会取得比较好的预测结果。

前述表明，任何一项预测，无论是被认为很有成效的预测，如 Box—Jenkins 的 ARIMA，还是很一般的非正规预测，如猜测或称臆断，都对被预测系统及系统所处的环境作了一些假设。比如趋势外推法，它假定过去和现在的发展趋势将持续到未来。所谓预测环境是指为预测模型所考虑的一组因素，包括实际工作中影响预测变量而又没有在预测模型中考虑的所有已知因素。特别是人们已经充分认识到模型越复杂预测就越准确是有条件的。因此，当环境迅速变化时，由于模型的各种假设前提不再成立，所以模型的性能将变得很差，如何有效地使模型或系统具有环境适应性，是预测研究人员必须考虑的严峻课题。在这种情况下，不论学术界还是实际预测人员，都十分推崇组合预测方法。在论述组合预测时得到的结论是："组合预测集合所有单一模型包含的信息，其方法是建立在最大化信息利用的公理上"（Bunn，1975）。"用最小方差准则得到的组合预测误差之方差不大于任何一个分量的误差方差"（DicRinson，1975）。从大量的实例研究中可以看出，如果两个方法是彼此分离的，或者说模型间是相互独立的，则它们将各自包含一些有用的独立信息。那么，对它们进行组合将会产生较好的效果。因此说，组合预测是从集结尽可能多的有用信息这样一个角度进行建模而使预测模型具有对环境变化的适应能力。这也是比较容易理解的。因为在现实中，决策者也常常依靠他的专家组，将各方面专家的意见进行综合而不是只取其中某一位专家的意见，也就是这个道理。在组合预测的研究中，简单平均又称等权平均（EW）是最常用的一种方法，并在经验研究中表现出良好的稳定性。

组合预测的关键是确定各个单一预测方法的加权系数。组合法的主要优点是它能预防差错。消除虚假现象和避免一些不合理的假设。这是因为它能最大限度地使用较多信息的结果。在诸种预测方法各异且数据来源不同情况下，组合预测的效果是最好的。而随着方法数的增加，组合预测就会更加精确。组合方法不仅应用不同方法的组合，对同一类或相关的方法进行组合，其精度也可得到提高。例如各种外推方法，Makridakis 和 Winkler 于 1983 年在对 111 个时间序列的外推研究中，发现组合的方法可使误差降低 7.2%，而且当组合的方法增加时，例如 5 种方法组合时，误差降低 16.3%。

1.2.5.2.5　情景描述预测

对一个复杂自然现象的完全模拟将蕴含研究该现象遇到的全部复杂性。如何以尽可能多的资料作为基础，使人类固有的创造性思维能力得以发挥，是一个具有重要意义的问题，情景描述就是为了弥补数学模型这一不足而诞生的 [22, 23]。情景描述法又称脚本法，最初是美国国防部提出的一种宏观技术预测方法。情景描述法的主要工作是编写事物发展的脚本。使用中通常有三个脚本，第一个脚本假定是当前的趋势将不受重大干扰而延续到未来，称之为无突变脚本。另外两个脚本的主要参数与无突变脚本有所不同，它们往往是在无突变脚本的假设条件的外延基础上，在其左右做适当的调整。在选择、附加于脚本有关的假定时，要考虑到它们的类似性和内部连续性。这样三个脚本就确定了一个范围，在这一范围内可以合理地期望可能出现的结果。情景描述具有灵活机动的特色，它可以是现在条件的直接外推，也可是目前环境中增加一些新的条件来观察其发生的变化。

定义情景是对可能出现的未来状态的描述，通常还包括对导致未来状态出现途径的描述。情景分析与传统预测方法相比更具有生命力，它不同于一般的预测，它可以提供经过严密论证的未来变化范围。由于情景描述是要把一定阶段的情景生动、鲜明的描绘出来，以期达到正确预测的目的。因此，它要求尽可能地根据已知资料和条件描述某种事物的未来发展情况，让数据资料变成获得有血有肉的东西。

关于情景描述的价值，赫尔曼·卡斯是这样阐述的，"我觉得情景描述是一种可以启发人们精密思考的有效工具，是使政策制定者们对某些平淡无奇的未来充分放大，知悉观察的有效工具"。正如约瑟夫·玛丁诺所说的："情景描述预测不是关于将来的简单预测，而是有关问题内部的自始至终的事态的图景，从发展变化的连续方面说，它是可信的，当然，这种可靠性不能用严格的考试来证明"。具体来说，情景描述预测方法要求尽可能地根据已知资料和条件来描述某种事物的未来发展变化情况。它可以根据人类丰富的想象力自由驰骋，给客观状况的分析注入旺盛的生命力。它既可以是现在条件的直接外推，也可以是在目前环境中增加一些新的条件来观察其变化。情景描述为预测人员提供了一个充分发表主观见解、使预测人员能够较容易地利用抽象思维处理那些不确定的问题的场地。所能回答的是如果 A 发生，B 将如何？有着无比的灵活性。油藏数值模拟就属于此类。

1.2.5.2.6　灰色预测

灰色系统理论是邓聚龙先生 1982 年创建的。所谓"灰色系统"是指部分信息已知，部分信息未知的系统为灰色系统。对于这类系统人们所能获得的信息往往较少，未能表现出具有可以掌握的规律性。于是"灰色系统理论"提出用累加生成的方法来增加不完备的数据信息的规律性，以充分使用已知的信息去揭示未知的信息，即使系统的白化。具体来说，根据"灰色系统理论"，用 $\{x_1, x_2, \cdots, x_n\}$ 可以建立微分形式的 GM（1，1）模型，并认为对时序数列进行累加生成可以增强数列的规律性，是建立灰色系统理论的关键。具体方法将在预测实例中给予介绍。

1.3　预测中的误区

从系统的观点来看，预测是预测者、预测对象、预测方法构成的一个社会系统，预测系统的环境，如社会的经济、政策、制度、文化环境等。预测结果是预测系统的输出，它受其内部因素和外部环境的影响，往往使预测与事实发生偏差，甚至导致预测失败。基于这种认识，总结出预测中的误区主要有以下方面[24, 25]。

1.3.1 第一手资料可以直接应用

"第一手资料可以直接应用"这是一个误解。

收集数据时,无疑要考虑建模的需要。但是,最终要建立何种模型,并不是完全取决于预测者的意图,而是要根据数据的变化趋势和走向来决定,这一点在统计预测中尤为重要。统计预测的前提条件是统计资料的稳定性和可靠性。这就要求预测者在搜集资料时,注意其完整性和保真度,要在大量统计资料基础上进行去粗取精,对残缺不全的资料要加以补充,对定性差和经常出现大起大落的数据要进行分析或调整。特别是对可靠性差的资料要尽量避免直接应用,不可不加识别和处理就让其直接进入数学模型。否则,尽管统计数据齐全,但如果不加分析和处理利用这些数据进行建模、预测,就必然会导致预测的失误。

研究历史数据的变化趋势属于数据识别问题,主要指数据的连续与突变。在预测系统中,如果系统的性质变化不大而只有数量的变化,那么这种变化一般比较平稳。如果系统发生质的变化,则系统的变化近似于阶梯函数,即发生突变。如果仅仅是量变,则用一般的预测方法还是可以的;但如果系统发生质变、突变,则需要寻找新的预测方法。目前,一般采用包络曲线进行突变预测,但是,这种预测方法尚无法解决突变的发生时间或突变发生点的预测问题。对个别系统,比如经济系统而言,如果能预知其特征的极限值,那么,就可以预测出突变发生的时间。此外,判断连续与突变可采用图示法、差分等方法去识别数据的走向是线性的还是非线性的,或者具有其他特性。然后再确定选用什么类型的预测模型,只有这样建立的预测模型才能与客观规律相符合。

1.3.2 追求预测模型的复杂化

"追求预测模型的复杂化"这是个认识上的误区。

预测结果的精度和可靠性,一方面取决于方法的科学性,另一方面取决于数据的可靠性。在预测应用中往往有一种倾向,即倾心于建造比较复杂的模型,甚至片面追求预测模型的复杂化,而不愿使模型尽可能简单些,把功夫花在收集处理数据方面。

模型理论中有这样一条原理,即模型复杂程度越高,则其结果越接近于实际。这是因为模型所涉及的因素(变量)和关系(方程)越多,则越容易将实际问题描述清楚。对于机理清楚的体系来说,原理的适应性是肯定的。但当采用数学模型来研究复杂系统问题的时候,应该充分地认识到模型和实际之间直观上的一致性并不能保证这种模型所导出结果的有效性和可靠性。这是因为，尽管具体结构的详细模型较有能力反应定量的有效性，但对模型的应用来说，要描述系统未来状态的变化就必须确切地知道影响未来状态变化的原因（因素），而这些因素的确定往往又属于预测问题，犹如俄罗斯套娃，也许存在一个无穷的复杂序列，没完没了。如果影响未来的因素不能确定，那么未来系统状态变化描述就不可能实现。因此，这类模型表面上看来是严谨、完美和科学的，但在应用过程中，由于假设的前提越来越多，要完全满足这些要求几乎是不可能的。

实践表明，描述系统的模型变量越多，越复杂，从表面上看越能符合实际体系，这在逻辑上是合理的。但预测的质量本身与数学模型的结构复杂程度是无关的，而只与模型是否恰当有关。因此，那种认为数学模型越复杂，预测精度越高，可靠性越强的见解是片面的。事实上，数据是否正确、可靠，对预测成败起着极大的，有时是决定性的作用。要提高选用适当模型的能力，预测者必须深刻把握对象的本质特性，而不可盲目追求模型的复杂化。

1.3.3 拟合精度就是预测精度

"拟合精度就是预测精度"这是一种误解。

将拟合精度、预测精度两者混为一谈，认为"拟合精度就是预测精度"，这是一个误解。拟合精度用于对建模质量的评判是必须的，没有较高的拟合精度就不会有较高的预测精度，否则就是翁文波院士所说的"假正确"。认为有较高的拟合精度就有较高的预测精度，但这并不是说"拟合精度"和"预测精度"是一样的。预测中常常会出现这样的现象，虽然预测模型对历史数据的拟合度比较高，但是，用这个模型对未来进行预测的结果却误差很大。这种现象说明了预测模型的拟合度和精度不完全是同一概念。拟合精度是指模型对历史数据的符合程度，而预测精度则是指模型对未来进行预测的准确程度。拟合研究的是已发生的过去，而预测研究的是充满不确定性的未来。因此，拟合精度与预测精度并无必然关系，用拟合精度来代替预测精度不是不能完全令人信服的一件事，而是对拟合精度与预测精度的误解。

例如，在油田动态指标预测研究中，采用动静结合的历史拟合方法，目的是为了获得一个合理的油藏描述。设想只要拟合精度达到了预想的结果，就认为动静结合寻求到了一种结构组合，这种组合的地质模式、渗流条件所体现出的功能特征与实际油藏动态变化具有一致性，预测结果也必然是高精度和可靠的。然而，只要认真讨论一下油藏数值模拟模型的性质、拟合的过程就会发现，只要拟合的精度高，预测结果必然是可靠的认识只是人们的一种良好愿望而已。油藏数值模拟的特殊性决定了拟合精度高低与预测精度并无必然关系。因此，尽管拟合精度可能很高，但对于预测问题仍未得到根本性的解决。试想，如果历史拟合解决了油层参数空间分布确定问题，那么，复杂的储层描述问题就解决了，储层三维地质模型研究也就失去了意义。

1.3.4　方法简单预测可信度就差

"方法简单预测可信度就差"这一个普遍性的误解。

在模型理论里有一条原理，即模型复杂程度越高，则其结果越接近于实际，这一原理的意义是很明显的。因为模型所涉及的因素（变量）和关系（方程）越多，则越容易将实际问题描述清楚。但是该模型理论的应用是有前提的，那就是模型所涉及的变量在未来的变化必须是已知的、准确的。在预测的实际过程中，人们发现有时用简单的、传统的预测方法也能收到比较满意的结果。例如，对惯性较大的天然能量开采的油田系统未来状态的预测，用传统的趋势分析预测法与用线性回归法具有同样的准确度，而用一些复杂的方法却收不到满意的结果。于是就出现了这样的情况，比如在法国，有关部门要求在研究提供使用的预测方法时，可以使用很复杂的数学工具，但提供实际应用的预测方法必须是简单的。

随着预测方法朝深度方向发展，五花八门的预测方法可能使缺乏经验的预测者无所适从，甚至也常常使略谙此道的学者也感到为难。正是这个原因，迫使国际预测界十分重视对现存各种定量预测方法的相对性能、应用范围等进行比较研究。研究的结论是"使用复杂方法换来的精度几乎可以忽略不计"。Makridakis 和 Hibon 在一项研究中分别两次对 111 种和 1001 种时间序列用多种方法建模预测，并比较了预测的精度。其中的一个重要发现是大型的、复杂的、统计上成熟的模型，未必比小型的、相对简单的模型的预测精度更高。

虽然，可以列举许多理由来说明简单的常常是最好的，但最主要的原因在于一个众所周知的事实，即对历史数据拟合得最好的模型不一定得到最好的后验预报结果。人们往往可以通过更复杂的模型来改善拟合精度，但所有的模型都是实际情况的近似。况且，对于复杂系统来说，要将变量都搞清楚是不可能的，特别是系统的时变性要求这些模型必然要随着时间的推移而变动。因此，对于外推预测而言，简单的方法从某种意义来说是更稳健的。英国 Bath 大学的统计数学家，国际预测杂志副主编 C. 查特菲尔德通过自己的预测实践也认为，"只有当你采用简单的方法不满意时，再考虑用复杂的方法"[26]。他的这一观点对于预测方法的选择具有很强的实际指导性,也是很有代表性的。

1.3.5　非线性模型线性化是无条件的

"非线性回归模型线性化是无条件的"这是一种误解。

周知,常用的预测模型有线性和非线性两种,差别在于后者的参数估计难度较大。从理论上讲,最小二乘法能够估计非线性回归模型中的回归系数。但由于非线性方程组求解难度大,实践中人们将某些非线性回归模型通过变量替换转化为线性回归模型,并且将其称为可线性化的非线性回归模型,进而解决了参数估计比较困难问题。但研究发现[27],不是所有模型都能线性化。可线性化的非线性回归模型又可分为两种:一是变量替换不涉及回归系数,即回归系数不发生变化;二是涉及回归系数,即回归系数发生变化。在第一种情形下,非线性回归模型及其转化后的线性模型的正规方程组关于回归系数均是线性的,因此它们有相同的解。但在第二种情形下,非线性回归模型虽被转化为线性回归模型,但转化后的线性回归模型的正规方程组关于新回归系数是线性的,而原回归系数则是非线性的,两个回归模型正规方程组有着不同的解。因此,不能认为非线性回归模型线性化是无条件的,预测都是可信的。

1.3.6　灰色预测具有普适性

"灰色预测具有普适性"这是一种误解[28]。

实践中,预测人员对灰色预测方法产生了两类不同的看法。一种观点对"灰色系统理论"给予很高评价,认为这是我国学者具有国际领先水平的一个创造。理由是应用"灰色系统理论"可将杂乱无章的原始数据整理为规律性较强的生成数列,将灰色系统信息不全的离散数据转换成信息完全,时间连续的动态微分模型,克服了差分模型只能用于短期分析的缺陷,突破了概率统计与回归方法的局限。第二种观点是通过数学推演及对邓氏理论与其他预测方法的应用效果的比较研究,认为"灰色预测理论"并不能描述、预测具有灰色性质的系统,而只对具有指数变化性质的普通时间序列有效。因而,将"灰色系统理论"当作一种普适性的理论来应用是不恰当的。

下述结论是显而易见的:灰色预测所给出的预测图像只能是指数性的且仅能做短期预测,而指数只是众多错综复杂的预测研究对象中的某些特例,不加区别地将灰色预测当作一种普适的方法加以运用往往会导致不准确的预测结论。因此,应用灰色系统预测理论与方法要对系统的特征作认真分析与研究。

1.3.7　多因素比单因素预测可靠

"多因素比单因素预测可靠"这是一个伪命题。

所谓单因素和多因素，是针对预测模型中的解释变量即模型中的自变量个数而言。从理论与逻辑上来说，基于因果关系，如果解释变量越多，说明考虑的因素越全面，那么预测结果也就越准确。而实际应用中却往往并不完全是这样。分析认为，对于因果关系预测模型，要获得比较合理的预测值，必先确定模型中自变量可靠的未来值。由于自变量未来值的确定或预测一般比较困难，容易产生误差。特别是存在着变量越多，却可能致使总的误差越大，模型预测的准确可靠当然也无从说起。因此，"多因素比单因素预测可靠"这是一个预测误区。这与前面所讲的"追求预测模型的复杂化"属于同一类问题。

1.3.8　群体预测优于个人预测

"群体预测要优于个人预测"这是一种误解。

一般认为，群体预测要优于个人预测，因为群体预测的民主性要强。群体预测结果的最终决定一般是采取少数服从多数的原则。在预测方法中，专家预测方法通常就属于此类。然而，少数服从多数原则用于预测亦有其弊端。这是因为，需要进行群体预测的预测对象往往是因为它们较难预测。然而，越是较难预测的东西，能准确预测它的人就越少。这样，准确的预测结果往往因为赞成者少而被少数服从多数原则所淘汰，最终却导致了预测的失败。因此，群体预测要优于个人预测的说法并不完全正确，如果片面强调"群体预测要优于个人预测"，那么，导致预测失败的可能性也往往会增加。

1.4　预测中应注意的问题

预测意味着要征服未来。任何一项预测，无论是被认为很有成效的预测，还是很一般的非正规预测，如猜测或臆断，都对被预测对象及对象所处的环境作了一些假设。专家经验、定性分析是指导性的，可以确定数据的筛选，时间阶段的划分，外生变量和模型的选择，以及不同模型预测数字的选定和修正。没有定性的指导而单纯采用数学模型外推，预测可能变成滥用数学模型。因此，预测中一定要注意下述几个问题[29, 30]。

1.4.1 注意数据处理

如果某个模型的预测结果误差较大，则往往可通过两个途径进行解决：第一个途径是进行数据处理，如累加、叠加、滤波、归一化等；第二个途径是对模型形式进行调整。建模时对第一手资料做必要的处理是一种客观存在，但一般来说，数据处理不是在任何情况下都是一种好办法，因为数据处理改变了原系统的本来面目。数据处理的实质是使样本中的异常点变得平滑，这对有些预测体系来说，实际上是一种回避矛盾的做法。因为数据出现异常必有其原因，因此，在进行预测以前，最好先不采用数据处理方法，而应寻找出现异常点的原因，以便在进行预测时将这些因素考虑进去，实现对预测模型做到随时调整以适应预测体系的特征。此外，有些体系原始数据有残缺的情况，为建立比较可靠的预测模型通常的做法是，用前后数据的平均值来弥补，在必要的情况下可用蒙特卡洛法给出残缺的数据，以保证预测模型的建立在比较可靠的信息数据基础之上。

1.4.2 注意预测参数的选择

预测时选择什么样的参数或变量是至关重要的一件事。在建立预测模型的过程中，通常应根据预测对象的不同，选择能体现出预测功能的参数作为自变量。选择的参数应能确切表明预测对象的自然状态，能概括预测对象的所有特征。例如，油田系统的动态预测选择油田的产油量、含水率作为预测的参数是最具代表性的。有的预测可选择单一的参数，有的则需要选择复合参数（指各参数之积、商、和、等），参数的度量指标应适用于同一预测对象的各种不同的预测方案。特别是参数应取材于较长时间的历史数据，这样便于排除随机因素的干扰。此外，选择的参数应是可以比较的，这样才能保持数据的一致性，减少预测误差。

1.4.3 注意模型的选择

在预测的实践中，人们极易忽视变量之间的时间差异，即容易忽视变量之间的超前与滞后关系。例如，水井注水与油井见效、油水井压裂与见效、投资与产值等均存在超前与滞后的作用关系。如果在相关预测中未考虑这些因素，则预测结果就不能令人信服。导致预测结果不符合实际，实质是预测模型不符合实际，这就涉及要注意模型的选择问题。注意模型的选择的第二个理由是由于数学上的原因，一般情况下用于统计预测的数学模型绝大多数是线性模型或各类指数模型。然而，由于预测体系的状态变化是一个丰富多彩的、复杂的实现过程，因此，也必须注意模型的选择。如果预测系统的变化近似于阶梯函数，即发生突变，则还需寻找新的预测方法，建立新的预测模型。具体来说，一个体系发生突变是瞬间的事，突变的发生说明体系的某种特征值达到了某一极限，但达到这个极限值需要较长或很长时间。比如就油田系统而言，油井或油田发生暴性水淹、套管损坏或套管成片损坏，都存在时间差异问题。这就是注意模型的选择的理由，也就是强调模型结构辨识的原因。

1.4.4 注意预测与预测时的想象

对预测过程和预测结果进行判断是非常重要的，科学的判断永远起着重要的作用。在预测过程中，由于对个人专长或所熟悉信息的偏爱，有时会形成一种先入为主的想法，自觉或不自觉地片面强调对自己观点有利的一面，而排斥和抵制不利的一面，这必然会影响预测的客观性。

人们已经充分认识到，在预测过程中，如果只能依靠预测模型提供初始近似值，那么"推敲""采纳"这些预测值，就必须运用直观和科学的判断。每逢这种情况，个别预测人员在建立模型时，其准绳就是看预测结果是否与"想象"的结果一致或者看结果是否满意，如果不满意，就调整模型，一直到预测结果令其满意为止。这种方法初看起来似乎有道理，而实际上有些不妥，这种预测结果也往往是徒有虚名，与落后地区的"祈雨舞"如出一辙，表面上热闹非常，但却不解决任何实际问题。说得更明确些，这样做的实质是先假定想象的结果是正确的，然后调整模型以使模型结果与想象结果相符合。一个浅显的道理是，既然如此，何不直接将想象结果作为预测值而要多此一举建立所谓的预测模型。

1.4.5 注意曲线拟合与多解性

由于反映系统状态变化的观测数据有时不是在理想条件下获得的，因此这些观测数据的一个突出特点是其具有较明显的不确定性。但是从全局或全过程角度来看，虽然整个运动轨迹不一定符合严密的数学函数曲线，但却有着趋势性的吻合，往往这种趋势性吻合又可从机理上得到明确的解释。于是，为人们利用数学模型进行系统状态预报定量研究提供了依据。

在一切函数中线性函数是最简单的，所以直线拟合得到了广泛的应用。对于非线性曲线拟合来说，由于模型选择的多样性，使得曲线拟合问题复杂化了。通常，曲线拟合总是力图通过物理分析来求得 $y=f(x)$ 的函数形式，但是如果遇到下述情况就会产生多解问题：一是当数据弥散程度较大时，绘制拟合曲线比较困难。除非已经确切知道描述该系统状态变化的函数形式，否则即便是采用最小二乘法来拟合，也会因人而异给出不同的、在数量上相差悬殊或在性质上难于调和的预测结果。二是由于对系统所涉及的因果关系缺乏先验知识。同时，往往也缺乏坚实的理论基础来假定具体的函数表达式。只是单纯依据数据点的图解形式来假设一个拟合函数，对于同一组数据也会常常因人而异，求得不同的函数 $y=f(x)$，多解当然也是不可避免的。

对于上述两种情况比较正确的选择是，尽量使用现有的数据资料，既不过分地埋怨数据不全、不准，也不要由于数据的精度而忽视了实际问题的本质。更不可让实际数据适应某种模型的需要，而是从整体上考察系统状态变化的全过程。尽可能全面地把握影响系统状态变化的因素，注重研究系统内部诸因素的相互联系以及系统状态发展变化总的趋势，注意在曲线拟合过程中避免多解性或荒唐外推结果的发生。

1.4.6 注意模型建立后的动态修正

当预测对象是一种受各种因素影响、敏感性强的复杂系统时，由于事物发展变化不是截然明确的处于非此即彼状态，而有时亦此亦彼，这种系统本身的复杂性、模糊性，造成了构建预测模型上的困难。

许多人认为只要确立了预测模型，预测值与实际值之间误差较小，预测模型便一劳永逸。事实上，即使对已有数据已经有了一个非常满意的模型，并且已经给出了良好的预测，但仍不能保证未来能继续提供良好的预测，时间越长模型的稳定性就越小。这是由于事物变化的多样性、随机性等，依据局部、片面的事物特征确定模型，往往可能与事物全局、整体、大尺度范围上的特征不完全相吻合。这种情况下只有坚持动态的观点，对影响预测对象的因素是否发生明显的变化，时常做出检查，并根据反馈情况来调整、完善预测模型，才可能使预测有确实可靠的依据，给出符合实际的预测结果，真正起到预测的作用。目前比较有效的方法是模型建立后，通过信息反馈了解掌握系统的平稳性与随机性，进而选择预测模型参数估计方法。如果体系的随机性、时变性较强，这时可以采用递推算法、多层递阶算法等来解决这类问题。

1.4.7 注意定性预测专家的选择

对定性预测来说，预测信息主要来自专家。因此，专家的素质如何，对预测的成败起着极大的甚至决定性的作用。在预测领域里，专家是个广义的概念，不限于某个领域的权威。一般来说，在该领域连续从事10年以上研究工作的专业技术人员即为专家。在选择专家时，要根据预测的具体对象，选择对预测对象的过去和现在比较熟悉，知识和经验比较丰富，思维判断能力和责任心比较强的人，而不必刻意追求专家的"职称权威性"。目前，预测领域里还有一个争论的问题，那就是通过客观方法获得的预测结果是否需要经过专家的修正？这个争论至今虽然未见分晓，但它并不会对预测研究产生多大的影响，甚至可以说没有影响。因为这是个没有唯一答案的问题。一般认为"短期预测可以运用专家进行修正"，如果做长期预测或对有突变的系统进行预测时，"客观方法"应给与足够的重视。

1.4.8　注意定性、定量与多种方法相结合

在对待定性预测和定量预测的问题上，要防止由一个倾向掩盖另一个倾向。从历史上看，过去不重视定量预测，使预测带有很大的主观性。现在重视定量预测，但也要防止迷信或过分依赖定量预测。因为定量预测也有它的局限性，特别是当数据不充分、不可靠时，预测结果会出现谬误。因此，一般应当使定性、定量两者相结合[31]。定性分析能够充分发挥人的思维能力，综合多种因素，在掌握一定量的基础上对事物的方向、性质做出判断。定量分析能够使定性分析更有依据，并对事物的程度做出量的测定。同时，由于事物的复杂性，在许多情况下，单纯用一种具体的预测方法往往有片面性、局限性，而应当综合应用多种方法相补充，尤其对重大预测项目，一般都应采用综合方法或组合预测会使预测结果更符合实际。

1.4.9　注意预测中的自成功或自失败

预测中最常见的一个错误，就是对待预测就像对待真正的未来观察一样。把预测所给出的结果看成是一个确定的值，忘记了预测过程中的经过处理与加工，忘记了从统计预测中得到的数值在本质上是一个随机变量的取值。特别是，有些场合的预测结果被实践证明是完全准确或者是完全错误的。对此既不能盲目乐观也不能悲观失望。因为有时产生这种状况的原因可能与预测技术、预测人员无关，而在于所处理问题的特殊性质导致了所谓的"自成功"或"自失败"，这种现象在预测中也是经常出现的。

1.4.10　注意导致预测失误的三点

预测中大多数的严重失误在事后看来都是根本不足为怪的，相反是那样的简

单或明显。导致失误一是方法选择不当或使用不当。如果使用了错误的模型，预测结果常常是无效的。二是用户与专家之间缺乏理解与沟通。实践表明，预测的成功往往依赖于用户的参与。米切尔·巴罗和大卫·塔格特认为，预测专家与管理决策者间的差距越大，后者往往越容易对预测持怀疑态度，这是一个无法回避的现实困境。事实上，认识多种预测方法的应用范围并非要有精深的数学知识，但对于用户而言，必须有应用一般方法的能力。只有掌握了不同预测方法并认识到它们的功能差异，才能根据自身情况，做出方法选择的最初判断，才能鉴别、检验专家试图使用方法的合适与否。三是加强对预测进行事后分析，从检查过去的预测、特别是在那些错误的预测中总结教训，在今后的预测中尽量避免再犯此类错误。

  达尔文说："科学就是整理事实，以便从中得出普遍的规律或结论"。各种预测研究都是建立在对客观世界规律认识基础上的认识活动，预测研究是创造性活动流程的起点，即规划→决策→创造。显然，在这个管理链中预测是决策的基础，突显了预测的重要性。历史一再提醒人们预测需要诚实，在预测过程中，切记不可追求预测结果符合某种主观意愿。因为，这样的预测徒有虚名，也毫无意义。

  通过科普性预测概述一章的阅读，对预测应该有了初步的认识。但对于如何建立一个系统的预测模型仍然是不够清楚的。因此，要学习、研究、实践《预测论基础》就必须注意了解、学习"系统辨识"。

第2章 系统辨识概述

所有的模型都是错的，但其中有些却是有用的。

——乔治·博克斯

预测是系统辨识的一个重要应用领域，确切地说，系统辨识是预测研究的一个重要的理论基础。

所谓系统辨识，是指用系统的输入和输出信息建立模型并预测系统的输出信息或称系统未来的状态变化，这显然也是预测研究的核心内容，预示着两者有着密不可分的联系。在《预测论基础》中的一些章节，如预测过程、体系和模型、反馈、标度模拟、预知信号、拟合信号、回归及随机体系等章节里，凡属建立预测模型、参数估计、模型检验等问题都涉及系统辨识的有关内容。因此，在这一章里有必要简单介绍一些有关系统辨识的内容，目的是考虑读者方便阅读《预测论基础》。稍作说明的是，这里介绍的系统辨识概念、建模思路与方法，是概括性的、导读性的，只是以满足阅读《预测论基础》为目的。如果读者对系统辨识感兴趣可阅读有关系统辨识类书籍[32-34]。

20世纪60年代的贝尔曼（Bellman）的动态规划、庞特里亚金（Pontrylagin）的极大值原理、卡尔曼（Kalman）的状态空间方法和计算机的应用相结合，催生了以动态系统为研究对象的现代控制理论。几十年来取得了巨大进展，系统辨识是现代控制理论的一个重要研究分支，但在许多科学领域的应用还未实现普及或刚刚开始系统辨识的研究。

系统的基本特征是它的状态、输入、输出和干扰信息。如果这些信息特征随时间变化则称之为动态系统。当时间以离散形式变化时，叫离散动态系统。离散动态系统的有关变量可用时间序列来描写。这种情况下，时间序列就记录了变量随时间演化的历史，它可以是确定性的，也可以是随机性的。传统的时间序列分析是以时间序列为研究对象，是统计学的一个重要分支，主要研究内容是时间序列的建模、预报和控制。基本的时间序列模型是具有较大影响的Box和Jenkins

的自回归滑动平均模型（ARMA）。

现代控制理论的应用不能脱离被控系统或对象的数学模型。然而在大多数情况下，被控对象的数学模型是不知道的，或者在正常运行期间模型的参数可能发生变化。特别是有些对象，如化学反应过程，由于其复杂性，很难用理论分析的方法推导出数学模型。有时只能知道数学模型的一般形式及部分参数，更有甚者连数学模型的一般形式也不知道。如何解决这类系统或对象的控制问题，于是提出了怎样确定系统的数学模型及模型参数估计问题，这就是系统辨识技术的由来。

20世纪30年代以前，人们主要利用概率统计理论中的统计回归方法来处理数据资料。到了40—50年代，Nyquist所倡导的试验研究方法丰富了经典统计内容，虽然还是局限于对动态系统的传递函数或脉冲响应的研究，但该时期基于控制理论的经典的系统辨识方法的发展已经比较成熟。其中最小二乘法（LS）是一种经典的和最基本的、也是应用最广泛的方法。但由于最小二乘估计是非一致的、是有偏差的，所以为了克服它的缺点，形成了一些以最小二乘法为基础的系统辨识方法。如广义最小二乘法、辅助变量法、渐消记忆法、增广最小二乘法等。

随着科学的发展与进步，人类逐渐认识到越来越多的实际系统都具有不确定性，都是充满了不确定性的复杂系统。实践中，人们也清醒地认识到对于这些复杂系统采用经典辨识建模方法是难以满足需要的，并且常常是显得无能为力。20世纪60年代以后，随着现代控制理论的迅速发展，Kalman滤波理论的广泛应用以及计算机技术的发展，系统辨识这门学科进入了现代系统辨识的研究阶段。也就是说，从线性和线性系统的研究过渡到了非线性和非线性系统的研究。于是，人们的注意力集中在对不确定性的复杂系统的辨识研究上，逐渐发展成了现代系统辨识技术。

20世纪80年代以来，由于大系统、系统工程及智能控制等需要，辨识方法又得到了飞跃性的发展，并已成功应用于航空航天、生物医学、经济系统及机器人工程等领域。从逼近理论与模型研究的发展来看，由于非线性系统本身所包含的现象非常复杂，很难推导出能够适应于各种非线性系统的辨识方法。当前系统辨识发展的热点仍然集中在非线性系统辨识；生命、生态系统的辨识；快时变与有缺陷样本的辨识；模糊理论、小波变换辨识方法及辨识专家系统与智能化软件包等，这些研究为具有非线性复杂系统的辨识提供了一种新的有效途径。

2.1 系统辨识的定义

迄今，虽然系统辨识的定义还没有统一，但却是大同小异。这里例举几个如下：

(1) L.A.Zadeh 定义（1962 年），辨识就是在输入和输出数据的基础上，从一组给定的模型类中，确定一个与所测系统等价的模型。

(2) L.Ljung 认为，系统辨识有三个要素——数据、模型、准则。系统辨识是按照一个准则，在模型类中选择一个与数据拟合得最好的模型。由于实际系统的复杂性，很难找到一个适用的模型与之等价。因此，系统辨识的任务只是要求从输入输出数据出发，找到一个与实际系统逼近的模型，该定义体现了逼近的观点。

(3) 系统辨识是根据系统的输入输出时间函数，确定系统行为的数学模型，是现代控制论的一个分支（《中国大百科全书·自动控制卷》），通俗地说系统辨识是研究怎样利用系统的实验数据或在线运行数据（输入输出数据）建立描述系统的数学模型的科学。

2.2 系统辨识的目的

约翰·巴罗对辨识有这样的论述，"在许多人类认知的深奥领域中存在着一些有趣的模型。我们对世界进行观测，识别出可以适用的模型，并由数学公式来描写"。辨识研究的目的在于预测，而预测的目的在于控制。具体来讲，系统辨识的目的主要有三个。

2.2.1 系统仿真

20 世纪 80 年代，仿真技术研究得到了迅速发展。为了研究不同输入情况下系统的输出情况，需要利用系统辨识方法建立一个系统模型，然后再利用模型来研究系统的特性或行为，并称之为对系统进行仿真研究。例如，对于油田开发方案或调整方案的研究，关键是需要选择、确定出油田的驱动方式、开采方式、井网层系、采油速度、采收率等。显然，在这种条件下，油藏数值模拟就是系统仿真的模型，对油田开发或调整方案的选择性研究就是系统仿真。

2.2.2 系统预测

无论是在自然科学还是在社会科学领域，往往需要通过预测来研究系统未来发展变化的规律性或变化趋势，这恰恰是系统辨识研究的主要目的之一。在预测的基础上预先做出决策，以便采取科学的、合理的措施实现期望的目的。在这个过程中，涉及定量问题研究通常需要采用模型的方法，建立预测系统的数学模型，进而对未来的状态进行预测。例如，在油田开发动态预测研究中，各种回归方程、经验公式、时间序列、驱替曲线等都是油田动态系统的状态预测数学模型，这些模型的研究建立就属于系统辨识的问题。

2.2.3 系统分析、设计和控制

如果依据观测数据建立起了系统的数学模型，那么，该模型就可以将所研究系统的主要特征及其变化规律描述出来，并将所研究系统中主要变量之间的关系揭示出来。这为该系统的进一步分析、研究提供了线索和依据。特别是在系统的自动化研究设计中，如果没有系统辨识技术的支持，那么系统的自动化是不可能实现的。

例如，一个成功的油田开发设计，必须使各子系统的特性与系统的总体设计要求具有一致性。如实现产量指标、生产稳定性和可靠性等相适应的系统分析与控制，油田开发过程中的动态分析、调整方案的研究设计等也都需要系统辨识技术的支撑。

2.3 系统辨识的内容和步骤

系统辨识包括模型结构辨识和模型参数辨识两个主要内容。模型结构辨识难度最大，而模型参数辨识的工作量最大。这是因为，如果模型的精度不能被接受时就需要重复辨识。通常，系统辨识有三个要素：一是数据，能观测到的系统的输入输出数据；二是模型类，即确定系统所属的模型类，如线性或非线性等；三是等价准则，也称误差原则，衡量模型接近实际系统的标准。系统辨识具体的内容和步骤如下：

（1）模型结构辨识。所谓模型结构辨识是指在假定模型结构的前提下，如假定模型结构是差分方程，那么如何确定差分方程中的阶次、纯延迟等就是模型结构辨识，从而实现确定出能够反映系统规律的数学模型。

（2）模型参数辨识。所谓模型参数辨识是指在假定模型的结构确定之后，选择参数估计方法，利用测量数据估计模型中的未知参数。

（3）模型后验检验。一个系统的模型被识别出来以后，是否可以接受和利用，它在多大程度上反映出被识别系统的特征，这必须经过验证。模型验证是系统辨识中不可缺少的步骤之一。通过反馈从不同的侧面检验模型的可靠性，检验

模型的实际应用效果,进而验证所确定的模型与系统的匹配性。但是,目前模型验证还没有一般普遍的方法可遵循。如果模型验证不合格,则必须重新辨识。在比较不同的模型集合后,可以得到某个相对稳定的模型,所得到的模型是模型集合内最好的一个。

(4) 模型判断标准。由于系统的随机性和复杂性,导致描述其特性的数学模型与实际系统只能是具有近似性。并且不具有唯一性,于是导致了参与辨识方法的多样性。这一客观事实,就意味着在复杂系统的建模过程中既没有绝对好的数学模型,也没有绝对好的辨识方法。所以模型判断标准,准确地说较好模型的判断标准自然会降低,标准的底线就是实际应用效果。一般来说,能够满足目的要求的、比较简单的模型就是较好的模型。在系统辨识过程中,通常采用等价准则来判断一个模型的好坏。所谓等价准则就是衡量模型接近实际过程的标准。通常,等价准则是用一个误差函数来表示,所以又称之为误差准则或损失函数。预测模型辨识的等价准则主要是使预测误差平方和最小,对模型的结构及参数则很少再有其他要求。因为这种情况下辨识的准则和模型应用目的是一致的,自然可以认为是较好的预测模型。

(5) 最后一步,利用模型对系统的未来做出预测,提供决策参考。

2.4 系统辨识的分类

概括来说,系统辨识问题可分为两类:一类是完全辨识问题。意味着我们不知道有关体系基本特性的任何信息,没有任何先验知识,显然这是一个很难解决的问题。通常,在尝试任何有意义的解决方法之前,都必须做出某种假设。例如系统是线性的还是非线性的等,这类问题又称作黑箱问题。另一类是部分辨识问题。如果体系的某些特征是已知的,例如已知系统是线性的或者是非线性的。但是可能不知道描述系统动态方程的待定阶次或其他系数,这就是部分辨识问题。在预测实践中,通常在许多情况下人们对体系的结构特征或多或少都有一些了解,以至于有可能导出或直接给出体系的数学模型。于是,这样的建模问题简化成了参数辨识问题。但无论是完全辨识还是部分辨识,都含有系统结构辨识和系统参数辨识两个部分。

对系统辨识进一步的分类研究,提出了各种类型的辨识。根据描述系统数学模型的不同可分为线性系统和非线性系统辨识、集中参数系统和分布参数系统辨识;根据系统的结构可分为开环系统与闭环系统辨识;根据参数估计方法可分为离线辨识和在线辨识等。其中离线辨识与在线辨识是系统辨识中常用的两个基本概念。

（1）离线辨识。如果系统的模型结构、模型的阶数已经确定，那么，在取得有关系统的全部信息数据之后，就可采用最小二乘法、极大似然法或其他估计方法，对数据进行集中处理进而得到模型参数的估计值，这种辨识方法称为离线辨识。简单地说，离线辨识是在所有实验、试验数据采集完了之后才做各类参数估计。离线辨识的优点是参数估计值的精度比较高，但需要指出的是，离线辨识适应于稳定的系统的辨识，而对强干扰或不稳定系统就会有较大的误差。

（2）在线辨识。所谓在线辨识是指采集数据和计算结果是同时进行的。如果系统的模型结构和阶数事先已经确定好了，当获得了一部分新的输入输出数据之后，即在线采用参数估计方法进行处理，从而得到模型新的估计值。在线辨识的优点是适合于实时控制。缺点是与离线辨识相比，由于采集的信息量小，因此，参数估计的精度较差。但为了实现系统的自适应控制，需要注重近期数据的影响程度，特别是要求在很短的时间内把参数辨识出来，这就必须采用在线辨识方法。实践表明，在线辨识不但能够反应系统的时变特征，而且在线辨识的参数估计精度也能满足或完全满足系统控制的要求。

2.5 系统辨识的方法

建立数学模型的主要目的是描述研究体系状态变化的本质特征和实现最优控制。因此，模型的好坏决定着预测、控制的成功与失败。系统辨识的最基本的辨识就是模型的结构辨识和参数辨识。

2.5.1 模型的结构辨识

所谓模型的结构辨识就是根据系统辨识的目的，利用已有的先验知识对要研究的问题进行分析，以确定一个验前的假定模型。模型结构辨识中最重要的是模型阶的辨识。在参数估计中，均假设模型的阶（或模型的结构）是已知的，实际上它是未知的，而且阶的准确性会影响参数估计的误差。通常，除线性系统的结构可通过输入输出数据进行辨识外，一般的模型结构主要通过先验知识获得。先验知识指关于系统运动规律、数据以及其他方面的已有知识。如依据工程的、力学的、物理的、化学的、生物学等基本规律来确定模型结构。在油田开发中利用油水渗流理论、产量递减规律、含水上升规律确定预测模型等。但在有些情况下，这种方法不是总能行得通的。即使某些系统的数学模型结构可以通过上述种种方法确定下来，但往往由于参数或随机干扰的统计特征难以确定，而使模型的结构辨识受到了较大的限制。

虽然由先验知识不能完全确定模型，但是在模型结构的选择上仍然是一个重要因素。或者说这些知识对选择模型结构、设计实验和决定辨识方法等有着重要的作用，是不可放弃的选择。模型阶的确定方法，主要是通过不同的阶数 n，分析最小二乘估计准则（残差平方和）的变化。一般情况下，选择的原则是使残差平方和显著减少的 n，当 n 继续变化到 $n+1$，但残差平方和的减少已经不显著了，那么，阶数 n 就确定下来了。

系统辨识中有一个非常重要的原理，即"最小维实现原理"，又称"吝啬原理"或"节省原理"，对于建模来说是一个十分重要的理论依据。所谓"最小维实现原理"阐述了这样一个建模原则，即应当用尽可能少的参数模型来描写系统的状态。

在辨识研究的实践中，由于传统的时间序列分析主要考虑单变量的自回归滑动平均模型（ARMA）的建模问题，而 Box 和 Jenkins 主要讨论的是 ARMA (p,q) 的建模问题，决定模型阶数 (p,q) 的方法主要是采用考察时间序列相关图的经验方法。因此，往往结果不能总是令人满意。于是，吴贤铭等提出了用 F 检验法来确定阶数，这种方法比博克斯—詹金斯的经验法确定阶数既简单又方便，并得到了推广和应用。

简而言之，结构辨识就是要把采用什么形式的模型确定下来，然后再估计具有特定物理意义的参数、预测系统未来的状态。实践表明在这个过程中，尽可能多地获取关于辨识对象的先验知识往往是辨识结果好坏的重要先决条件。

2.5.2 模型的参数辨识

认知是从错误中的不断进步。虽然已经做错的不可能变得正确，但来者犹可追，可以根据以往的经验教训来判断以后应该采取什么样的措施，这种思维方式对于系统辨识来说是很重要的。

之所以有参数估计，它源于对所研究问题的简化和假设。因为我们总是希望用较少的参数去描述数据的总体分布，这样做的前提是基于我们对总体分布的特征是清楚的。所谓参数辨识，是指通过结构辨识把系统模型确定下来之后，再把模型中待估计的参数确定下来。通常，模型的结构辨识主要用定性分析方法，而模型的参数辨识主要采用量化分析方法。因此，也将系统辨识方法称为预测模型的参数估计方法。

当系统模型结构辨识完成后，就需要用系统的输入输出数据来确定模型中的未知参数。可是，由于实际数据或测量数据值都是有误差的，有的误差还比较大，所以参数估计常常采用数理统计方法。在统计过程中，为了获得一个比较可靠的参数估计值，往往需要事先确定参数的变化范围，对初值进行选取或对数据做必要的限制与处理。如油田的采出程度和含水都有上限值，累计产油量不能超过地质储量等，这一切先验知识仍然是一个最重要的参考依据。

经典的参数估计方法的发展已经比较成熟和完善，包括阶跃响应法、频率响应法、相关分析法、最小二乘法和极大似然法、辅助变量法以及随机逼近法等已成功地应用于参数辨识。极大似然估计是比较常用的方法。似然的意思就是发生的可能性，极大似然估计就是要找到 $X(t)$ 的一个估计值，使事情发生的可能性最大，也就是使概率 $P(A)$ 最大。但实践表明，有更多理由推荐最小二乘法。20 世纪 40—50 年代，系统辨识方法的发展已经比较成熟，其中最小二乘法是一种经典的和最基本的方法。20 世纪 60 年代以后逐渐形成了以最小二乘法为基础的更先进的系统辨识方法。最小二乘法提供了一个简单的概念，并且广泛适用于其他统计方法难以应用的情况。此外，最小二乘法还可以很容易地与其他辨识算法建立联系，从而有可能统一处理、解决体系的辨识问题。

模型的参数估计是系统辨识研究的主要问题。参数估计的方法很多，这里我们作为一个结论而接受下来，具体的一系列数学证明过程给予舍弃。感兴趣的读者可以参阅任何一本系统辨识的书籍或教材。

2.5.2.1 最小二乘法

最小二乘（LS）是一种经典的、最基本的，也是应用最广泛的方法。所谓最小二乘意思是乘方最小，数学中乘方也叫二乘。1795 年，高斯提出的最小二乘的基本原理是：未知量的最可能值是使各项实际观测值和计算值之间差的平方和最小。在系统辨识领域里，最小二乘法是应用最广泛的参数估计方法，其优点是可实行递推计算且计算简单。尤其值得再注意的是，处理非线性系统的主要困难之一是缺乏描述各种非线性系统特征的统一数学理论，在输出变量中包含非线性噪声的非线性系统中要进行参数估计是很困难的一件事。但在输出变量是线性的条件下，最小二乘技术对这样一类非线性系统还是有效的。最小二乘技术的缺点是对模型噪声统计特征有一定限制，否则会出现有偏的参数估计。

如果一个体系中的因变量 y 和自变量 x 是线性相关的，假设 y 和 x 的观测值序列为 y_i, x_i, ($i=1, 2, 3, \cdots, n$)，表示 n 组观测数据，可用下面的线性方程组来表示这些数据的关系：

$$\hat{y}_i = a + bx_i + e_i \tag{2.1}$$

式(2.1)称回归方程。式中 $\hat{y}_i$ 为 y_i 估计值；a 和 b 称回归参数；$e_i = y_i - \hat{y}_i$，为误差项。利用误差平方和最小这一估计准则多参数 a 和 b 进行估计，首先构造目标函数 J：

$$J_{\text{MIN}} = \sum_{i=1}^{n} e_i^2 = \sum_{i=1}^{n}(y_i - \hat{y}_i)^2 = \sum_{i=1}^{n}\left[y_i - (a + bx_i)\right]^2 \tag{2.2}$$

若使 J_{MIN} 达到极小，则 a 和 b 必须满足：

$$\frac{\partial J}{\partial a} = -2\sum_{i=1}^{n}\left[y_i - (a + bx_i)\right] = 0 \tag{2.3}$$

$$\frac{\partial J}{\partial b} = -2\sum_{i=1}^{n}\left[y_i - (a + bx_i)\right]x_i = 0 \tag{2.4}$$

$$b = \frac{n\sum_{i=1}^{n} y_i x_i - \sum_{i=1}^{n} x_i \sum_{i=1}^{n} y_i}{n\sum_{i=1}^{n} x_i^2 - \left(\sum_{i=1}^{n} x_i\right)^2} \tag{2.5}$$

$$a = \frac{\sum_{i=1}^{n} y_i - b\sum_{i=1}^{n} x_i}{n} \tag{2.6}$$

在一定条件下，用最小二乘求得的估值具有最优的统计特性，它们是相容的、无偏的、有效的和一致的。对于这些估值性质在理论上已经给出了证明，这里不再介绍，有兴趣的读者可参看夏天长著《系统辨识——最小二乘法》[35]。

2.5.2.2 递推最小二乘法

最小二乘法是在对所有观测数据权系数一样的基础上建立的，采用等权的理由是整个估计期间各参数基本上是不变的。这意味着，就提供有关未知参数值的信息来说，当前的数据与老数据一样，没有新老之分，显然是不够合理的，因为，新数据更能反映体系未来的变化特征。于是产生了递推最小二乘法，充分考虑近期数据的作用以适应系统的时变性。概括性叙述参数估计从普通算法到递推算法的演变过程,这对于递推算法的理解和应用是有益的。

为具有普适性采用多自变量的线性模型,并记状态变量 y_i 为 $Y(k)$;记 m 个输入变量 $x_i(i=1,2,\cdots,m)$ 为 $\Phi(k)=[x_1(k),x_2(k),\cdots,x_m(k)]$;$k$ 为时间步数($k=1,2,\cdots,N$),则有如下线性模型:

$$Y(k) = \Phi(k)^T \theta(k) + e(k) \tag{2.7}$$

式中:T 为矩阵转置;$\theta(k)$ 为待估计的参数;$e(k)$ 为残差。

对于 N 组观测值,令:

$$Z(N) = \left[Y(1), Y(2), \cdots, Y(N)\right]^T$$
$$H(N) = \left[\Phi(1)^T, \Phi(2)^T, \cdots, \Phi(N)^T\right]^T$$
$$V(N) = \left[e(1), e(2), \cdots, e(N)\right]^T$$

于是 N 个等式可统一写成:

$$Z(N) = H(N)\theta(N) + V(N) \tag{2.8}$$

$$V(N) = Z(N) - H(N)\theta(N) \tag{2.9}$$

则有方差函数:

$$J(\theta(N)) = V(N)^T V(N) = \left[Z(N) - H(N)\theta(N)\right]^T \left[Z(N) - H(N)\theta(N)\right] \tag{2.10}$$

由微积分理论可知,极值点为稳定点,于是由参数估计的普遍算法表达式确定出 $\theta(N)$ 的估值 $\hat{\theta}(N)$:

$$\hat{\theta}(N) = \left[H(N)^T H(N)\right]^{-1} \left[H(N)^T Z(N)\right] \tag{2.11}$$

该结果是在对每一个误差 $e(k)$ 加相同权的指标函数基础上推导出来的,由于采取离线辨识,不考虑时间因素,所以又称为静态最小二乘法。应用普通静态最小二乘法进行参数估计,如果新增一组数据,可由式(2.12)得到估值 $\hat{\theta}(N+1)$:

$$\hat{\theta}(N+1) = \left[H(N)^T H(N)\right]^{-1} \left[H(N+1)^T Z(N+1)\right] \tag{2.12}$$

然而，这种对过去数据完全重复的算法，一是不经济，二是不能反映新增信息的作用。于是，提出了随条件的变化和信息的增加，能及时修改估计参数，并能提高或保持普通算法精度的"递推算法"。这种考虑时间因素在内的递推最小二乘方法又称为动态最小二乘法。即在新增一组观测值后的参数估计值 $\hat{\theta}(N+1)$ 为原先估计量 $\hat{\theta}(N)$ 加上的预测误差与增益因子 M 的乘积：

$$\hat{\theta}(N+1) = \hat{\theta}(N) + M(N+1)\left[Y(N+1) - \Phi(N+1)^{\mathrm{T}}\hat{\theta}(N)\right] \quad (2.13)$$

$$M(N+1) = \frac{P(N)\Phi(N+1)}{I + \Phi(N+1)^{\mathrm{T}}P(N)\Phi(N+1)} \quad (2.14)$$

$$P(N+1) = \left[P(N) - M(N+1)\Phi(N+1)^{\mathrm{T}}P(N)\right] \quad (2.15)$$

从上述的由普通算法到递推算法的演变过程可以看到，递推算法虽然强调了新增信息的影响，减少了计算工作量，但它仍然没有克服普通算法的缺点。即当数据 $N \to \infty$ 时，其估计误差反而增大。这是由于旧的数据过多，新的信息相对于旧的信息已显得微不足道，即所谓"数据饱和现象"。为此有"渐消记忆递推算法"，其基本思想是对旧的数据加上适当的遗忘因子 α，对增益因子 M 进行修正，以达到降低旧的数据的影响，强调新数据的作用目的，其算法为：

$$M(N+1) = \frac{P(N)\Phi(N+1)}{\alpha + \Phi(N+1)^{\mathrm{T}}P(N)\Phi(N+1)} \quad (2.16)$$

$$P(N+1) = \frac{1}{\alpha}\left[P(N) - M(N+1)\Phi(N+1)^{\mathrm{T}}P(N)\right] \quad (2.17)$$

递推算法已达到了一定的完善程度，对动态系统中参数估计具备了一定的适应能力。这类递推方法还有很多，如加权最小二乘法、广义最小二乘法、限定记忆最小二乘法等，这里不再介绍，有兴趣的读者可参看夏天长著《系统辨识——最小二乘法》。

2.5.2.3　推广递推梯度算法

这里略去推导与证明，只给出递推梯度算法[36]。假设一般的预报误差模型为：

$$Y_k = f(Y_{k-1}, U_k, \theta(k-1), k) + v(k) \tag{2.18}$$

其中，Y_k 是 n 维输出，$Y_k = \{y_1(k), y_2(k), \cdots, y_n(k)\}$；$U_k$ 是 p 维输出，$U_k = \{u_1(k), u_2(k), \cdots, u_p(k)\}$；$\theta$ 是 m 维向量，θ 可以是时变的，也可以是非时变的，$v(k)$ 是 n 维噪声，k 是离散的流动时间。

对时变参数 θ 进行跟踪，可得到参数 θ 的估值序列 $\{\hat{\theta}(k)\}$：

$$\hat{\theta}(k) = \hat{\theta}(k-1) + \delta A(k)^{-1} \nabla_{\hat{\theta}(k-1)} f\left[k, \hat{\theta}(k-1)\right] \left\{Y(k) - f\left[Y_{k-1}, U_k, \hat{\theta}(k-1), k\right]\right\} \tag{2.19}$$

在单输出情况下，递推算法式（2.19）可简化为：

$$\hat{\theta}(k) = \hat{\theta}(k-1) + \delta \left\|\nabla_{\hat{\theta}(k-1)} f\left[k, \theta(k-1)\right]\right\|^{-2} \nabla_{\hat{\theta}(k-1)} f\left[k, \theta(k-1)\right] \\ \left\{Y_k - f\left[Y_{k-1}, U_k, \theta_{(k-1)}, k\right]\right\} \tag{2.20}$$

式中：$\hat{\theta}(k)$ 为参数 θ 的第 k 次估值；$\hat{\theta}(k-1)$ 为参数 θ 的第 $(k-1)$ 次估值；$\nabla_{\hat{\theta}(k-1)} f\left[k, \hat{\theta}(k-1)\right]$ 为 $f\left[Y_{k-1}, U_k, \hat{\theta}(k-1), k\right]$ 关于 θ 的梯度在 $\hat{\theta}(k-1)$ 处的值；$Y_k - f[Y_{k-1}, U_k, \theta, k]$ 为残差；δ 为适当选取的正数，在单输出情况下，$0 < \delta < A$，A 一般取 1.0；$A(k)^{-1}$ 为 $A(k)$ 的逆矩阵；$A(k) = B(k) + \dfrac{1}{\alpha_{r_k}} \phi_k(B_k)$ 为正定的对称阵。

$$B_k = \nabla_{\hat{\theta}(k-1)} f\left[k, \hat{\theta}(k-1)\right] \nabla_{\hat{\theta}(k-1)} f\left[k, \hat{\theta}(k-1)\right]^{\mathrm{T}} \tag{2.21}$$

$\phi_k(B_k)$ 和 a_{rk} 是通过下述方法确定的。

设：$\mathrm{rank} B_k = r_k$，用 $\varphi_k(\lambda)$ 表示 B_k 的特征多项式，则必有：

$$\varphi_k(\lambda) = \left(\lambda^{r_k} + a_1 \lambda^{r_{(k-1)}} + \cdots + a_{r_{(k-1)}} \lambda + a_{r_k}\right) \lambda^{m-r_k} \tag{2.22}$$

$$a_{r_k} \neq 0$$

置

$$\varphi_k(\lambda) = \lambda^{r_k} + a_1 \lambda^{r_{(k-1)}} + \cdots + a_{r_{(k-1)}} \lambda + a_{r_k} \tag{2.23}$$

于是有

$$\phi_k(B_k) = B_k^{r_k} + a_1 B_k^{r_k-1} + \cdots + a_{r_{k-1}} B_k + a_{r_k} I \tag{2.24}$$

2.5.2.4 非线性模型参数辨识的牛顿迭代法

非线性模型参数辨识的牛顿迭代法是一种常用的方法，在各类有关算法、辨识、统计预测书籍中均有详细的介绍。

(1) 单一变量牛顿迭代法。

设方程 $f(x)=0$ 的近似解为 x_0，则在 x_0 附近 $f(x)$ 可用一阶泰勒多项式 $p(x) = f(x_0) + f'(x_0)(x-x_0)$ 近似代替。因此，方程 $f(x)=0$ 可近似地表示为 $p(x)=0$，用 x_1 表示 $p(x)=0$ 的解，它与 $f(x)=0$ 的解差异不大。

设 $f'(x_0) \neq 0$，由于满足 $f(x_0) + f'(x_0)(x_1-x_0) = 0$，则有：

$$x_1 = x_0 - \frac{f(x_0)}{f'(x_0)} \tag{2.25}$$

不断重复此过程，得到牛顿迭代公式：

$$x_{n+1} = x_n - \frac{f(x_n)}{f(x_n)} \tag{2.26}$$

(2) 多变量牛顿迭代法。

对于非线性方程

$$f = \begin{pmatrix} f_1(x_1, x_2, \cdots, x_n) \\ f_2(x_1, x_2, \cdots, x_n) \\ \vdots \\ f_n(x_1, x_2, \cdots, x_n) \end{pmatrix} \tag{2.27}$$

在 $x(k)$ 处按照多元函数的泰勒展开，并取线性项得到：

$$\begin{pmatrix} f_1^{(k)}(x_1^{(k)}, x_n^{(k)}, \cdots, x_n^{(k)}) \\ f_n^{(k)}(x_1^{(k)}, x_n^{(k)}, \cdots, x_n^{(k)}) \\ \vdots \\ f_n^{(k)}(x_1^{(k)}, x_n^{(k)}, \cdots, x_n^{(k)}) \end{pmatrix} + f'(x^{(k)}) \begin{pmatrix} x_1^{(k+1)} - x_1^{(k)} \\ x_2^{(k+1)} - x_2^{(k)} \\ \vdots \\ x_n^{(k+1)} - x_n^{(k)} \end{pmatrix} = 0 \tag{2.28}$$

其中

$$f'(x) = \begin{pmatrix} \dfrac{\partial f_1}{\partial x_1} & \cdots & \dfrac{\partial f_1}{\partial x_n} \\ \vdots & \vdots & \vdots \\ \dfrac{\partial f_n}{\partial x_1} & \cdots & \dfrac{\partial f_n}{\partial x_n} \end{pmatrix}$$

则有：

$$\begin{pmatrix} x_1^{(k+1)} \\ x_2^{(k+1)} \\ \vdots \\ x_n^{(k+1)} \end{pmatrix} = \begin{pmatrix} x_1^{(k)} \\ x_2^{(k)} \\ \vdots \\ x_n^{(k)} \end{pmatrix} - [f'(x^{(k)})]^{-1} \begin{pmatrix} f_1^{(k)}(x_1^{(k)}, x_n^{(k)}, \cdots, x_n^{(k)}) \\ f_n^{(k)}(x_1^{(k)}, x_n^{(k)}, \cdots, x_n^{(k)}) \\ \vdots \\ f_n^{(k)}(x_1^{(k)}, x_n^{(k)}, \cdots, x_n^{(k)}) \end{pmatrix} \quad (2.29)$$

（3）多参数非线性模型参数辨识。

记多参数非线性模型一般形式：

$$y(t) = f(\theta, t) + v(t) \quad (2.30)$$

式中 $\theta = (\theta_1, \theta_2, \cdots, \theta_m)$，为 m 个待估参数，他为时间变量；f 为非线性函数。根据最小二乘原理有：

$$J(\theta^{(k)}) = \sum_{i=1}^{n} \left[y(i) - f(\theta^{(k)}, i) \right]^2 \quad (2.31)$$

$$\sum_{i=1}^{n} \left[y(i) - f(\theta^{(k)}, i) \right] \dfrac{\partial}{\partial \theta} f(\theta^{(k)}, i) = 0 \quad (2.32)$$

整理得到函数：

$$F(\theta^{(k)}) = 0 \quad (2.33)$$

利用式（2.29）是则有：

$$\Delta \theta^{(k+1)} = -\left[F'(\theta^{(k)}) \right]^{-1} F(\theta^{(k)})$$

$$\theta^{(k+1)} = \theta^{(k)} + \Delta \theta^{(k+1)}$$

具体步骤如下：

根据式（2.30）模型，按式（2.31）和式（2.32）整理得到式（2.33）

① 给定初值 $\theta^{(0)}$，迭代精度 ε，最大迭代次数 M，取 $k=0$。

②计算 $F(x^{(k)})$ 和 $F'(x^{(k)})$，求得 $\Delta\theta^{(k+1)}$。

③若 $\dfrac{\|\Delta\theta^{(k+1)}\|}{\|\theta^{(k)}\|}<\varepsilon$，则 $\hat{\theta}=\theta_{(k)}$，终止迭代。

④如果 $k<M$，则转向③；否则迭代失败，终止迭代。

⑤计算 $\theta^{(k+1)}$，其中 $k+1$。

最后，需要说明的是，经典的辨识方法对于某些复杂系统往往是无能为力的。随着系统的复杂化和对模型精度要求的提高，系统辨识方法不断发展，特别是非线性系统辨识方法，主要有多层递阶系统辨识法、神经网络系统辨识法、模糊逻辑系统辨识法、小波网络系统辨识方法等。这里不再做详细介绍，有兴趣的读者可参阅有关系统辨识方面的书籍。

2.6 建立数学模型的基本方法

说到底，系统辨识就是如何建模的理论与方法。不同的学科领域对应着不同的数学模型。因此有人说，不同学科的发展过程实际也就是建立它的数学模型的过程。实践中主要建模的方法有理论分析法、测试法和综合识别法。

2.6.1 理论分析法

理论分析法实质是因果关系分析法。这种方法主要是通过分析系统的运动规律，运用已知的定律、定理和原理，例如力学原理、生物学定律、热传导原理、物质守恒原理等建立系统的数学模型。对于油田系统来说，利用描述渗流的达西定律、注采平衡原理、质量守恒定律等，通过推导进而建立描述系统状态的数学模型。

实践表明，理论分析方法只能用于较简单系统的建模，并且对系统的机理要有较清楚的了解。对于比较复杂的非线性系统，机理不清楚或不完全清楚的复杂系统，这种建模的方法有很大的局限性，或者说很难获得成功的效果。

2.6.2 测试法

系统的输入输出一般总是可以测量的。由于系统的动态特性必然表现在或隐藏在这些输入输出的数据之中，所以利用输入输出数据所提供的信息来建立系统的数学模型或求取模型的参数也就顺理成章了。

与前述的理论分析方法相比，测试方法的优点是不需要、不追求深入了解系统的机理。但要求系统有具备建模的数据量。对新的系统需设计一个合理的试验，以获取足够的信息，而设计合理的试验又是很困难的一件事，于是就有了第三种方法。

2.6.3 综合识别法

在实际研究过程中，人们往往将理论分析方法和测试方法相结合，称作综合识别法。对机理已知部分采用理论分析方法，对于机理未知的部分采用测试方法，这样做的结果往往能取得比较好的结果。例如，建立描述油田动态系统的一些经验预测模型，往往是通过渗流力学原理与数理统计方法相结合来完成的。实践表明，采用两者相结合的方法往往能够收到比较理想的结果。

2.7 系统辨识的条件、基础与类型

2.7.1 系统辨识的条件

建立任何一个描述系统状态变化的数学模型都是有条件的，以随机系统的建模要求为例介绍如下：

（1）随机过程或随机序列的平稳性。所谓随机过程或随机序列的平稳性是指，如果随机过程或随机序列的统计性质不随时间而改变，则称其为平稳随机过程，也就是说要求随机过程具有平稳性。

（2）随机过程或随机序列的遍历性。所谓遍历性是指如果平稳随机过程的每一个足够长的样本函数（实现）都具有相同的统计性质，则称其为具有遍历性质。

（3）系统的输入输出数据质量的有效性。实际系统的输入输出数据是建模的基本条件，这就要求有足够的、真实的反应系统状态的观测数据。

2.7.2 系统辨识的基础

人们的实践活动从根本上来说都可以表示为主体与客体之间的反馈耦合，而所有的客体又都可以用一种可观测变量和控制变量构成的系统来描述。显然，物理体系所具有的能观性与能控性从本质上决定了人们应该采用的研究途径与方法，奠定了系统辨识、建模的基础。

关于系统的能观性与能控性,先列举几个实际的问题给予说明。比如,能否通过某种手段来控制商品价格和人口增长;能否通过某种措施来控制油田含水上升速度或实现稳产等,这就需要人们研究系统的能控性。还有一类问题,如能否通过一定的体检方法来监测癌症的发生和发展过程;能否通过一定密度的监测网和某种物理途径来监测灾害性气象过程和地质过程(如地震、滑坡等)的孕育和发展变化;能否通过一种或几种地球物理方法来监测油田剩余油的分布规律等,这就需要研究系统的能观性问题。从系统辨识与控制的角度看,能控性和能观性不但是系统的重要特征,而且是系统辨识、预测和最优控制的基础。也就是说,系统的能观与能控程度决定了人们对其认识和驾驭的能力。如果系统是完全能控与能观的,那么问题的求解自然也就简单容易得多。

能控性的概念包含着输入能对系统施加多大影响的问题;能观性的概念意味着从输出能获得多少系统信息的问题。前者涉及输入对系统状态的作用,后者涉及状态对输出的作用。所谓系统的能控性是指若输入信号能对系统的每一状态变量施加独立的影响,使之能从任意初始状态出发,经有限时间后到达预先期望的任意值,那么该系统是能控的。系统的能观性是指输出信号受每个状态变量的独立影响,使之能从观测一段时间的输出值来唯一地确立状态变量在某一瞬时的值。通常,观测变量(输出)的维数一般都低于状态变量的维数,这是产生能观性问题的基础。

对于复杂的系统来说,能控性与能观性往往不是直观就能得出来的,因此对系统的能控性与能观性研究有着十分重要的实际意义。由于系统的可控变量与可观变量反映了人们实践活动的深度和广度,因此在某种意义上说,系统的能控性与能观性完全取决于人们可驾驭能控与能观变量的程度。人们掌握的可观变量越多,表示人们改造世界的能力越大,显然,人类认识客观真理首先与掌握这两类变量的程度有关。许多事实证明,如果一个系统的可控与可观变量被限制在某一水平之内,那么无论怎样进行实践与认识的反复循环,都很难使认识进一步逼近真理。

2.7.3 辨识系统的类型

在实际的系统辨识过程中,人们为了研究的方便,按系统提供的实验信息多少将系统分为白箱、灰箱和黑箱。如果系统的结构、组成和运动规律是已知的,适合于通过机理分析方法进行建立数学模型,这样的系统就称为"白箱"。如果系统的结构、组成不清楚,而对系统的客观运动规律也不清楚,只能从系统试验过程中测量系统的响应数据,应用辨识方法建立系统的数学模型,这样的系统则称为"黑箱"。还有一类系统,系统的结构并不完全清楚,系统的个别基本规律比较清楚，但还有些机理不清楚，这样的系统则称为"灰箱"。复杂与复杂性研究结果表明，在现实的客观世界里，所谓的白箱和黑箱体系是比较少的，绝大多数的体系都属于灰箱。

2.8 数学模型的分类

2.8.1 确定性模型和随机性模型

按概率分为确定性模型和随机性模型。确定性模型所描述的系统是指当状态确定后，其输出响应也是唯一确定的。而随机性模型所描述的系统，当状态确定后，其输出响应是不确定的，属于概率性的。如果系统模型的输出完全能够由系统的输入来决定，那么，这样的模型就称之为确定性模型，否则就是随机性模型。

2.8.2 静态模型和动态模型

通常，人们将一个系统按其与时间的相互关系分为静态系统和动态系统。所谓静态模型用于描述系统处于稳态时的各状态变量之间的关系，模型不是时间的函数。动态模型用于描述系统处于过渡过程中的各状态变量之间的关系，模型为时间的函数，或者说时间 t 是系统的变量。

2.8.3 连续模型和离散模型

按时间刻度分为连续模型和离散模型。一般来说，凡是用微分方程或传递函数等来描述系统的模型称为连续模型，这是由微分方程或传递函数的性质所决定的。而对于离散系统，通常用差分方程、状态方程等来描述、建立系统的模型称为离散模型。

2.8.4 定常模型和时变模型

按参数与时间关系分为定常模型和时变模型。一般来说，定常系统的模型参数不随时间的变化而改变，是一个常数，称之为非时变模型。而时变系统的模型参数随时间的变化而改变，即模型的参数是变化的，称之为时变参数模型。

2.8.5 线性模型和非线性模型

按参数与输入输出关系分为线性模型和非线性模型。所谓线性模型是指用来描述线性系统的模型，其显著特点是满足叠加原理和均匀性。而非线性模型是用来描述非线性系统的模型，一般不满足叠加原理。

2.8.6 集中参数模型和分布参数模型

按参数性质分为集中参数模型和分布参数模型。如果系统的状态参数仅仅是时间的函数，描述系统特性的状态方程组为常微分方程组，那么系统称之为集中参数系统，模型称之为集中参数模型。例如描述油田动态系统的参数产量和含水等的模型属于集中参数模型；如果系统的状态参数不仅是时间的函数，而且还是空间的函数时，描述系统特性的状态方程组则为偏微分方程组，那么系统称之为分布参数系统、模型为分布参数模型。例如描述油田的静态参数油层厚度、渗透率、孔隙度等的模型属于分布参数模型。

上述是有关系统辨识技术的简要介绍，对于学习、研究翁文波院士《预测论基础》是有一定帮助的、是必要的。但要更深入了解系统辨识理论与技术就需要阅读有关系统辨识类的书籍，这里所介绍的是远远不能满足要求的。

2.9 系统辨识建模过程中应注意的问题

2.9.1 注意建模过程中的两类系统

现代控制理论认为，如果一个系统的行为在时间上是连续的，利用专业范围内的一系列既定规律如物质守恒、能量守恒、动量守恒等能建立起具显示表达式的确定性数学模型，并能利用比较丰富的数学手段求得模型的解析解，这类系统称之为硬系统。与之相反，如果一个系统的行为在时间上是离散的或可作为离散系统处理，往往由于为它们发展所需要的专业理论和数学理论不够用，不能用严格的数学形式表达或容易获得精确的解析解，这类系统统称为软系统。软系统的最大特点是涉及过多的不确定性因素，据以建模的观测数据又往往受到严重的噪声污染。即使能够近似地得到某种显式模型，模型参数本身又带有不同程度的随机性。特别是软系统都具有时间滞后结构——系统输入的效果往往不是一下子就能清楚——系统响应滞后，在解答中直接反映决策与后继事件之间的动态影响常常是很困难的事。需要指出的是，几乎所有的软系统都很难提供为建模所需的一切必要数据。相对于硬系统来说，软系统的观测数据不但少得多并且是不能重复的。这是因为对软系统的实地试验往往是不可能的或不允许的。充分注意两类不同性质的系统，这是系统辨识与建模的基础。

2.9.2 注意建模过程中的合理简化

所谓合理简化是说，不仅需要把复杂体系划分成许多细小部分，而且还要把这些细小部分的每一个从其周围环境中孤立出来，于是对所研究部分与其余部分间的复杂相互作用就可以不予考虑。显然，若输入的参数不精确，输出的结果也不可能精确。注意建模过程中的合理简化，就是说简化不能是无限制的，必须与解决问题的目的紧密结合起来，或者说以解决问题为前提的简化。例如，在油藏模型中的储层非均质性和地质特征通常需要进行合理简化以适应计算机模型。

数学模型是实际问题一个理想化的代表。因此，总有某种程度上的不完善性，这也是构成不确定性的因素，有时甚至比变量本身固有的变化还要严重。实践表明，在有些情况下，巨型的数值模拟模型能够给予人们的预测结果，一点儿也不比经验预测方法甚至是人们凭直觉判断的结果精确多少。这是事实，尽管是极少数，但它严肃地提醒着人们在建模过程中对模型结构辨识必须给予充分注意。

2.9.3 注意数学模型的代表性与功能

乔治·博克斯说"所有的模型都是错的，但有些却是有用的"。这是数理统计权威对所有建模和应用数学模型的人的特别提醒。提醒人们必须注意数学模型的代表性与功能，进而做到正确应用。根据对象的特征和建模的目的研究建立数学模型这是建模的一般原则。建模时，如果对问题的所有因素一概考虑，无疑是一种有勇气但方法欠佳的行为。所以高超的建模者能充分发挥想象力和判断力，善于辨别主次，对问题进行必要的、合理的简化，把本质的东西反映进去，把非本本质的、影响不大的因素去掉。在满足真实、完整的反映客观现实的同时，做到简明实用，使模型具有代表性，达到建立数学模型是为让更多的人明了并能加以应用的目的。其次，注意数学模型的代表性与功能就是注意模型的应用范围。真理向前再跨一步就是谬误。由于任何模型都有一定的应用范围，因此，如果不加考虑地随意应用就会出现误用和滥用，这是模型应用中最忌讳的一件事。

在这一章行将结束的时候，重复一句这样的话是必要的："系统辨识就是建立数学模型"。意在说明了解"系统辨识"是解读《预测论基础》的必要前提。

第 3 章 《预测论基础》简要解读

> 世界，我们的世界，要不断拓展知识和价值的疆域，超越事物的已知性质，想象新的更美好的世界。
>
> ——P. 斯科特

几十年来，《预测论基础》所遇的境况是多数人读不完、读不懂，更有甚者将其视为"天书"，感到很神秘。而翁文波院士则坚持认为《预测论基础》没有神秘可言。双方认识截然不同，问题的根源究竟在哪？对此，翁文波的解释是："我搞了多年的预测工作，感到在推广上遇到了困难，其中一个基本的问题是对知识的概念很不容易沟通，对知识性质这样一类问题，恐怕也很难有公认的见解。""我个人认为：知识应该说是一种认识的结果"。在预测研究过程中，翁文波将认识体系分为抽象、物理和信息三个认识体系，将知识分为抽象、物理和信息三类知识。显然，所谓"知识的概念很不容易沟通"，关键在于对三类知识的获取与认识存在着差异。

在这一章将讨论三个问题：一是《预测论基础》的哲学背景，目的是让读者从思想上解除对《预测论基础》的神秘感；二是对《预测论基础》作简要解读，目的是让读者能够读下去、读得懂，进而能为研究、应用《预测论基础》奠定基础；三是通过对《预测论基础》的几个主要模型的介绍，让读者了解信息预测理论、方法的核心，尤其是对灾变预测——可公度性方法认识程度将成为衡量《预测论基础》推广程度的标尺。

3.1 翁文波信息预测论的哲学背景

20 世纪 50 年代到 80 年代是认识论、方法论蓬勃发展的时期，是系统科学快速发展的时期，也是翁文波信息预测理论创立、发展与完善的时期。因此，概括性了解该时期系统科学的认识论与方法论发展历程及内涵,对于了解信息预测理论是非常重要的。方法论是人们认识世界、改造世界的根本方法,科学研究的历史与实践反复证明了这样一点,"将方法论边缘化的结果只有一个——那就是原始创新成果必然减少"。

1994年9月26日在人民大会堂举行了一场《预测论学术座谈会》。会上翁文波院士做了《"预测论"是一门很实际的学说》发言。他说:"预测论"是一门很实际的学说,"预测论"有它的特殊哲学和学术思想。那么这个"特殊的哲学和学术思想"具体的内容和含义究竟是什么,一直是人们努力研究思考且难得其详的一个问题。一般认为,他把强调对实验和定量表述的西方思维与中国自发的、自组织的、整体论的传统思想结合在了一起,清醒地认识到了预测论的哲学基础就是认识论,于是他将认识体系划分为抽象体系、物理体系和信息体系,进而从哲学的高度完成了《预测论基础》的著述。显然,只要深刻理解了抽象、物理和信息三个认识体系的内涵,就能正确认识、理解信息预测理论及其方法的哲学基础。

纵观自然科学发展的历史,每当有新的哲学思想和新的方法论出现时,在自然科学研究领域中就会出现一个新的局面,预测研究当然也不能例外。人们通常将科学家用来回答解决问题的一系列步骤称之为科学方法。科学在它漫长的历史发展中,借助于不断增加、不断完善的各种科学方法,大大扩展和深化了人们对世界的认识。20世纪的20—30年代,我国著名教育家、科学家蔡元培、竺可桢等呼吁要重视学习科学的方法,认为民族落后、科学落后,缺乏科学方法是一个重要因素。为了说明科学方法的重要,蔡元培先生在很多场合都讲仙人吕洞宾点石成金的故事。值得深思的是,事隔近百年,2007年著名科学家王大珩、刘东生、叶笃正等院士还在向国家总理提出了同样的问题——"关于加强创新方法工作的建议",强调"自主创新,方法先行"。

基于只有清楚研究的背景才有可能阐述清楚研究的哲学基础的认识逻辑,这一节将简要介绍人类对复杂物质世界研究与认识的过程及其有关复杂、复杂性与复杂系统的研究状况,通过沿着人类对世界逐步的认识过程来阐述《预测论基础》的研究背景。

3.1.1 人类对物质世界的认识过程

(1) 物质世界是一个确定性的线性系统(15世纪至19世纪中叶)。

牛顿根据人类的日常体验与直觉认识,假定空间的部分之和等于整体,由此出发推导出求解曲线包围面积的微积分公式。于是人们把微积分的基本思想升华为一种哲学世界观：每一种事物都是一些更为简单的或者更为基本东西的集合体或者组合物。世界或系统的总体运动，是其中每一个局部或元素的运动的总和，这种观点称之为还原论。采用这种由确知局部或部分的数学和物理特性，再通过求和来了解整体特性的方法，就称之为还原论方法。近代科学中，所谓的科学方法，本质上就是还原论方法。对此，普利高津给予了这样的解释——"牛顿的力学和加速度关系定律，这一定律是确定性的，更重要的是，它是时间可逆的。一旦知道了初始条件，我们既可以推算出所有的后继状态，也可以推演出先前的状态。过去和未来扮演着相同的角色，因为牛顿定律在时间 t 与 $-t$ 反演下去具有不变性"。

实践表明，从古代的直观思辨，进入到近代的经验分析以后，即从15世纪中叶到19世纪中叶，持续了大约400年，一直沿着还原论的方向与路线，用经验分析的方法进行研究。把整体分解为部分，把高层次还原到低层次，由浅而深的顺序来认识事物，形成了相对完整的、以机械唯物主义自然观为基础的西方近代科学方法论。揭示了大自然的许多奥秘，对科学发展做出了不可磨灭的贡献，起到了推动科学发展的积极作用。

（2）物质世界是一个随机性的非线性系统（20世纪20—60年代）。

"在数千年的科学传统中，似乎只有确定性的东西才能找出规律，才是符合科学和唯美的追求，才让人放心，而不确定或随机的东西总是让人感觉不够踏实、可靠和科学"（普利高津）。但随着科学的进步，人们逐步认识到在自然界与社会中更为普遍存在的是随机性。并且认识到对于复杂系统，整体的性质不等于部分性质之和，或者说整体与部分之间的关系并不是一种简单的线性关系。比如油田注水开发系统中的油、气、水多相流不是单相流相加；井网的作用和注入介质的作用与效果是不可分的等。这种实践认识在科学方法论方面引起了人们的充分注意和反思。在回顾以往的研究中，人们充分认识到处理与解决复杂系统有关问题时，沿用几百年以来科技界所使用的、占支配地位的还原论方法暴露出了不适应性，因此需要研究、补充新的方法论。这个认识是一个了不起的进步，或者说还原论在科学方法论中的统治地位被松动了，这为科学整体论思想的复归铺平了道路，为构建新的科学方法论提供了新机遇。

1889年，数学家彭加莱震惊了世界，因为他证明了连只有三个成员的系统，例如太阳、月亮和地球组成的三体系统，分析它们的运动，都会发现这是个根本不可积分的系统，数学分析无法给出一个精确解。这个研究有力地提醒并告诫人们对于复杂系统的建模，简并派的做法是不可取的、甚至是非常危险的。这是因为采用机理建模时，总想把一切尽可能地简化。但是，如果把注意力全部集中在过度简化、使之成为能被数学征服的模型，那么，就会有忽略真实世界整个丰富内涵的危险。特别是，剥去一层层以为是模糊的现象，揭露出了内部的基本性质，实际上这种做法正如理论生物学家、系统论创始人贝塔朗菲所说的"当我们对生物中各个分子都了解清楚时，我们对生物的整体图像反而模糊了"。随着科学越来越深入到更小尺度的微观层次，我们对物质系统的认识越来越精细，但对整体的认识反而越来越模糊。诚如南非科学哲学家西利亚斯所说的"在某种意义上，我们是在历经漫漫长路后到达了一个自明之理"。即认识到还原论强调为了认识整体必须认识部分，进而用部分来说明整体，这种认识论实质是把部分之间、层次之间的关系简化为可知、可分的，或成比例发生变化的线性关系，而把产生复杂性的非线性关系简化掉了，这就是还原论不适应复杂系统的根本原因。

翁文波院士在预测研究中充分注意到了这一事实，深刻认识到还原论对解决复杂系统问题是无能为力的，而广泛应用的平均方法给出的平均值有时也会失去真正的意义，于是强调数据保真。在复杂的油田系统预测研究中，长期以来一直强调机理模型的重要性。但从预测准确性、实用性角度来看，所建立的各种以机理为基础的流体渗流力学预测模型几乎都经不起时间与实践的检验，或者说缺乏有效性，原因就在于还原论不适应复杂系统。

人类历史上，把世界作为一个整体来思考从未停止过。但把整体论作为一种思维理论，作为一种新的科学方法却是20世纪以来的事情。20世纪20—60年代，随着学科之间的交叉和渗透，边缘学科的出现，要求人们用新的原则和方法对现有理论进行概括和综合，以形成统一的完整的理论体系。于是，信息论、系统论、控制论得到了迅速的发展，提出了系统哲学观，又叫整体观。依据系统观或复杂观的见解，人们充分注意到了一些原先使用还原论没有发现的或未能解决的、但却具有较大影响的问题，采用整体论却得到了较好的解决与解释。一个著名的例子就是耗散结构，在一个与外部环境交换物质与能量的系统中，会自发形成某种有序结构，这对还原论来说，永远也不可能给出合理的解释。

"如果没有问题，也就不会有对问题的解释即理论"。建立在信息论、系统论、控制论基础上的系统科学方法，是科学综合发展所提出的新的方法论。基本的理论原则是整体性、有序性、因素相互作用和动态性，主张从整体的结构和功能上研究问题。用整体观点来看待事物，用系统方法从宏观上把握事物，是研究具有随机性的非线性系统的主要认识论和方法论，也是人类认识论的一大进步。

20世纪50年代属于"控制论的时代"，系统工程思想广为传播。一时间，谈系统、控制成为科学界的时尚，形成了系统科学的第一个高潮。这一时期所说的"系统"，是以机器为背景的，部分是完全被动的、死的个体，其作用仅限于接收中央控制指令，完成指定的工作。任何其他动作或行为都被看作是噪声，是起破坏作用的消极因素，应当尽量排除。人们把这一时期的系统观念称为"第一代系统观"。

(3) 物质世界是一个极其复杂的非线性系统（20世纪60年代以来）。

对于复杂及复杂系统，苗东升教授给出了本质性的解读，他认为"复"是重复性，意味着规律性；"杂"是杂乱无章，意味着非规律性。"既复且杂"的复杂事物应是既具有人们所能识别的规律性，又不能完全归于某种规律。既无规律，也不能完全陷入无规律性，这就是复杂。美国气象学家 E.N. 洛仑兹被人称为混沌之父。他认为，"实质上，复杂性常常用来指对初始条件的敏感依赖性以及这种敏感依赖性相联系的每一件事"。混沌与复杂性的区别是，混沌涉及时间上的不规则性，而复杂性则意味着空间上的不规则性。他把复杂性等同于空间上的不规则性，或者说空间上的不规则性属于复杂性，例如油藏系统。美国《科学》杂志于1999年4月2日出版的复杂性专辑，明确提出了复杂性科学是"超越还原论"的观点，并对"复杂系统"做了如下的描述：通过对一个系统的子系统的了解，不能对系统的性质做出完全的解释，这样的系统称为复杂系统。因此，"如果一个系统能够在个体组分层面上给出系统的完整描述，即便这个系统可能由巨量的组分构成，这个系统也不是复杂系统，如庞大的喷气式客机或计算机。而在一个复杂系统中，系统作为整体无法被简单地靠分析其组分来获得理解"。而"每一次的分析只能揭示系统某些特征，更为重要之处在于，这些分析总是会导致曲解与失真"（南非科学哲学家西利亚斯）。因此，普利高津认为"人类正处在一个转折点上，正处于一种新理性的开端。在这种新理性中，科学不再等同于确定性，概率不再等同于无知"。该时期研究和解决复杂非线性问题概述如下：

① 自组织理论与非线性科学阶段（20世纪60—70年代）。20世纪60年代以来，科学转向对复杂多变量系统的深入研究，并取得了实质性进展，核心是"自组织理论"的创立与发展。

自然界有各种各样的组织过程，从组织的进化形势来看可以分为自组织和他组织两类。如果不存在外部指令，系统按照相互默契的某种规则，各尽其责而又协调地、自动地形成有序结构，就是自组织。举例来说，在老师的督促下学习是他组织，学生自愿积极努力学习则是自组织。被逼相亲是他组织，而自由恋爱则是自组织。自组织现象无论在自然界还是在人类社会都是普遍存在的，人体是自组织系统，自由市场、城市等也都是自组织系统。油田注水开发水驱油过程中的指进与突进现象、调整吸水剖面过程中调剖剂自动封堵优势通道、聚合物驱油过程中聚合物扩大波及体积都是自组织行为，而分层注水、分层采油、分层压裂、分层堵水、分层测试、分层测压等属于他组织。清楚了自组织的概念之后,再来进一步了解一下自组织现象、自组织系统的研究历程、结果与结论。

该时期的主要成就是创立了"自组织理论"。欧洲学派立足于非线性科学,对物理化学生命系统的演化现象进行了深入研究。首先是比利时化学家普利高津认为,"自然界既包括时间可逆过程,有包括时间不可逆过程,但公平地说,不可逆过程是常规,而可逆过程是例外"。进而探索了远离平衡态系统的非线性相互作用的自组织特性。认为一个远离平衡态的非线性的开放系统通过不断地与外界交换物质和能量、在系统内部某个参量的变化达到一定的阈值时,通过涨落,系统可能发生突变,由原来的混沌无序状态转变为一种在时间上、空间上或功能上的有序状态。这种有序结构由于不断与外界交换物质和能量才能维持,因此称之为"耗散结构理论"[37, 38]。相继在 1977 年,德国物理化学家赫尔曼·哈肯出版了《协同作用学导论》[39],创立了研究由子系统构成的系统是如何通过协作从无序到有序演化规律的"协同学",而自组织则是协同思想的硬核。在自然界和人类社会活动中,除了渐变的和连续变化的现象之外,还存在着大量的突然变化和跃迁现象,如水的沸腾、岩石的破裂、地震、人的休克等。又如油田开发中的井喷、油水井套管损坏、油井暴性水淹、气锁等。对于突变性的研究,法国数学家托姆于 1972 年以纯数学的形式创立了"突变论",对广泛存在的不连续问题做出了一种解答,给出了相变与临界现象的系统行为,研究了各种系统出现突变的非线性模型。研究了从一种稳定组态跃迁到另一种稳定组态的现象和规律。例如油田开发过程中出现的油水井套管损坏,甚至成片套管损坏的过程就可以解释为从一种压力平衡到另一种压力平衡的过程。此外,德国生物物理化学家 M. 艾根从分子演化角度研究系统自组织理论,正式创立了"超循环理论"。1975 年,英籍法国数学家曼德勃罗创立的"分形几何"为研究自然界中的复杂形状和结构提供了数学工具,从非线性的角度探讨了多样化与统一性的关系问题,而"混沌学"则将决定性与非决定性在非线性关系中统一起来。

总之,该阶段研究的主要动机是对复杂系统演化理论与机制的揭示,形成了以非线性与非平衡为核心要素的,称之为自组织理论与非线性科学阶段[40]。并把这一时期的系统观念称为第二代系统观。第二代系统观拓宽了控制概念,引申了随机性和确定性对立统一的思想,讨论了自组织涨落、相变等新的概念,对系统的理解深入了一大步。但由于分门别类的各自研究,而没有考虑它们之间的联系,更没有思考建立复杂性研究的统一模式。只有到了 20 世纪 80 年代,随着美国圣塔菲研究所的建立,才真正步入复杂性研究的新阶段。

②复杂系统仿真建模阶段(20 世纪 80 年代)。进入 20 世纪 80 年代,以美

国圣塔菲研究所（SFI）为代表的研究学派成为世界复杂性研究中枢。一个最简单的解释是该所拥有一些来自不同学科的数学家、物理学家、化学家、生物学家、经济学家、计算机专家等走到了一起，使之成为世界复杂性研究的前沿阵地。

该阶段复杂性研究与20世纪70年代复杂性研究的最大区别在于"计算机仿真与建模"成为复杂性研究的重要方法。计算机实验不但成为一种新的研究手段，而且也成为检验理论的一个最具权威的试验场，于是人们又将该阶段称为复杂系统仿真建模阶段。计算机实验方法的应用弥补了以往复杂性理论难于检验的弱点，并在技术上粗略实现了对复杂性问题的仿真模拟与未来预测。一个最成功的研究是丹麦科学家帕·巴克（Per Bak）用计算机技术模拟了沙堆的自然堆积与崩塌过程，揭示出了复杂性的一个重要特征——自组织临界性。巴克指出，自组织临界性广泛存在于地壳变化、火山爆发、股票市场、金融危机、人类大脑等这样大而复杂的系统中。它们不是逐渐地改变，而是把质的变化和量的变化连在一起，不断趋向临界状态的自组织行为导致了突变现象的发生。

圣塔菲研究所的另一重要成就是"复杂适应系统理论（CAS）"[41]。1994年，霍兰在遗传算法工作的基础上与SFI的研究者们合作，创立了著名的"复杂适应系统理论（CAS）"。该理论是现代系统科学的继续和发展，是20世纪对复杂系统的日益全面理解与认识的重要成果之一。

"复杂适应系统理论（CAS）"最基本的概念是具有自适应能力的主体，简称主体。所谓自适应能力是指主体随着时间不断进化。自20世纪60年代系统科学兴起以来，人们强调的主要是"整体观"，而对古代系统思想中关于活力的观点注意不够。"活力论"认为，物质自身具有活力，不断运动和变化，发展变化不只是由外部原因推动的。研究表明，"确定性的系统也会产生内在的随机性（即混沌），因此，复杂性与随机性并不完全相同，随机性不是复杂性的唯一根源"。复杂自适应系统理论恢复了古代系统思想强调的"活力观"，这一突破使它具有了与以前的复杂系统理论根本不同的、新的洞察力。

"复杂适应系统理论（CAS）"对于宏观与微观之间的联系，给出了新的认识角度——涌现。涌现是在微观主体进化的基础上，宏观系统在性能和结构上的突变。这种突变在以往的观念中是难以认识和控制的，也不是用统计等传统方法所能完全说明的。具体来说，层次是系统科学的重要概念。所谓局部和整体、元素和系统、个体与群体，实际上就是上下两个层次之间的关系。迄今，关于层次之间的过渡与转化研究，主要依靠统计方法，即使在自组织理论中统计方法也起着决定性作用。问题是单靠随机性、概率和统计，还无法解释世界的演化与宏观尺度上的涌现，需要寻找别的机制与途径。"复杂适应系统理论（CAS）"在这方面有所突破，通过承认个体的主动性，为系统演化找到了内在的、基本的动因，为理解层次提供了新的思路和视角，对于认识和解释经济、社会、生态、生物的许多现象开辟了新路。

"复杂适应系统理论（CAS）"是现代系统科学的一个新的研究方向，作为"第三代系统观"，突破了把系统元素看成"死"的、被动的对象的观念，引进具有适应能力的主体概念，从主体和环境的互动作用去认识和描述复杂系统行为，开辟了系统研究的新视野（陈禹）。该理论迅速引起了学术界关注，被尝试用于观察和研究各种不同领域的复杂、复杂性与复杂系统，解决"一切常规学科范畴无法解答的问题"。

(4) 解决复杂性问题的途径与模式（20世纪以来）。

贝塔朗菲指出"系统科学本质上是研究复杂性的科学"。从古代朴素的系统整体观、19世纪的辩证唯物主义系统观、20世纪的40年代称雄于现代科学的系统论、信息论和控制论（SCI），到70年代的协同论、耗散结构理论、突变论（DSC）以及80年代的复杂自适性系统理论、钱学森建立的系统科学体系等，标志着从古至今人类思想史上的主要里程碑，都是为解决复杂、复杂系统问题而催生出来的认识论与方法论。

目前，解决复杂性问题存在两种思路[41]：一种观点是把复杂性视为一种现象，力求对其完全的解释与描述；另一种是把复杂性看作是一个实践难题，致力于现实问题的解决。当前大多数复杂性理论均把理解复杂性作为解决复杂性问题的前提，所以一心致力于发现复杂性的普遍解释模型乃至普遍规律。然而在复杂性研究中，力求对其完全的解释与描述是困难的，甚至是极其困难的。这是因为复杂性问题的层层嵌套使我们无法找到衡量"真"的普遍标准，又总是发现复杂性带给我们更多的困惑。当然也就无法确立绝对意义上的"理论的真"。此外，面对复杂性问题的多元性、跨层次性，也都使我们难于获得普遍推断所必需的完全信息。对此，雷谢尔从信息不完全性角度指出了完全理解的不可能性并指出了解决的标准。"不论是解决什么问题，也不论是在认识上还是实践上，符合理性的合理方式就是依据手头可用的资料获致最佳的可行性决案"。对于处于复杂世界的有限个体来说，人们所能处置的信息注定是不完全的，这意味着无法获得结论的充分理解。

而第二种观点强调的是解决，认为合理的行动需要在有限的现实资源与主观意愿之间达到平衡，是主观意愿的现实化，并不需要以完全理解为前提，而以追求"实际的满意"为目标。只要实践的可行性、理论与实践的符合度达到理性主体的可接受度，解决就是成功的。在复杂系统的研究中，不必追求对象属性与规律的完全性，只需把握对象特定的属性及特点，以达到主观的意愿即可为目的。之所以解决问题不必完全研究掌握对象的机制，原因在于人类科学技术史一再表明，许多实践问题的解决并不一定是要完全理解后才能解决的。"火法冶金"（物理冶金）与"水法冶金"（萃取冶金）均是人类凭经验长期摸索出来的、行之有效的冶金方法。直到1901年，英国科学家奥斯汀发现了铁碳平衡图，建立金相学时，人们才算对"火法冶金"与"水法冶金"技术有了完全的理解。据此认为应对必须依赖于经验。正是由于对经验的坚信，我们才可以暂时搁置理解，直接解决问题。

20世纪70—80年代，以钱学森为代表的中国学派把复杂性研究明确纳入系统科学范围，提出了"开放复杂的巨系统理论"（OCGS）和"从定性到定量的综合集成法"。从定性到定量的综合集成方法的核心包括两个重要应对之道：一是多层次多要素的综合集成；二是人、机、经验、知识与智慧的结合策略。将实践经验，特别是专家经验和现代科学提供的理论知识综合起来；把专家的定性知识和各种观测数据、统计资料结合起来；充分利用知识工程、专家系统、智能机器的优势，人—机结合以人为主的方法论。充分发挥主体经验在定性判断、系统分析在定量分析中的不同优势；实现了信息、知识、智慧从定性到定量的综合集成。

综上所述，可以清楚看到对于复杂系统的研究，西方学者采取从微观到宏观，即由简单系统、大系统、简单巨系统最后到复杂巨系统。而中国则是从宏观到微观。首先研究开放的复杂巨系，找到处理这种复杂系统的方法论，然后以此为主干，研究出其他系统的处理方法。

苗东升教授认为，圣塔菲派的工作使复杂性研究实现了根本观念上的改变，从过去的"构成论"变成了"生成论"。"复杂适应系统理论（CAS）"代表复杂性研究和系统理论的一个重要方向，对解决一大类复杂系统问题是比较有效的。在复杂与复杂性研究中最值得注意的是Eric B.Dent站在世界观的角度，"从本体论、认识论和方法论的层面对传统世界观和正在涌现的世界观进行了深入的比较，其中认为科学逻辑将由'不是—就是'的单极性思考向能包容矛盾的多极性、非线性思维转变"。跳出"不是—就是"的单极性思考逻辑，也正是翁文波教授强调的研究解决复杂系统问题必须坚持"非排中"的思维模式。

3.1.2 《预测论基础》的认识论和方法论

"真正的科学是富于哲理性的"（玻恩），都具有一定的方法论意义。翁文波院士亲身经历了并深谙20世纪50年代到90年代之初的还原论、系统论、自组织理论、非线性科学以及复杂系统仿真建模技术。深知这些理论与方法对于解释、解决复杂系统机理的能力与有限性。

3.1.2.1 认识体系的三个层次

基于地震、旱涝等自然灾害预报的研究，翁文波提出了有别上述的、更能解释和解决复杂系统问题的认识论和方法论。针对预测的客观实际，基于层次是系统科学的重要概念。他把人类的认识体系分为抽象体系、物理体系和信息体系三个子体系，或称三个层次，见表3.1。

表 3.1 翁文波认识体系关系表

认识体系	抽象体系	(A1) 集合	抽象知识
		(A2) 公理	
		(A3) 关系	
	物理体系	(B1) 时间	物理知识
		(B2) 空间	
		(B3) 物质	
	信息体系	(C1) 信息	信息知识
		(C2) 知识	
		(C3) 智能	

（1）抽象体系。对于抽象体系翁文波是这样定义的：从子样（集）归纳出母体的本质，并将这一归纳过程和归纳结果称为抽象。在这一层次内，不需要假定任何客观存在，例如宗教信仰、道德伦理、数学抽象等即是抽象体系。抽象体系一旦被认识或公开提出，即成为抽象知识。在信息预测研究中，翁文波更关注数学抽象，并规定了在信息预测论里只涉及和讨论数学抽象问题。抽象体系的基本实体就是集合、关系和公理，而公理则是体系的一个守恒条件。

在抽象体系研究中，翁文波对二元运算与多元关系的研究是一个突破，在某种意义上可以说奠定了信息预测论的基础。我们知道，数字间的算术运算包括加、减、乘、除。对于加、减运算，在有固定零点的体系中，二元加是可交换的，相反，二元减却是不可交换的。与二元加法一样，二元乘法也是可交换的，二元除法是二元乘法的逆运算。在经典数学中，自然界的所有关系可以分解为二元关系。但是这种分解并不总是可行的，不能分解为二元关系的多元关系不仅存在，而且在自然界中起着相当重要的作用。在物理领域，天文学中经典的太阳、地球和月亮"三体问题"至今没有找到一般解，这是一个典型的涉及三元关系的动态问题。相对论中，观测者、运动物体以及观测介体（光）之间的三元关系是在光速对所有观测者都是固定值的假设下求解的，这一假设使三元关系退化为二元关系（白志强）。对二元运算与多元关系的研究将二元关系中的周期性扩展到三元和四元等多元关系的可公度性，奠定了信息预测论的基础。

（2）物理体系。现在科学的认识体系主要局限在物理体系之内，物理体系是由时间、空间和物质三组实体组成的，其共性都是需要用单位来度量，否则就会说不清楚。物理体系的特征：

一是具有连续性或不连续性。时间、空间和物质这三个实体各有特性，其中时间和空间是连续的，无始无终。因此，物理体系除了单位以外还要定义原点，否则也说不清楚。而物质是不连续的，事件也是不连续的。一切实际存在的物体和一切实际发生的事件都是由它们的基本单元组成。这些基本单元是可以用自然数来数个数的，也就是说它们是可数的或可量子化的。

二是具有守恒性。对称是物理世界中著名的现象，对称现象都直接引导出守恒定律。物理规律与所选择的坐标原点无关。在一个动态系统中，最简单的对称运算是空间交换。物质空间变换中的不变性就是线性动量守恒。

三是具有不确定性。一切实体的全部状态是不可能被完全认识到的。在物理体系中，如果将一个运动质点看作波动群，那么，度量质点属性的精度将受到两个固有的限制，一个极端是质点的位置可以完全确定而波长却无法确定；另一个极端是波长可以测定，位置却是不确定的，这就是物理学中著名的测不准原理。

对于物理体系中自然灾害的物理观点，白志强做了下述的图解：在时间、空间的前提下，可以把看得见的物质世界分成几个分界不清楚的层。对每一层都有相互交错的学科进行研究，其层次与学科关系见表3.2。

表 3.2 层次与学科关系

	外层空间	空间科学
	太阳系	天文学
物理世界		电离层	物理学
		大气层	气象学
	地球圈	水圈	水文学、海洋学
		生物圈	生物学
		岩石圈	地理学、地质学
		地心	地球物理学

注：源自《预测学》（翁文波，1996）第27页。

每一种科学都可以对自然灾害进行研究，但认识程度也自然会有某种程度的局限性。

(3) 信息体系。翁文波认为信息是信息体系中的元素、元素集或子体系。因此，一切与人有关的法则、事件、数据等信息，一旦被人们认识或公开提出来了就演变成为信息知识，而这类信息知识就成了预测的基础或依据。

信息体系是建筑在物理体系之上，基本实体是信息、知识和智能。而人和机器（计算机）对信息的存在起着关键作用，或者说重要的观念在于认识的主观性。知识是认识的结果，而认识过程中的演绎是认识的关键。"演绎法"是认识科学的一种重要方法。翁文波认为，在实际的认识科学中，数学演绎的定义必须扩大为"信息演绎"，这种扩大有多种方式，如"偏演绎""灰色演绎"和"模糊演绎"。如果一种信息演绎可用于对已知的模型都真实，但无法证实已知的模型是一切可能的模型，这种演绎可称为"偏演绎"。如果，一种信息演绎可用于符合主观要求的一定允许（误差）范围内几乎真实，预测结论就是"几乎如此"。这种演绎称之为"灰色演绎"。还有一种演绎，可用于符合主观要求的一定置信度内可能真实，预测结论可以是"可能如此"。这类演绎可称为"模糊演绎"。需要说明的一点是，数学演绎得出的命题是数学定理，信息演绎得出的命题是"知识"。《预测论基础》基于信息演绎的随机性否定是信息预测的一个重要原则。

以抽象体系、物理体系和信息体系作为预测理论的思想基础，共同构成了信息预测理论完整的认识体系。三个体系在共同完成认识的过程中，逻辑上又紧密联系在一起。随着抽象体系向信息体系的演化，抽象体系中的实体集合扩展为信息体系的实体信息集、公理扩展为知识、关系扩展为状态。而物理体系与信息体系的关系可以这样来理解，即由于人与机器（计算机）是物理体系中物质的特款，因此信息可以通过时间和空间在人类中实现交流与传递。比如，一个注水开发的砂岩油田属于物理体系，为了预测油田的开发指标需要建立预测数学模型，而在建模的过程中需要了解有关油田的一些先验知识，模型和先验知识就属于抽象体系，而通过模型计算或预测的结果即是信息，属于信息体系，这些信息就是预测的依据，可以通过时间和空间在人群中交流，这样的认识过程就是信息预测理论的认识论和方法论。又如，注水开发的砂岩油田属于物理体系，为了获得较大的产量往往采取一些增产措施，如提高注水压力，有时会导致区块间的压力不平衡、大型压裂有时会导致油水井管外窜流、泥岩进水等，结果出现了油水井套管损坏。为研究套管损坏问题建立数学模型，总结套管损坏过程中的一些现象和规律、经验和教训，这些就属于抽象体系。而通过数学模型预测出来的套管损坏数量或好坏程度就是信息或信息体系，就是预测的依据。

认识体系的分类是按着三类体系的性质以及认识的逻辑来划分的。从认识的过程来看，物理体系的概念在人类文明的初期就已经出现了，但将物理认识抽象为数学表述，这是直到公元400年前才实现的。自20世纪20年代之后，产生了信息的概念，直到1948年，申农的《信息论》、维纳的《控制论》和贝特朗菲的《系统论》改变了认识的概念，这种改变主要是引入了人或主观性，认为信息具有概率性。从信息观点来说，在信息形成的过程中人的作用是不可或缺的，这为预测带有主观性提供了基础与依据。

3.1.2.2 遵循"怎么都行"的原理——多元主义方法论

在科学研究中，人们感到为难的是，不要还原论不行，只要还原论也不行；不要整体论不行，只要整体论也不行。理论上，把还原论与整体论结合起来实现两者辩证统一，这是解决复杂系统问题的最好途径。问题是实现两者的辩证统一首先是需要有认识论、方法论上的进步。直到20世纪70年代，美籍科学哲学家费耶阿本德在《反对方法》中提出了一种与传统截然对立的科学方法论——多元主义方法论[42]。他通过否认理性和经验两者表明"科学是无政府主义的事务"，论证了最成功的科学研究从来不是按照理性方法进行的。认为不应要求科学家遵循某一方法论从事科学活动，而要充分发挥科学家的独创性，倡导"怎么都行"的方法论。在科学研究中，人们或采用还原论或采用整体论，无论选择哪种都是一元论。而"一切方法论，甚至最明显不过的方法论都有局限性"。因此，他认为必须放弃方法一元论，而采用方法多元论。既不把任何方法看作是普遍有效的、永远适用的，也不排斥任何方法，把它说成毫无价值的。要认识世界，就必须使用一切方法，包括理性主义者最瞧不起的方法，同样也要保留一切观念，甚至包括最可笑的神话。"科学家所使用的一切手段、一切观念、一切方式都是合理的，只有一条原理可以在一切境况和人类发展的一切阶段上加以维护。这条原理就是'怎么都行'"。费氏的观点是颠覆性的，结束了方法论中一些毫无意义的争论，科学发展过程中方法论的进步、方法的不断增多也说明了费氏信条——"怎么都行"的正确性。

显然，在对待解决复杂性问题上不可遑论解决方法的此对彼非，只要能解决问题就是好的。信息预测理论的方法论既建立在现代系统科学方法之上、又高于现代系统科学方法，充分体现出了翁文波的科学认识论所具有的特殊性。简而言之，依据手头可用的资料来获取最佳的可行性决策方案，或者说选择了一条符合理性研究方式的、只要能解决问题的就是好路线。在教学过程中，翁文波贴出了"今天我讲加法"的学术专题海报,一个千百年来令人感到神秘而头痛的预测问题最终归为理性主义者最瞧不起的方法——加减法问题,足以说明《预测论基础》哲学思想的特殊性、超前性与自信性。

3.1.2.3 自然体系属性引进了非排中、可数性和可公度性

《预测论基础》为20世纪的经典著作《反对方法论》和《复杂适应系统理论(CAS)》做了一定程度的诠释与证明。给出的复杂系统问题解决方法具有超越时代性,起到了引导复杂性系统研究方向的作用。

《预测论基础》所论述的预测体系分为稳定体系、计量体系、复合体系、灾变体系、动态体系、互逆体系、模糊体系、不定体系等8种。在自然体系属性上引进了非排中、可数性和可公度性等概念,在认识体系上引进了信息演绎的概念,形成了信息预测理论的特殊哲学,而这与当今世界复杂系统研究的思维方式改变具有一致性,即"科学逻辑将由'不是—就是'的单极性思考向着能包容矛盾的多极性、非线性思维转变"。

《预测论基础》最令世人瞩目的是灾变预测。基础是对体休斯—波德法则的重新研究,认识到了可公度性是自然界的一种秩序。基于有秩序就是有规律可循,于是将可公度性信息系从天文学扩张到信息预测理论之中,将二元关系中的周期性扩展到三元、四元等多元关系的可公度性,并在创立唯象信息预测理论的同时也拓展了方法论,并在灾变预测中获得了成功的应用。西方复杂性研究的学者们发现了正统认识论、方法论在研究复杂性问题上的弱点和不足,深切感到有必要开辟一条新途径以解决人类面临的复杂性问题。虽然提出了《复杂适应系统理论(CAS)》,但却依然缺乏灾变预测成功的实例。美国学者S.G.Eubank从复杂性科学角度研究地震问题。强调"传统物理学中,建立模型是试图依据在小尺度范围内得出的物理学定律,来解释和预测大尺度事物的性质。对于复杂系统来说,上述方法不大实用,因为他把边界条件与动态过程截然分开"。提出"应建立另一种模型:从数据出发模型,优点是对问题能提供一个直接答案"。S.G.Eubank提出一个新模型的概念,但仅停留在一种假设,没有提供实例和具体方法。而翁文波院士的信息预测理论和方法在灾变预测研究这一方向上已经初具规模,形成了体系,取得了令人惊叹的成果。原因就在于《预测论基础》将我国古代和现代方法论实现了有机结合,对复杂性问题的解决采取了人与经验、知识与智慧的结合方法论,《预测论基础》的认识论虽然仍属于系统科学认识论,但却有着特殊性。

翁文波将预测体系划分为常态集和异态集,对常态要素可作统计预测研

究，目的是知其大概。而对异态要素可作"信息预测"，以知其特性。而在建立这些体系的预测模型过程中，不追求对象属性与规律的完整性，只需把握可能对特定实践活动产生影响的属性及规律特点，并且特别重视体系的状态随着时间变化的规律性，而不要求机理、机制如何，遵循和依据"功能模拟"的原理建立信息预测模型，并将功能模拟原理与方法作为《预测论基础》的方法论核心。

3.2 《预测论基础》解读基础

人类社会在经历了大约几千年的农业社会和近 300 年的工业社会后，现在正步入更加文明的社会——科技或信息社会[6]。在农业社会，人们注重向后看，靠学习和继承前辈积累的经验从事耕、播、收、藏等活动；在工业社会，人们的视线主要是朝向现在，注重面对现实，通过对市场需求的调查研究，寻觅实用的技术和进行各种有效率的活动，以达到盈利等直接目的；在科技或信息社会，人们的视线主要是朝向未来，注重向前看，人们的思想必须追上并超过时代的步伐，预测明天及更远的未来，以便制订和采取具有长久效用的最佳策略，最终赢得未来。如果说人们做出各种决策的主要依据，在农业社会是"过去信息"，在工业社会是"现在信息"，那么，在以飞速跃向科技或信息社会的今天，则无疑应是"未来信息"。

预测作为一门科学，其萌芽始于几千年前，即在人类社会发展的整个进程中，到处都闪烁着预测的科学光芒。然而长期以来，预测在人们心目中却多少带有几分虚幻不实的色彩、一种神秘感，甚至将预测一类的著述称之为"天书"，对预测是前人学术思想的结晶和总结颇有说辞。理论的显著特点是具有普遍和广泛的适应性。"科学进步并不仅仅是新的发现。有的时候科学的进步是因为证明了某个已有观念的错误，或过去的测量在某种意义上被误用了"（约翰·霍根）。由此可以认为《预测论基础》是现代预测领域研究中的一项具有重大意义的进步，预示着建立现代系统预测科学的可能前景。

3.2.1 《预测论基础》研究历程

解读《预测论基础》，回顾翁文波院士信息预测理论与方法的研究历程对于理解《预测论基础》相信是有必要的。

"在科学上，每一条道路都应该走一走。发现一条走不通的道路，就是对科学的一大贡献"(爱因斯坦)。翁文波院士肩负着重大的历史使命,以当代科学家的才华和勇气,果敢地来到这个多种科学之间的边缘地带——预测领域。所面临的问题是,世界历史记录了无数次地震,但没有留下任何经验,更没有研究认识地震规律的纪录。千百年来,人们对地震的研究总是在期望通过努力寻根索源,研究地震的成因及其孕育的机制,然后进行预测,才会收到比较好的预测效果。然而,直到今天人们也没有看到对地震机理研究形成一个统一的、权威的认识。

科学始于问题,而问题就是主客观的矛盾,是人与自然界的相互挑战。地震预测,这是一个古老的、也是一直没有解决的世界性难题。因此,解决地震预测问题、要开拓新的预测理论,首先必须要有方法论上的革命。翁文波从各方面进行思考,而且是经过长时间的思考,得出结论是只要在逻辑上是可能的,而未被实践证明是不可能的,就要进行探索与研究。

进入20世纪以来,认识论和方法论上的进步,促进了新的学科不断出现。如系统论、信息论、控制论、协同论、耗散结构理论、灾变论、分形和混沌理论等。但这些复杂性理论与方法都未能有效地解决灾变预测问题,几次有影响的国际会议得到了这样无奈的结论——"地震是不能预测的"。面对国际国内对地震预报的期待、无奈和否定,翁文波的选择是抛开了"为什么会发生地震"这样一类令人感到困惑、复杂性问题的直面回答,抛开了还原论,抛开了拆零技术,将复杂地震问题如实地看作一个复杂系统,从整体性来考虑、研究地震预测问题。确切地说就是从信息角度思考问题、从实际出发、从现象入手寻求解决问题的方法。

受到天文学中可公度性的启发后,翁文波深入分析了大量质数与自然现象的相关性。通过元素周期律问题考察,发现了深藏在元素间的一种规律性——可公度性。并成功预测了相应的元素,验证了通过质数间规律性研究灾变预测的可能性。与此同时,翁文波进一步从方法论上进行了深入探讨,明确了研究的思路。决定从质数问题入手、破译质数内在的规律性、研究解决复杂的预测问题。

翁文波与所有整体观学者一样,把宇宙看作是一个混沌系统。从认识论角度归纳出抽象体系、物理体系和信息体系三个认识体系,认为只要从三个体系出发,正确认识三者关系,就能从混沌走向有序。具体来说就是以体系中各元素的特性为依据,将其划分为可数体系或是周而复始体系,建立相应的可公度性模型,通过拟合体系的先验知识或称客观规律,使灾变预测成为可能。

地震预测的实践一再告诉人们,经典数学总是企图把自然界的一切关系都分解成二元关系,但结果总是不成功。客观世界复杂得很,未必都能分解成二元关系,复杂动态体系的"不可分性原理"表明,不能分解的多元关系不仅存在,而且在自然界中有着重要的作用。可数体系研究实质是质数内部规律的研究,研究中提出了多个"翁氏猜想",在"翁氏猜想"的证明中,突破了以二元关系为基础的现代数学的限制,找到了质数间的一种多元关系,提出了三元乃至多元的理论。说明自然界存在着多元的有机组合,从而成为预测论的重要基础。例如 A,B 和 C 三个数之间看似互不联系,杂乱无章,翁氏猜想就是通过不会使信息失真的、简单的加、减法运算从中可找到某种规律性的东西来,这个猜想为信息预测理论的建立打下了坚实基础。

对于周而复始体系的研究,翁文波充分认识到 100 多年来,傅里叶级数和傅里叶分析中都有基频和倍频的限制,但自然事件的周期性不一定总是受基频和倍频的限制,完全可能具有几个相互独立的周期——称之为浮动频率,浮动频率信息构成了突变事件预测的重要手段。

应该说,"翁氏猜想"研究的结果使他找到了质数间存在的一种多元关系,利用"可公度性"可以探索出隐藏在体系内的有用信息,就是找到整数或自然数间存在的多元可公度式,即是预测的主要信息。而"醉汉游走"称作是可信度尺,是随机性否定的依据,用它可以衡量出预测结论有多大把握,进而确定得出预测的结论。

预测的过程就是从体系中提取信息、建立信息模型,然后由信息模型得出结论。在地震预测研究过程中,他将我国传统的思维模式与现代系统科学方法紧密结合,提出了新的认识论,形成了信息预测理论的假说,最终从可公度性找到了破解天灾预测的钥匙,创立了信息预测论。任何理论的最根本的检验是实践活动。因为实践不仅是一种科学理论的选择标准,而且还是检验真理的唯一标准。在《预测论基础》里先后给出了 28 个各类预测的实例,这些具有代表性的预测实例经过时间、实践的检验,接受了已有知识的选择,经受了不同观点的反驳,取得了预测学术界不同学派的认可,《预测论基础》自然上升为具有普遍适应性的理论。

3.2.2 《预测论基础》内容概述

翁文波院士将预测领域分为 8 个不同类型的体系,提出并给出了 8 类系统的模型结构辨识的途径。只要解决好这 8 类系统的预测,就可能解决好社会科学和自然科学所遇到的预测问题。与以往的预测理论与方法相比,翁文波的研究与认识对于预测来说是一个质的飞跃和里程碑性质的进步。

《预测论基础》共有 9 章,大体可分为两个部分。第一部分包含第一至第六章,是信息预测理论的核心内容,也是预测理论的创新核心内涵;第二部分包括第七至第九章,这几章系统归纳、阐述了统计预测的理论与内容,并明确指出"回归是从确定模型到随机模型的一个接界,也是信息预测和统计预测的一个汇合点",最后,"以随机体系的讨论作为一个转折,从统计预测的平均法(平滑法)发展到以否定随机性为原则的信息预测"。

第一章阐述了信息的定义、信息过程和它的结果,重点讨论了预测及建模的过程。第二章论述了预测的体系及其属性。客观上预测体系是多种多样的,通过系统的分类,提出了8种典型,希望能从典型扩张到类别。第三章首先从大量客观事物的观察中归纳出了一些规律,作为典型主要讨论了具有普遍意义的对称与守恒,论述了投入产出守恒、模拟与类比,并用实例论述了对称与守恒是信息预测的基础。第四章提出并论述了信息预测论的创新内核——灾变预测理论与方法。论述了自然数、整数可数体系和可公度信息系等,这些体系是信息预测的理论基础。第五章和第六章讨论了两个极端的情况:一个极端就是事先就知道是什么信息组成的体系,称作预知信息体系;另一个极端是事先完全不知道有什么信息,而用相对简单的模型去拟合客观实际体系,称之为拟合信息体系。在这两个极端之间,当然还有无数个中间类型。第七章、第八章和第九章在定义统计预测是信息预测的特款前提下,将现代统计预测的核心内容纳入信息预测理论之中,同时提出了最具普遍性和实用价值的随机时间序列预测模型——Weng旋回和翁氏Logistic旋回模型,并给出了检验判断的原则。

《预测论基础》虽然只有9章,仅有8万余字,但内容却囊括了预测研究的精华和全部的信息预测理论。事实上,翁文波信息预测理论还包括"天干地支周期预测"。干支年历是我国古代文化的一部分,已流传数千年,至今仍在我国和东南亚地区的历法中应用。干支计时法以60为一甲子的进位制,分别用于计日和计年。尽管本身不是一种完整的通用方法,但它近似地反映了日、地和某几个近地天体的相对关系。例如,月球对地球的平均公转周期、地球对太阳的平均公转周期、水星对太阳、地球会合周期等都与60有一定的关系。因此,公元前206年就有用干支历做预测的记录。这些信息虽然置信水平还不高,但作为信息综合的一种参数,仍然有重要的价值。限于我们的研究与实践,对天干地支预测不再做进一步的深入介绍,有兴趣的读者可阅读翁文波所著《天干地支纪历与预测》[43]。

3.2.3 《预测论基础》的特点

"为了在这些难题方面取得进展,我们需要一个真正疯狂思想的灵感",普利高津这一观点可以说是对《预测论基础》特点的高度概括。

预测学是阐述预测方法的一门学科和理论,是一门应用方法论的科学。人类对预测的研究经历了几千年，但预测究竟是科学还是伪科学、是技术还是艺术，预测的基础究竟是什么？预测的历史给人类留下更多的是一种迷茫与困惑。

"物含妙理总堪寻"。如果现有的理论框架、知识框架不能说清楚它，这就需要去探索新的思路，敢于去假设、去寻觅，提出新的、甚至是惊人的假说、概念和理论体系，这才是真正的科学态度。翁文波用了近20年的时间与精力完成了具有历史意义的著作——《预测论基础》，为预测研究开拓了一个更加广阔的研究领域。

在探索的进程中，《预测论基础》特别注意将我国传统哲学思想和现代系统科学思维结合起来，充分体现了以"古今沟通、中西融合"方式建立现代预测科学的新尝试。"西方文明发现的表现之一就是拆零，他们善于把整体拆开来研究。中国古老文化表现之一就是天地合一。从整体角度看，在自然科学领域，中西结合是大有前途的"。与此同时，他对扬弃中国古代文化遗产也有独到的见识，"我们研究任何学术思想，特别是还未完全肯定的学术思想，必须有一个'去伪存真'的过程，有人侧重于'去伪'，我侧重于'存真'"。这是翁文波在预测研究中的一个非常特别的思想和方法论，也是灾变预测理论与方法创造的基础。

二次世界大战以来，国外有些大专院校开设了"技术预测"之类课程，一些国家和企业设有专门从事预测研究的机构和组织。如美国的"兰德公司"、意大利的"罗马俱乐部"、日本的"未来工程研究所"等，但大多数都属于社会科学的范畴。据统计，虽然预测方法有300种左右，但常用方法仅有15～20种，如各类专家评估法、类推法、因果关系模型和时间序列模型等，这些方法大体上也都与概率论和数理统计有关。

翁文波对信息概念、内涵的理解以及提取信息的方法均与传统思维有所不同。他首次将传统的统计预测拓展到唯象信息预测，使排除在技术经济预测之外的自然现象，从中微子的质量到地震、洪水等也都成为可研究的对象，从而使自然科学和社会科学在预测领域内实现了真正的统一，这对预测研究领域是一个了不起的贡献。

遵循在随机中寻求必然，在混乱中寻求有序，在变化中寻求不变，才能使灾变预测成为可能的研究思路。《预测论基础》突破了现代数学的限制，发展了三元乃至多元关系的理论，并用于处理属于灾变体系的时间序列，为天灾预测开辟了新的途径。同时，通过对自然和社会领域中预测问题的归纳和总结，从大量离散或连续随机变量中找出了系统在运动、变化与发展中固有的、不变的本质或规律，提出了几个有重要意义的预测模型，如生命旋回模型、Weng旋回、翁氏Logistic旋回模型等，用以处理具有兴衰周期或生命周期的预测体系。可以说

《预测论基础》体现了翁文波关于信息认识体系的思想，也是对哲学本体论、科学认识论和数学方法论做出的重要贡献。

《预测论基础》与传统预测理论的不同在于，强调"认识科学的目的是要不断提高总体认识和它的精度，并发挥智能的作用"。而发挥智能的作用就是发挥人的主观因素。这是因为预测的精确度，既受制于预测体系的不确定性，也受制于认识的不充分性或近似性。如此的解释看似简单，但却实现了既客观地划分和阐明了他所提出的人类认识体系的三个不同层次，即抽象体系、物理体系和信息体系的基本特征及其相互关系，又凸显了科学认识的主观性、近似性特征及主体在认识过程中的创造作用。而且，人们只有循此以进，才能深透地理解预测这种特殊认识的本质，理解信息预测方法的多元性和互补性特征，进一步发展预测科学，不断提高预测科学的水平。

3.3 《预测论基础》解读要点

"我凿去多余的石头，只留下有用的，'大卫'就诞生了"，米开朗基罗的这句话对于解读《预测论基础》是很有帮助的。在预测的领域里，翁文波通过去掉多余的、留下有用的、创造出更新的，于是《预测论基础》就诞生了。

这一节主要对预测过程、体系属性分类、对称与守恒、整数、预知信号、拟合信号、回归、随机体系、随机性的否定与信息的综合等做一简要解读。通常，数学家追求的是严密性，认为正确性需要坚定清晰的数学证明。而斯蒂芬·霍金却说"我宁愿是正确的，而不是严密的"，这也是《预测论基础》所遵循的思维逻辑、基本教义。

3.3.1 《预测论基础》中几个概念

约翰·巴罗坚信地说："经常有这样的事，伟大的科学成就实际上是某位杰出的人将复杂的大量信息简化为一个单一图像的结果"。将其与解读《预测论基础》联系在一起，不但是很客观的，也是很必要的。下面给出《预测论基础》中的几个简单概念，它们也是解读《预测论基础》的几个重要的基石。

(1) 关于扩张和特款。

扩张的涵义就是扩大范围。特款的概念就是专供。比如书中可阅读到："周期性就是可公度的一个特款。""把统计量也作为信息的一个特款，这样统计预测也就包含在信息预测中了。""由信息的涵义可知，信息预测覆盖了预测中的广大领域，统计预测仅仅是信息预测中一个特款。""扩张到其他的同态关系，也可以用来形象某些其他体系中存在的关系，其中最重要的是对数形式的线性回归。""概周期扩张分布，数据分布 $\langle x_i \rangle$ 允许有未知缺失项（数值），所以广泛地包括残缺数据。""体系模型可作概周期的扩张。""体系扩张的一种简便扩张方式是加法外推（或内插）""可公度性即概周期性，它是周期性的扩张"等。

翁文波反复应用"扩张""特款"这两个概念，目的就是让读者注意到信息预测理论与传统的预测理论的区别，表面上仅仅是某些范围扩大了，某些概念固定了，但预测的范围和性质却发生了质的变化，解决了传统预测理论不能解决的问题。

（2）关于信息和信息体系。

理解翁文波的信息概念含义对于理解《预测论基础》是很关键的。信息是信息体系中的元素、元素集或子体系。信息体系是受人们主观定义约束的秩序类。主观定义的约束可以是某种理解、信念、设想、定理、法则、规律、法律、编码等。

信息论创始人 C.E. 申农定义的信息为概率信息；控制论的创始人 N. 维纳扩张了信息的涵义，他认为信息是人们在适应客观世界，并使这种适应被客观世界感受的过程中与客观世界进行交换的内容的名称。20 世纪 80 年代，哲学家们又提出了广义信息，"信息不是事物的本身，而是事物的表征"。翁文波没有应用申农的信息观念，而把注意力放在广义信息上。采用了不依据概率的信息涵义，并提出信息是受人们主观定义约束的秩序，是信息体系中的元素。只有传播到其他人并为其他人所共同理解的条件下才成为信息。

（3）关于可公度性与知识。

物理体系中普遍存在着随机性和周期性的规律，但有的事物既不属于随机性，也不属于周期性，但它是有序的，称之为具有可公度性。以可公度性为核心的信息预测理论中的信息，已不再是通常信息论里的含义，它有"知识"的含义，包括了主观上认为"有序"这样的成分在其中。翁文波强调"人和知识是分不开的。一切命题、公理、法则，只有被人认识以后，才成为知识。知识应该说是一种认识的结果。即使远在地球诞生以前，许多宇宙天体已大体按照牛顿定理在运行，但没有人认识这一定理，只有在牛顿发现或认识之后，牛顿定理才成为知识，所以认识和知识都属于信息体系"。由信息的涵义可知，信息预测覆盖了预测中的广大领域，也正因为如此，翁文波将统计预测定义为信息预测的一个特款。

（4）关于信息的主观性与信息演绎。

在信息研究的历史上，申农提出了信息概念并用概率来定义信息量、信息量的单位及演算关系；而维纳在 1948 年出版的《控制论》里明确说明了信息的主观性。因此，信息预测必须明确这样几个概念：一是信息的主观性，信息的主观性可以用中国的一句谚语"一叶知秋"来比喻。说的是从树上掉下了一片黄叶，告诉人们秋天来了，这是人类一个无需证明、共同认可的判别准则。二是信息演绎。演绎法是认识科学的一个重要方法。严格的数学演绎是一种正式的结构，在实际的认识科学中，数学演绎的定义必须扩大为"信息演绎"。比如，一种信息演绎可用于符合主观要求一定允许（误差）范围内几乎真实，预测结果就是"几乎如此"，这种演绎称为"灰色演绎"。此外，还有"偏演绎""模糊演绎"等。三是信息反馈。许多问题在体系涉及之前并没有暴露出来，一旦暴露应当及时解决，信息反馈就是解决这些问题的方法之一。如结果检验、参数和模型的改变等。

(5) 关于先验知识与建模。

翁文波认为，在人类认知范围内，已知有对称、可数（量子化）规律、周期性规律等，如果建立相应的模型去拟合这种客观的现象，就可以预测未来了。仔细分析不难发现这是由于先验知识存在的结果。当然，人们建立模型和得出结论，未必都和体系吻合，这就是预测的难处所在。因为，在认知过程中，会出现一些脱节的现象，或漏失了信息、或引入了假信息、或假正确、或偶然正确等。只有认识、结论和客观存在体系完全吻合才能说预测正确。

3.3.2 预测过程

预测过程，顾名思义。翁文波院士从确立预测研究对象、目的、资料收集与分析、模型选择与建立、参数估计与误差分析，模型检验、反馈与模型修改，一直到给出预测的结果，从理论层面到技术层面对预测过程进行了全方位论述。资料是基础和出发点，预测技术、方法是核心，分析贯穿预测的全过程，或者说预测是一个资料、技术和分析有机结合的过程。而对预测成败影响最大的是两个分析和处理。一个是对数据资料的分析和处理，它直接影响到预测模型的建立。另一个是对预测结果的分析和处理，它是对预测结果的最后检查和确定，决定着预测的质量。

(1) 数据分析和处理的关键是信息保真。

首先，翁文波院士追溯了信息概念的历史，分析了众多信息概念间的差别，进而确定了采用与概率无关的信息定义。从哲学信息观来看，信息是物质系统普遍联系的一种属性，是人类认识世界和改造世界的知识源泉。信息无处不有，无处不在，宇宙天地万物和人类都要发出信息，人们的感官则有接受信息的功能。

翁文波认为，信息是物质的一种存在形式，它以物质的属性或运动状态为内容，并且总是借助于一定的物质载体传输或者存储。信息是表征客体的变化或客体之间相互差异或关系的东西。没有差异就没有信息，同时又提出了"介体"这一新的概念，并定义"介体"包括主观的观点和客观的工具，同时也包括维纳所说的机器。介体就是介于主体和客体之间的、完成主体与客体信息交流的人类主观看法和具体的工具。计算机语言是一种介体，通过介体的作用信息得以传播、扩张和限制。在资料收集整理或在信息交流过程中往往可能产生信息失真，这是应该引起高度注意的一个问题。因此，注意信息保真这是预测过程中必不可少的步骤，如何做到信息保真将在后面有关章节里给予具体介绍。

（2）预测结果分析是对预测的最后检查。

预测结果的分析和处理，是对预测结果的最后检查和确定，是决定预测质量高低的关键一步。在"几乎和可能"一节中翁文波指出，由于在建模过程中存在着主观与客观的矛盾，这个矛盾也必然会影响到预测的结果。在总结以往模型及其预测结果可靠性与准确性判断方法基础上，给出了一个"几乎如此"灰色演绎与"可能如此"模糊演绎的概念。或者说给出了一个预测模型满意与否的主观判断标准。这是因为，在建模之前无论是选择方法、确定观察值还是模型的预测值都必须要有主观决定的临界标准，并以此判断取舍。这样的一个步骤，在模型研究中无论是确定性模型还是随机模型都是一种具有普遍性的、成熟的做法。比如，在线性规划中，这个标准通常称为约束条件，在最优化中称为可行域边界（翁文波将 $\{\alpha\} \leqslant 1$ 称为可行变程条件）；而在随机模型中称之为置信区间，即通常需要事先主观决定置信水平及其相对应的置信区间作为临界标准。《预测论基础》中模型的预测值 $\hat{x}$ 或观察值 x 的取舍均是采用了事先主观决定的置信水平和相对应的置信区间作为临界标准。并且认为，如果实际的观察值 x 与模型的预测值 $\hat{x}$ 的近似性合乎主观要求，预测结论就是"几乎如此"。如果观察值 x 与模型的预测值 $\hat{x}$ 的可能性合乎主观要求，预测结论就是"可能如此"。只要预测误差处于可容忍的限度之内，只要预测结果满足了决策的需求，就没有必要追求预测结果的精确化和数学模型的完美。

具有概率特征的信息预测模型给出的解具有概率性，这一点对决策者来说恰恰是极为必要的。因为从控制的角度来看，一个毫无弹性的预测数字对决策来说往往也是毫无意义的。这是由于在进行决策时不但要了解系统状态未来发展的方向和程度，更重要的是还需知道预测目标会在多大一个范围内变化，同时还需要知道它以多大的可信度在此范围内变化。但要做到高质量的"几乎如此""可能如此"的预测，完全取决于预测者对所预测的事物及各种客观条件的熟悉程度、知识面的广度、对事物的观察能力、逻辑推理和分析判断的能力、估计能力和处理技巧。因此在某种意义上来说，预测也是一项"技艺"性的研究工作，即要求预测者掌握多种预测技术，又要求预测者具有灵活运用这些预测技术的能力。

(3) 预测过程中注意体系与模型关系分析。

《体系与模型》一节，深刻而又精辟地论述了体系和模型的关系，对于预测来说这是极为重要的方法论。首先对预测体系和模型做了如下的定义：一个体系可以看作是客观世界被主观选取的一个局部，为使主观选取的体系为一群人所共同认识，就需要建立一个大家都能理解的模型。信息模型可分为两类：一类是以概率为基础的随机信息预测模型；另一类是确定性的信息模型，在这类模型中信息的定义不涉及概率，而是由主观决定的。《预测论基础》中的信息模型同时包括上述的两类信息，从信息模型所产生的预测就称之为信息预测。

通过对体系与模型关系的深入研究，翁文波得出了这样的结论：认为抽象体系要求数值绝对精确，物理体系要求数值尽可能精确，而信息体系对数值的要求是恰到好处。于是他将这种认识作为信息预测理论的基础，进而认为统计学和信息学是不同的学科，它们各有自己独特的性质。但也并不排除统计预测和信息预测之间的边缘接界或互相汇合。明确指出两者的差别在于统计学揭示的是体系中共有的客观存在的统计量，而信息学揭示的是主观需要的那些特有的特性。如果将统计量也作为信息的一个特款，即将统计量平均值、方差等也看作信息，那么统计预测就包含在信息预测之中了。在此基础之上，深刻论述了信息与信息体系的概念，并以信息预测作为主要研究对象或只讨论信息预测，给出了预测体系、建模过程与检验标准三个重要的概念。并指出所谓映照就是建模过程中要求模型与体系的对应关系，两者虽然不可能完全一一对应，但必须要在主观确定的可行临界值范围内才是可以接受的。

(4) 预测过程中可能发生的 7 种情况。

对"预测过程"的论述是翁文波研究的独到之处，论述的全面与深刻在传统预测研究中是前所没有的。他指出，预测过程包括从客观体系到建立模型，又从模型到预测结论两种信息过程。每种过程都是一种信息映照，完全对应的映照只有在概念里存在。在预测过程中由于信息不完全、认识不完全可能发生的 7 种情况。其中，只有一种是真正的正确预测，一种是偶然、碰巧预测正确，而其余都是错误的预测。同时指出，在预测失误的分析总结中，通常的情况是人们注意力集中在建模与模型求解中是否漏失了信息或引入了假信息的情况，而往往忽略了做出的假正确或偶然正确的情况。同时针对社会实践，特别强调了对于决策来说，预测是件非常重要的事，该预测而不预测则是最大的错误。强调在预测模型研究过程中要充分利用信息反馈来建立模型、检验模型以及修改模型，没有反馈或反馈不足，特别是动态反馈不足，都可能引起建模失败、预测失误或失败。

(5) 预测分为主过程、决策过程和估计过程。

翁文波将预测过程分为主过程、决策过程和估计过程三个相对独立的组成部分。其中主过程要求严格的信息保真，许多数学条件如自洽完备、互不相容、互相独立等在许多自然体系中都是成立的；决策过程是主观过程，由于存在主观性，所以判别标准可能不很精确，甚至允许某些模糊的边界。如果对某些随机事件预测中拿不准究竟是错报好还是漏报好，就含混的以 $(1-\alpha)=(1-\beta)=1/2$ 来确定，这是一种常规的、可行的做法。设在已知的一段时间内，发生 n 次事件，相应的预测是 m 次。n 次事件中有 r_n 次在预先假设下和预测符合，m 次中有 r_m 次也在预先假设的条件下和实际符合。那么近似的估计不漏报和不错报的置信水平分别为：

$$(1-\alpha) \approx \frac{r_n}{n+1}, \quad (1-\beta) \approx \frac{r_m}{m+1} \tag{3.1}$$

估计过程是运算的主体。具体计算程序就是主程序、判别程序和近似计算程序。在这一运算过程中要尽可能适应主过程的信息保真要求，还要尽可能达到判别过程所要求的精确性。

在预测客观世界的实践过程中，既不存在一筹莫展，也不存在绝对正确。任何一个预测过程都有 7 种状态，只有其中只有一种是正确的，其他或是信息失真，或是包括碰巧偶然正确和假正确。对于"预测过程"，吕牛顿教授在《对翁文波教授"预测学"的理解》一文中有比较精辟的论述。

3.3.3 体系的属性分类

信息预测理论的一个重要的、反复强调的观点就是"体系是预测的基础，没有搞清楚信息体系的特征（如没有考虑到长周期的变化）或者对体系的原始认识有了不同（如体系的范围起了变化，未考虑到某种突然事件发生了等）都会引起预测的失误"。动态反馈不足也是信息处理不当的一种形式，而不同体系的动态反馈可以有很大的差异，都说明体系研究的重要性。体系是客观世界的一个部分，而这个局部的划分目前还没有一个固定的标准。可以说他对体系的属性分类是前无古人的权威性的研究与论述。系统科学研究中通常将体系分为确定性体系和随机性体系两类。在预测研究中，翁文波在充分认识这些体系特征的基础上，将体系分为：稳定体系、计量体系、复合体系（多重体系）、突变体系、动态体系、互逆体系、模糊体系、不定体系等 8 类，这 8 类体系涵盖了数、理、化、天、地、生 6 大科学门类和社会学领域。这样分类的结果，一是将社会科学和自然科学统一起来；二是有利于预测的深入研究，最终是为信息预测理论的创立奠定了基础。

(1) 稳定体系。

在确定性模型中，一个封闭的、孤立的、不受外界影响的体系称为稳定体系，其特征就是平均值不变。例如物理学中绝热、力平衡等体系。日食、月食或海潮等的预测都是以体系的稳定性为主要条件的。由于客观世界里稳定体系是极其有限的，大量的是不稳定体系或称之为随机体系。因此，定义在随机模型中，分布函数不变的体系称之为稳定体系；在均匀分布中，平均值不变的是稳定体系。一个放射性物质放射某种粒子数属于这样一个体系，市场预测中的平均法也是以这类体系为前提的。在应用移动平均方法时，往往假设体系是相对稳定的，或者说假设体系的变化很慢，于是将慢时变体系也称为稳定体系。对于正态分布体系来说，体系的稳定条件不但要求数学期望不变，而且还要求方差保持不变。在随机过程的预测实践中，通常将平稳随机过程看作是一种稳定体系，同时认为过去对未来状态的变化有着较强或很强的影响。进而提出并发展成了指数移动平均或指数平滑等预测方法，这里所说的指数就是衡量过去对未来影响程度的一种量化度量值。此外，一定时间间隔内状态转移不变的时齐马尔柯夫过程或无后效性的随机过程也是一种稳定体系。在转移概率可以估计的条件下，马尔柯夫过程可以预测升学、失业、商品销售比例等问题。对于油田体系来说，为了研究对比各个油藏的特征或区别，常常用油层平均厚度、平均孔隙度、平均渗透率等指标来描述和评价，这就意味着或假设油田体系是属于稳定体系。综上可看出，稳定体系的定义是宽泛的。

(2) 计量体系。

人们从事各种经济活动，总是希望事先就能知道经济活动的结果如何，于是就有了经济预测活动。在经济预测中，按经济预测对象的范围人们将其分为宏观经济预测和微观经济预测两大类；按经济预测距现在的时间长短分为短期、中期和长期的经济预测；按经济预测结果的数量化程度分为定量预测和定性预测。有经济活动就有计量体系，大到世界、国家，小到小卖部都是计量体系。无论哪种技术经济预测研究，在社会实践中都占有非常重要的地位。

所谓技术经济预测就是把预测理论和方法应用于社会经济领域。以社会科学和自然科学在揭示自然和社会经济发展规律方面所取得的成就为依据，以充分掌握现有的计量体系——世界、国家、地区、城市和企事业单位等情况和经济统计资料为基础，以统计方法、数学方法、逻辑方法和调查研究方法为手段，经过推理和计算，对未来不确定的经济事件和事件的经济方面做出比较肯定的推测。

在社会科学范畴内的技术经济预测模型中,有一类称之为计量模型。这主要是为了与判断预测相区别的一种分类。所谓判断法包括历史比拟、市场定点探测、顾客专家座谈会等直接方法。这类直观方法一般不能用数学作为信息的中继体,或者说没有数学模型的表达。

而计量模型,技术经济预测中称之为计量经济模型、正则预测模型。主要特征是以数字作为信息的中介体。用定量预测方法研究经济体系或计量体系的现在与未来;同时,计量经济模型一定是将定性预测方法排除在外的。经济现象同其他事物一样,其发展也是有连续性的,现在的情况是由过去的情况发展而来的,是过去情况的继续,未来情况则是由过去和现在的情况发展而来的,是过去和现在情况的继续。在发展中有变异也有继续,变异是有根据的,发展是有连贯性的。在计量经济体系预测中最主要的方法和理论就是带有信息反馈或动态反馈的投入产出分析方法和模型。投入产出分析,于1936年由美国经济学家W.列昂节夫最早提出。其理论基础是瓦尔拉的一般均衡理论。投入产出分析是通过编制投入产出表来实现的,在投入产出表的基础上,可以建立相应的数学模型。例如产品平衡模型、价值构成模型等,用以进行经济分析、政策模拟、计划论证和经济预测。一个油田的勘探与开发就是一个典型的计量体系。20世纪80年代初,大庆油田与黑龙江大学应用数学研究所合作,基于投入产出、动态规划原理完成了"大庆油田开发规划经济数学模型"研究;20世纪80年代中期,大庆油田与中国科学院应用数学研究所合作,完成了"大庆油田开发线性规划模型"研究;20世纪90年代初(1993年),大庆油田与北京石油勘探开发研究院合作,基于投入产出、最优控制理论、庞特里亚金极大值原理完成了"大庆油田开发规划最优控制模型"研究等。这些研究对油田进一步开展经济分析、政策模拟、计划论证和经济预测起到了积极的推动作用。此外,移动平均法,指数平滑法,非直线趋势预测法,指数曲线:$y=ab^t$,修正指数曲线:$y=k+ab^t$,1938年比利时数学家 Verhulst 提出的修正指数曲线的倒数:$1/y=k+ab^t$,以及描述体系变化趋势表现为初期增长数度较慢、随后增长速度逐渐加快、到一定程度后,增长量虽然还有,但增长趋势减低终至平复的龚泊兹曲线:$y=ka^{b^t}$等,诸如此类模型也是预测人员经常使用的计量经济模型。

(3) 复合体系。

如果一个体系可以产生多种不同的信息,这样的体系就称之为复合体系。不同种类信息可以来自性质和类型不同或形式不同的种种信息渠道,也可以来自带有多种信息的一个渠道。"一般的复合体系未必是由体系划分的全部自体系组合而成的。我们避开了划分的严格条件,笼统地用'分解'一词说明一个复合体系的组成"。深刻理解该论述对于深刻理解信息预测理论与方法是极为重要的。复合体系分布是比较广泛的,一种比较简单的复合体系是叠加体系。这是因为体系中变量间常常存在着各种各样的相互关系,最终可归为线性或非线性,或者是两者的组合形式。通常认为,任何一个体系都可分成结构性和随机性两个部分,趋势性部分决定了事物发展方向,而随机性部分或称外界的干扰使体系表现出发展过程中的个体特征,瞬时状态。如油田产油量可以认为是自身的递减规律与人为干扰的总和,数学表达为:$Q_k = Q_{k-1}(1-\alpha) + \sum_{i=1}^{m} b_i C_i + \varepsilon_i$。如果一个体系可能由不同变化规律的子体系组那么在建模时通常将其分为确定性部分和随机变化两个部分,这时可采用分段建模方法,即对确定性部分和随机部分分别建模。建模的途径通常有两种,可以用加法构成加法模型,也可采用乘法而构成乘法模型,例如可以分解为加法关系的:油田注水能力 = 渗透性 + 注入压力 + 人工改造 +……,有一种特例就是,相加之和可能是一个零序列,如:$\sum$(油层伤害 + 人工改造 + 调剖效果 +……)=0,采用乘法关系建模,如采收率 = 驱油效率 × 波及系数;波及系数 = 井网密度 × 连通状况 × 非均质性 ×……;驱油效率 = 注水倍数 × 驱油能力 ×……。比较基本的复合体系是多重体系,书中给出了多重体系的实例。矿业地质统计研究所采用的方法就是将所研究的地质区域定义为多重体系,或将随机体系分解成确定性和随机性两个部分来建模,这在《矿业地质统计学》(儒日奈尔等,1982)的序言里论述得非常清楚[44]。

(4) 突变体系。

在预测系统中,如果系统性质的变化不大而只有数量的变化,那么这种变化一般是比较平稳的、属于渐变性的;如果系统发生了质的变化,则系统的变化就会近似于阶梯函数,就发生了突变。突变的体系是一种复杂体系,通常意义上的突变体系是指对人类危害最大的、具有灾难性的体系,对这类体系的预测也是预测领域里最令人感到棘手的、未能解决的难题。一般来说,突变的基本特征是具有较短的时间跨度、变化速度飞快且强度极大,常表现为跳跃式的质变和渐进的中断,也包括间断性的量变。翁文波将自变量的变化很小但应变量变化却是很大的体系定义为突变体系。对于突变或灾变,人们将其分为自然灾害和人为灾害。所谓自然灾害指气象、水文、地质灾害,如干旱、台风、泥石流、洪涝、地震等;人为灾害如工程灾害、结晶、结垢、破裂、碰撞、油水井套管断裂、油层水淹等。此外,火灾、经济危机、企业破产等现象也属于突变体系。突变存在宇宙系统的运动转化过程之中,既可由必然性内因引起,也可由偶然性外因引发,最夸张的例子是众所周知的"蝴蝶效应"。对于这类突变现象,耗散结构理论认为一切系统都含有不断起伏着的子系统。有时候,一个起伏或一组起伏可能由于正反馈而变得相当大，进而破坏了原有的组织，普利高津将这个具有革命性质的瞬间，称作"奇异时刻"或"分叉点"，通俗地讲就是"断点"或"拐点"。这就是现代科学对突变体系的一种描述和论述。

预测实践中，如果对某些突变体系有所了解或已掌握一些先验知识，那么这对预测是很有意义的。在这种前提下，对于相对简单的突变体系可以用相对简单的模型，通过函数的不连续点来描述一些突变现象。比如可以选择具有这类不连续点等轴双曲线函数、正切函数等来描述；对于稍微复杂一点的突变体系可以用狄拉克函数、沃西函数等来描述，因为这些函数都具备表达突变状态的性质。

随着研究的深入，1972年法国数学家伦尼·托姆提出了用7种拓扑面来描述这类客观世界中突然发生的事件，7种拓扑面各自对应一个突变方程的势函数和一阶导数。也就是说，用拓扑面在三维空间中的位置作为突变事件的模型。这类曲面可以用3次方到6次方的曲面函数来表示，而体系的发展被形象为受到垂直向下或垂直向上趋势控制的质点。当质点走到曲面拐弯处的时候，质点会突然降落到曲面下部的另一个部位上，突变就发生了。这类模型的应用是有限的、表现在一定程度上承认突变事件发生前已经有某种迹象表明了突变的趋向。问题是对于这样的突变体系，实际预测过程中了解掌握事前的征兆时间长短不但是很关键的，而且也是很困难的一件事。往往是理论上可行，实践中办不到。从理论上讲，托姆的灾变理论模型可以用于各种相互对立状态突然转变的过程中。例如结晶和溶解、暴雨和地震、动物行为中的进攻和退却、互逆体系的物价暴涨和暴落。世界石油价格是属于突变性的。从灾变体系定义出发研究油田开采过程中的油水井套管损坏问题，可以清楚地认识到，由于油田套管损坏在油田开发的历史过程中一直存在着，从单井套管损坏发展到成片套管损坏，不同的油田只有程度不同，而且国内外都存在油水井套管损坏现象，据此可以说注水开发的油田体系也属于突变体系。

(5) 动态体系。

首先要指出，翁文波院士定义的动态体系较之通常所说的只要考虑时间变化的体系就是动态体系更加明确与精准。如果某项信息依照一定的时延函数影响到另一项信息，则构成动态关系，这样的体系称之为动态体系。一般情况下，该动态体系是由几个互相有关并有时差的子系统组成。一个简单的动态体系可由三个子体系 $A(t+t_a)$，$B(t+t_b)$ 和 $C(t+t_c)$ 所组成，t 为时间变量，t_a，t_b 和 t_c 为时差参数。A，B 和 C 的相互关系可用线性公式表示：

$$A = a_0 + a_1 B + a_2 C \tag{3.2}$$

$$B = b_0 + b_1 A + b_2 C \tag{3.3}$$

$$C = c_0 + c_1 B + c_2 B \tag{3.4}$$

这个体系存在的条件是：A，B 和 C 都是在有限的世界（如地球）上存在，所以系数矩阵不等于零。A，B 和 C 都是客观实体，所以 $A>0$，$B>0$ 和 $C>0$，均大于零；A，B 和 C 存在于一个有限体系中，所以有约束条件，不能高于上限值：

$$A \leqslant A_L, \quad B \leqslant B_L, \quad C \leqslant C_L \tag{3.5}$$

对于这样具有一定时延函数影响的动态体系，建立各子体系的模型是比较困难的，模型中的有关参量或系数也不容易估计。特别是，动态体系中各子体系间的相互作用往往使体系模型不稳定，甚至会导致很多有争议的结论。如世界人民生活水平是否会持续下降、石油勘探中地震波的处理与解释等，都是具有代表性的实例。注水开发油田也是一个比较典型的动态体系。具体来说，注水开发多层非均质砂岩油田，由于各个油层渗透性的差异，水驱油过程中，注入水到达油井的时间存在着很大差异，而且一旦高渗透层见水后，流压升高，将会影响其他层的见水时间，导致了动态变化的复杂性。当油田进入高含水后期，在实施三元复合驱油过程中，由于不同注入剂的吸附性、流动性的差异，三元的驱动程序与人们设想的驱动程序及其到达油井的时间也存在较大差异，对于这样的体系要建里一个完整的、具有独立预测功能的模型是很困难的。虽然建立了油藏数值模拟模型、化学驱油模型等各类数学模型，但实践表明，由于缺乏独立的、可靠的地质模型，预测存在的多解性未能从根本上得到解决。因此，这类模型对于解决油田开采机理是很成功的，对于解决油田动态预测问题则是有限的。

（6）互逆体系。

逆就是相反，互逆就是两者互为相反。从对互逆体系的说明中可以清楚地看出互逆体系的定义是非常清楚的。"在实际信息体系中，经济繁荣和衰退、物价暴涨和暴落、年景的干旱和水涝都可看作是互逆信息"。例如，一个油藏的形成和开发就是一个互逆的过程，是一个典型的互逆体系。油藏的形成是石油驱替水的过程，而油藏注水开采则是水驱替油的过程。油田开发有一句比较精辟的解说词"油田开发的历程实质是油水饱和度变化的历程"。现实中，人们通过天然岩心或人造岩心在室内的水驱油实验所获得的油水相对渗透率曲线的过程，完全验证了油水饱和度的变化历程。这条曲线表明油、水饱和度两者具有可逆性。如果含油饱和度增加，那么含水饱和度就相应减少，反之亦然。在油田开发过程中只要驱油方向改变了，油井的产油或产水就会随之发生变化，如果产油量增加了，同时产水量就会减少。因此说油田也是一个互逆体系。

此外，对于"物价暴涨和暴落"，翁文波认为也可看作是灾变体系问题，即从另一个角度也可得到解决。这说明信息体系的划分还有深入研究的余地与空间。

(7) 模糊体系。

在科学研究与生产实践中，人们越想使问题精确，问题就变得越复杂，越无法精确，最终导致精确方法进入了死胡同，这种现象就是屡见不鲜的——模糊性。模糊性是事物之间差异的连续变化而产生的一种不确定性，从而导致了概念外延的不清晰，无法对事物做出精确的定义，与之对应的这种事物或这种体系就是模糊体系。

翁文波教授对于模糊体系的预测给出了这样的论述："如果原始体系 Z 或观察到的形象 X 原本是模糊的，那么用清晰模型概括自然现象可能一筹莫展或导出不完全真实或不完整的结果"。他明确指出，解决模糊体系的基本途径是如果对于一些复杂的实际问题，不适当地要求准确和明确的解已经成为困难的时候，就应当用描述和分析的方法，来适应那些不准确的知识分界，适应我们对价值的判断和成绩的评价中的主观性。例如，天体对地球水圈（或层）的潮汐作用是比较清楚的，但天体对大气圈（或层）的作用还是模糊的。多年研究还没有提出一套严格的定量预报模型。如果用模糊的概念处理，还是可以得出虽然模糊，但还有参考价值的预测结果。又如在油田地质研究中，最基本的问题是对于油层研究与描述，在各类地球物理电测曲线的基础上，如何给出砂体的延伸长度与分布范围、给出井间和空间砂体的分布、油层原始含油饱和度确定以及开发过程中油层水淹程度判别等，人们很自然地往往都采用描述和分析的方法来适应那些不准确的知识分界，因为这些都属于模糊体系问题。

(8) 不定体系。

在物质世界里还存在着这样一种体系——不定体系。

信息的一种定义是这样的："使消息中所描述的事件出现的不定性减少，若不提供信息，不定性会大一些"。就是说，经过信息的作用，不定性如果已经不存在，那么预测问题也就不需要了。预测过程中存在的一种现象或体系，对于这样的体系来说，不定性或是减少或是增加，不定性总是客观存在的，这样的体系称之为不定体系。

对于这类体系的预测，建模时自然会想到采用不定方程。所谓不定方程的定义是：对于 N 个未知数，M 个整系数代数方程，如果 $M<N$ 且有解，那么方程有

无限多的解。如果在无限多个解当中，只想求出所有整数解，那么这样的问题就是解不定方程。基于不定体系建立不定方程寓意深刻，翁文波通过希腊人的丢番图问题，进一步说明了不定方程的整数解问题。不定方程的定义的第一部分提出有无限多个解，对信息体系来说，就是预测可以是无限的，定义的第二部分提出整数解，而这个整数解就是不定体系的预测基础。比如第四章讨论的整数信息就是求整数解，自然数信息就是求自然数解。翁文波强调用不定方程来描述不定信息只是一种比拟。不定方程的必要条件是 $M<N$，而不定信息体系的条件则还要广泛些。

不定体系关键在于"不定"。如果体系有唯一解就称之为确定体系，如果体系的解不定，没有唯一解，就是不定体系。

3.3.4 对称与守恒

"照字面上讲，对称就是两个东西相对又相称，或者说相仿、相等。因此把这两个东西对换一下，好像没有动过一样"。还有一种说法认为，当某种变动使有些东西不变时，即有对称存在。对称是自然界很普遍的现象，如矿物的晶体、生物的形态都表现出对称，又如水驱开发过程中不同阶段的含水上升率具有对称性，三次采油过程中含水率的下降与回升曲线形态具有对称性，所以又称之为锅底型。而对称往往与守恒联系在一起。在信息预测理论中，翁文波院士强调了预测的两个基本原则，即守恒和类比。并认为守恒原则和类比原则是某些体系预测不可动摇的基础。例如在技术经济预测中最重要的两个原则，即连贯原则和类推原则都是以守恒原则为基础的。

（1）对称、守恒与投入产出。

对称是一种关系。在演算关系中，加法（+）和乘法（×）都服从交换律，所以有对称关系。减法（−）和除法（÷）不服从交换律，它们有反对称关系。在近代物理的概念中，有许多对称演算和有关守恒原则的例子。物理规律和时间原点及原始方位无关。这些规律在任何时候、任何方向上都是对的。在许多物理运算中都严格地遵守着物质守恒、能量守恒的原则。

对称和守恒是密切联系着的两个概念，因此，对称原则也是某些体系预测的基础。由于对称和守恒在客观世界中具有普遍性，如在边界条件清晰的条件下，油田开发过程遵循质量守恒；注水开发的总体原则就是注采平衡。确定了时间、空间和物质的单位后，许多物理现象都可以根据守恒律及对称律来预测。值得注意的是翁文波的第二点认识，"对称关系是等价关系的一个重要的必要条件"，这为预测开拓了思路。比如在数学演算关系中，交换律是对称关系，加法和乘法则服从交换律等。因此,对称与守恒原则是某些体系预测的首要原则,当人们对某些体系还没有完全理解以前就已经做出了对称或者守恒的预测。

投入产出平衡是投入产出法预测的基础,这是一般账目上收支平衡的扩张。设有投入产出体系,体系中的元素用带有 2 个下标的 X_{ij} 来代表,其中 i 为产出指标,j 未投入指标。X_{ij} 表示由元素 i 产出并投入 j 的量。这个体系可以划分为内部子体系和外部子体系。内部子体系可以是一个国家、一个企业在一定时间内货币价值、能源、物质等流动。内部子体系的元素下标用 $1 \sim n$ 的正整数来表示。外部子体系可以是国家积累、消费、出口、国民收入等。翁文波院士对投入产出给予了全面的介绍,通过内部和外部子体系的投入产出关系分析给出了三个守恒原则,这里不再做详细解释,仅以书中的"守恒原则一"为例解读说明守恒原则。

如果内部子体系的总产出为:

$$\sum_{j=1}^{n} x_{ij} \tag{3.6}$$

内部子体系的总投入为:

$$\sum_{i=1}^{n} x_{ij} \tag{3.7}$$

那么,在内部自体系中,全部总产出等于全部总投入,所以有守恒原则一:

$$\sum_{i=1}^{n} \sum_{j=1}^{n} x_{ij} = \sum_{j=1}^{n} \sum_{i=1}^{n} x_{ij} \tag{3.8}$$

总之,在计量经济研究领域,列昂节夫的投入产出模型是对称守恒原则的一个杰出应用。

(2) 模拟。

翁文波对模拟给予了提示性的论述。所说的标度模拟就是通常所说的模拟,它是相似原理的扩张。而相似原理是以对称、守恒为依据的。在 19 世纪,标度模拟所要解决的是分式分析问题。所谓分式分析就是:在一个问题无法或不需要求完全解时,取得有关答案的一部分信息的过程。也就是说,即使不能求得完全准确的解,也要得到尽可能多的信息。他列举力学研究中模拟问题解决的途径就是量纲分析(理论)和力的无量纲比值。根据力学的模拟原则,两个物理学体系之间,如果存在着几何和力学的相似性,就有相似的性质和解。如果两个力学体系可以变换成为几何和力学的相似体系,也有相似的性质和解。通常建立物理模拟模型，通过量纲分析、几何和物理的相似性分析，如果有相似的性质就会有相似的解。在油田开发科学原理研究中，熟知的渗流力学中水驱油模拟模型就是根据守恒这一原则建立起来的。

（3）类比。

从守恒扩张到相似或模拟，再扩张到类比，一般来说，此刻的类比已不再局限于定量的比例关系。严格来讲，类比是从两个体系中已经确定互相类似的性质，然后再预测尚未确知的互相类似的性质。如果两种体系的成因相似，那么体系性质就可能也相似，于是就构成了预测的基础。在预测的实践中，类比预测的应用范围也是比较广泛的。在类比研究中，翁文波提出了排演预测和先驱预测两类。

所谓排演预测，对于预期可能发生的事物，有时用实体模拟来预测将来可能发生的情况。通常比较复杂的体系、达不到模拟要求的体系采用这种方法。如舞台排演是一种对实际演出的预测，还有军事演习等。

所谓先驱预测是指某体系的发展过程，可能找出一个可类比的体系的发展作为预测的依据。对于相似的油田或区块的初产能估计、加密调整方案对初含水的预测等都可以通过类比方法获得，或称先驱预测。比如在大庆油田开发初期，矿场试验或开发方案的研究过程中，油田相对渗透率曲线就采用了与之相似的苏联罗马什金油田的相对渗透率曲线的数据。在油田地质研究中将今论古，通过现代沉积考察研究古代地质沉积问题等，都是类比预测的实际例子。

所谓广义定标预测是指，如果只有信息的定义是相对明确的，比如，许多单位和个人所追求的目标——超额完成任务，而其余的都是噪声，产生这类信息体系却又不完全清楚，那么就会产生广义定标预测问题。解决这类的问题方法包括德尔菲技术、定标技术、普查技术等，都是比较常用的、有效的方法。

3.3.5 整数

"整数"这样的标题初看起来就让人感到有些突然或奇怪，理解当然也存在难度，但这却是灾变预测的理论基础之一。

翁文波院士非常重视对数据的研究。因为，"道"也好，"理"也罢，它们隐藏在复杂事物之中是很深的，人们认识它的途径和办法只有通过观察到的现象和数据。既然数据是科学实验的基础资料，其中包含了认识对象的有关信号，显然，要取得研究的新认识只有对数据做深入分析与研究。紧接着他通过对数据基本性质的深入研究，提出了有关自然数、整数、有限整数性质等许多新的重要认识。明确指出"自然数、整数的信息体系在自然科学中占有十分重要的位置。自然界中存在着自然数或整数传递信息的某种秩序，且不会因加减法而失真"，这是迄今预测领域里一个新的、最重要的预测论基础假设。

翁文波进一步指出，在物理体系中，时间、空间和物质是客观存在的，其中时间和空间是连续的，并且与单位和原点有关。"现代数学大都是与连续性有关的，对于可数物质和事件的发生和发展规律研究的很少，或者说少之又少，甚至连最基础的质数加减法问题也还没有完全掌握"。如此惊人的评语足以说明他对该领域研究的深度与广度，以及对研究这类数学问题对预测研究的重要性的认识。物质世界许多事物和事件确实是不连续的，是由各种可数的结构单元组成的，而只与单位有关。例如人类社会由一个一个的人组成、宇宙由天体组成、生物由细胞组成、畜群由牲畜组成、化合物由分子组成，又如油田开发过程中套管损坏的井数、成片套损出现的年份、地震、干旱、暴雨等都是一个一个存在的，不存在半个或半次。这些单元的数目都是自然数，紧接着又把自然数扩张为整数，论述了整数所表达的秩序不因加、减处理而失真，这是一个具有决定意义的结论。因为整数集 $\{X_i\}$ 中的元素都是整数，它们之间以一定的方式相减构成了差分，得出的差分系或称可公度系则表达了许多整数系中的信息，构成了预测的基础。

自然数信息体系在自然科学中占十分重要的位置。近代自然科学的发展揭示了自然界的结构，其中许多结构是和自然数有关的。例如原子序号、主量子数、波数、分子或官能团排列等，大家比较熟悉的例子是元素周期律的发现。现在原子序号与元素性质之间的关系已经为科学界公认。因此，强调在技术预测中自然数信息体系中的信息也不能忽视。他反复论述了自然数、整数可以看作是反映客观世界本质的一种重要秩序，重点论述了这种秩序就是预测的基础。

可公度信息系这是信息预测的一个最具特色的创新点。在说明了可公度性一词来历的同时，指出可公度性是自然界的一种秩序，是一种信息系，所以是预测的基础。例如人们已经充分认识到周期性就意味着可预测性，于是将周期性视为可公度性的一个特款，进而重点阐述了可公度性的原理及预测实例。关于可公度性的方法在《预测论基础》的几个主要模型一节中有详细介绍。

3.3.6　预知信号

预知信号一节讨论的是"事先知道"或"有先验知识"条件下的模型结构辨识问题。我们知道，在数据分析中，人们面对的是数据体，依靠的也是数据体。通常数据体本身并不直接告诉你什么。或者，由于数据体过分简略或过分夸大而令人难以感受到什么。因此，要对数据体加以简化、要进行处理，要让人们在简化与处理中了解到，从这一数据体出发，我们能得到、能懂得或能领悟到哪些规律性的东西。

所谓预知就是事先知道。翁文波院士所说的预知信号是指在预测研究之前就知道了体系一些有关的信息。同时指出这样的情况还是比较普遍的，进而提出了针对具有预知信号体系的预测思路与方法。

在"预知信号"一节里，首先论述了如果预知信号所阐述信号的物理意义和定义至少有一部分是以确定的或者可以推理得到的，那么，这类预测研究就是属于偏于唯理性的，相应的模型一般就是机理模型。但在有些信息体系中，能够预知的信号可能不够明显，或者说不是以确定的或者可以推理所能得到的，甚至有时只能知道一个大概。比如说知道的是一个频率范围，或一个波形、甚至只是知道某种信号的存在，究竟是什么并不清楚。在这种情况下最好的解决方法就是采用自相关和自褶积分析技术来辨别，因为自相关和自褶积分析是检查数据序列中可能存在某种秩序的方法之一。褶积是一种使有用信息放大的方法，使信号更明显，地震波的处理就是采用这种技术。数据的自相关才能体现信息的周期性和可公度性。预测的实践使人们认识到周期性是数据序列中的一种重要秩序。如果是一个没有周期性信号的零和平稳序列，那么其自相关系数随着周期的增加是逐步下降的。反之，如果是一个含有显著周期性信号的零和序列，那么在其自相关系数和自褶积系数的图上都会表现出峰和谷。如果周期性因素很复杂，许多峰和谷互相混淆在一起，自相关系数和自褶积系数一般却不随周期的增加而逐步下降。在这种前提下，通常采用周期性函数多项式作为模型来分析含有周期性序列的秩序。此外，预知信号还有这样一种情况，如果只有信息的定义是相对明确的，例如许多单位和个人所追求的目标是最高经济效益等，但产生这类信息的体系却不完全清楚，这就是所说的广义定标预测问题，也就是按目标限制的规范性预测问题。这类预知信号问题通常是指预先确定了某一事物的发展目标，并以之为规范，预测能否达到这个目标、达到目标的时间以及达到目标所需的条件和过程等。比如说，一个油气田是否值得开发或者如何开发？都会有一定的风险性。因为决策是一项确定某一油气田未来开发的方向、内容、目标、投资大小的行动，这就意味着进行决策的时候必然要承担一定程度的风险。于是，可以预先确定油气田未来开发的一些发展目标，并以这些目标为规范，预测能否达到这个目标等，这也是预知信号预测问题。解决这类问题的方法很多，并且是以定性方法为主，常用的如德尔菲方法、关系树或称决策树和普查技术等。当然大型的计量经济模型、最优控制模型也可以解决此类问题，只是由于方法复杂、应用起来不够方便、预测的费用比较高等原因，因此应用也不够普遍。

3.3.7 拟合信号

"拟合信号"一节讨论的是在没有"预知信号"但有"先验知识"条件下的模型结构辨识问题。翁文波院士定义了信息预测,并且强调了信息预测的作用和意义,并将统计预测作为信息预测的特款纳入信息预测之中。"拟合信号"一节所讨论的就是数理统计中的拟和数据问题。而将"拟合信号"独立出来,意在强调信息预测理论与方法的普适性。在信息预测理论中时间是描述体系状态的基本变量,以时间为主变量的函数形式是拟合模型的一个特征。拟合信号就是如何找到系统的规律、提出预测模型。

"拟合信号"一节是从唯像的角度出发,论述了对于信息的定义和性质不做任何的事先假设,只是依据实际的情况,通过拟合从数据序列里面找出预测所需的信息来。拟合是一种手段、一种方法,是建立一个模型去逼近实际数据序列的过程。在这个过程中,尽可能地符合实际体系这是拟合的一个基本原则,同时也给出了拟合符合程度的几个标准。如最小二乘、最大似然性、最小绝对偏差等。

翁文波基于生命科学论述了事物发展的兴衰过程,提出了称之为生命旋回的预测模型。他指出许多生命总量无限的体系,在兴起阶段,可形象为正态旋回;一些生命总量有限的体系,其盛衰的全过程可以形象为泊松旋回;对于有极限的体系在其临近极限阶段的时候,可以形象为逻辑斯蒂旋回。这是对生命旋回预测的最精辟、最深刻的归纳与总结。概率与数理统计的研究表明,正态分布、泊松分布与逻辑斯蒂分布是自然界与社会中最普遍的三种分布。翁文波将这三种分布函数改造成三种预测模型,介绍了生命旋回、正态旋回、泊松旋回、逻辑斯蒂旋回的预测方法,并通过应用的实例说明了方法的先进性、新颖性、普适性和有效性,这是对预测模型研究一个重要的理论贡献。具体方法在本书 3.4 节"《预测论基础》的几个主要模型"中介绍。

3.3.8 回归

严格来讲,回归分析是一种因果分析预测方法,是研究一个随机变量和一个或几个随机变量之间关系的方法。但需要明确的是,《预测论基础》中的回归预测是一种相关关系,是一种非严格的、不确定的数量关系,不是严格的因果关系或者说不是具有确定性的函数关系。这可解释为只要存在因果关系或统计相关关系的时候,就可以利用回归预测方法。

数理统计预测技术经过几十年的发展,回归预测方法已经相当成熟,并且在技术经济预测研究中得到了广泛的应用。在信息预测理论与方法研究过程中，翁文波定义统计预测为信息预测的特款，并在这一章里，重点且有意从自回归 AR 模型开始，比较概括性、总结性地介绍了日臻完善的时间序列预测领域的各种方法。这些方法可以概括为下述几类：用同一个变量的历史数列作为自变量数列、分析一个因变量数列和一个或几个自变量数列间的相关关系、建立回归方程进行预测的自回归模型 AR、滑动平均（MA）模型以及考虑随机因素影响的 Box 和 Jenkins 的线性自回归滑动平均（ARMA）模型（翁文波称之为混合移动平均模型）的辨识、参数估计、适用性检验等一整套理论与方法。同时，论述了线性回归、同态线性回归、多元回归的预测方法，并给出了应用的实例以及如何将非线性函数化成线性回归问题的方法。所谓同态线性回归是基于许多体系常常可以用一段直线来形象某一个局部关系，扩张到它的同态关系可以用来形象某些体系存在的关系，其中最主要的就是化为对数形式的线性回归问题。如将：

$$x = (e^a)\ e^{bt}$$

化为

$$\ln x = a + bt \tag{3.9}$$

将

$$x = x_0\ (1+a)^t$$

化为

$$\ln x = \ln x_0 + \ln(1+a)t \tag{3.10}$$

3.3.9 随机体系

翁文波院士认为，随机性的概念可以看做是确定性概念的扩张。在随机模型中，均匀分布体系和正态分布体系有着特别重要的意义。这是因为均匀分布只有一个主参量，那就是平均数；而正态分布有两个主参量，它们是平均数和方差。分析两者的异同可以看出，无论是均匀分布体系还是正态分布体系，平均数都是一个重要参量，分布的数字特征即数学期望和方差。技术经济预测中的平均法及其衍生的预测法都是以平均值守恒或相对守恒为基础的。凡属均匀分布和正态分布的体系都具备这一性质。对线性回归来说，回归参数和相关系数的估计式即是以误差服从正态分布为假设前提的。通过随机体系一章论述了平稳的、非平稳的随机体系的建模问题，简要介绍了统计预测中的平均、移动平均、指数平滑、混合移动平均等经常应用的一类预测方法。从阅读方便考虑，这些具体方法将在本书第 4 章中给予详细介绍。

总之，翁文波书中主要介绍的是纳入信息预测理论中的统计预测方法，即对时间序列分析法做了概括性的论述。对时间序列预测来说，20 世纪 70—80 年代，Box 和 Jenkins 出版了《时间序列分析》和《时间序列分析、预测和控制》两部著作，提出了线性自回归滑动平均（ARMA）模型的辨识、参数估计、适用性检验等一整套理论、标志着现行时间序列预测的理论已经日臻完善。由于无论确定性或随机性时间序列模型的辨识、参数估计和适用性检验等都有整套理论与方法，这里不再做详细解读。

3.3.10　随机性的否定与信息的综合

约翰·巴罗认为"逻辑似乎是人类思维的最后一站。我们可以从科学退到数学，从数学退到逻辑，但从逻辑似乎是已无路可走了，这是逻辑必须解决的问题"。预测研究中的最后结果取舍就是逻辑判断的问题。

（1）随机性的否定。

简单地对"随机性的否定"解释就是"否定随机性"。

通常，技术领域里把随机性成分称为干扰或噪声，把非随机性成分称为信号。如果我们先假设一个数据序列是完全随机的，然后用假设检验来否定随机性这一假设，就可能取得属于信号的成分，给出预测的结果。由于"离散型的等概率随机游动和连续性的均匀分布都是信息极贫乏的分布。"因此，可作为随机性的否定的依据。在可公度性预测研究中，基于可公度性是周期性的扩张，但与周期性又有显著差异，因此，常常通过均匀分布的随机性否定来检验、完成可公度性预测。

①均匀分布。在平稳的有限域中，如果代数系内的数值是以固定概率独立出现的，这样的体系就称之为均匀体系。均匀分布反映了体系内随机数的一种分布特征。研究这类分布最典型的应用实例就是蒙特卡洛模拟。由于均匀分布是最贫乏的分布，只有一个信息参量——平均值，所以如果拒绝均匀分布作为模型的假设，那就说明实际数据中应该含有平均数以外的信息，进而就可以达到预测的目的。同样地，对于任何一个离散的数据分布都可以将它的某一个部分假设为均匀分布，如果拒绝假设，就说明实际数据中含有其他信息，自然也就达到了预测的目的。书中给出了一个均匀分布的否定实例——1991 年某地可能发生水涝的预测。实践已经证明了该相预测是准确的。

②简单随机游动。简单随机游动是指：

$$S_n(+1,-1) = x_1 + x_2 + \cdots + x_n \tag{3.11}$$

其中，x_1，x_2，…，x_n 是整数集 I= $\{+1, -1\}$ 中一固定概率出现的独立分布的元素。简单的意义是指 x_1，x_2，…，x_n 等只能是 +1 或 −1 两个数。这一简单的随机游动问题引起了大量的研究工作，并且得出了一些深奥和惊人的结论。简单随机游动可以作为许多客观现象的模型，并且显示出不同的程度的近似真实性。

随机游走或随机漫步。很多系统都存在不同类型的无规则行走，都有相似的结构。如气体分子的运动、滴入水中的墨水扩散、气味的扩散等都属于随机游走问题。列纳德·蒙洛迪在《醉汉的脚步》一书中用通俗易懂的语言论述了随机游走的有关问题。他指出，随机游走的概念接近于布朗运动，满足扩散定律。扩散是一个随机涨落的过程，理想状态下的布朗运动是高斯正态分布，因此，扩散广泛应用于物理和化学等现象的模拟上。薛定谔在《多孔介质中的渗流物理》中指出：描述一个庞大而复杂的体系——渗流体系——所遇到的困难是，其运动的微分方程在原则上是已知的，而由于其边界条件的复杂性却无法积分。对一个复杂的既定过程，既然不能全面了解，就只好靠对这一过程建立随机模型来进行考虑。迄今，一切具体的有关多孔介质的随机模型都不外乎属于这两者之一：一种是把"随机性"直接用于表述在某一种均匀介质中的流体质点，称流体质点的随机漫步模型；另一种是确定的流体沿着"随机的孔道"（随机杂乱介质模型）运动。如果把漫步比作一个醉汉走路，随机漫步模型所应用的就是拉格朗日方法来研究多孔介质中的流动。拉格朗日动力学的特点是，把任何质点作为时间函数的瞬间位置 $X(t)$ 都作为基本变量。利用统计学，把一个质点通过多孔介质的行动当做一种随机漫步的过程。为了追踪质点在多孔介质中的流动，还可使用有点理智的醉汉随机漫步模型进行处理。

论述"随机性的否定"，翁文波院士也同样列举了广为人知的"醉汉游走"问题。所谓"醉汉游走"问题，即醉汉在马路上进一步与退一步的概率是相同的，问走无数步后，最可能在哪里找到他。通常的数学计算答案是在原地。对此，翁文波的怀疑是：醉汉是否是真醉？基于"非排中律"，在醉与没醉之间有多种可能，真醉、微醉、假醉、没醉；有记忆、有点记忆、没记忆等。如果在原地找到他，他一定清楚原地在哪，也一定记得自己到底走了多少步。传统的数学理论是无法判断这个醉汉是真醉还是假醉的。"每个系统，都有适合自己时间和空间的原点，并且有可能随着时间和空间的变化而变化，事件的原点就没有定规。现代数学运算中，时间和空间的原点都是不变的，那么，我们就变它一下。我把醉汉游走的原点也做了变化，结论就截然不同了"。于是，翁文波证明了当 n 越来越大时，醉汉也会离开原地越来越远，或者说无穷远处。真醉者脚步是无规律的，假醉者脚步是有规律的。翁文波将醉汉游走与自然灾害联系在了一起，并得到了一个重要的结论：如果地震等自然灾害是随机的，无规律的，那么他一定会符合计算值。如果醉汉的位置离开计算值太远了，我们就提取一条信息：知道他不是真醉，而是假醉。这就是用"否定的否定"来提取信息的方法。把历史上每一次发生的地震时间模拟成醉汉游走的脚步，计算结果发现，从给出的若干地震结果，表面上看不出有任何规律性，但实际上地震是可预测的，有规律可循的。对醉汉游走问题的新发现，成为信息预测理论中否定随机性、确认信息的重要依据和理论基础。利用随机性假设的否定来提取可公度性信息，使天灾预测取得了突破性进展。与此同时，翁文波认为"投硬币"和"醉汉游走"的道理是一样的，这里不做详细解释。

(2) 信息的综合。

翁文波强调，预测要注重信息的综合。预测的实践使人们逐步认识到了来自多方面的信息需要适当的综合，只有综合才能做出统一的预测，而综合的基础则是信息之间的关系。这些综合包括定性判断预测和定量预测的综合；整体和局部预测结果的综合；在多重体系中讨论了两种信息的综合，在单一体系中，由于可以用不同的方法或从不同的角度去处理信息，其结果也未必相同，这样就有了加权综合的问题。

信息综合有两层含义：一是系统的复杂性和时变性给预测研究带来了很大困难。所以预测分析不能只注意到某一阶段的情况，而应将历史发展与未来预测结合起来。因此，只有进行适当的信息综合与分析，在分析的基础上才能给出一个统一的、符合实际的预测结果。二是系统的多变性是造成系统发展失调的重要原因之一，显然，只有深入分析环境的变化规律，才能抓住系统发展、调整和转移的时机。在这种情况下，强调信息综合的特点是主观因素占有突出地位。包括如何考虑所有对系统有影响的因素，分析各种因素影响的重要程度次序，估计这些变化可能产生的影响及影响程度等。而这些又是导致随着预测结果的检验，致使模型难于固定的因素，反复建模又导致信息处理量随着综合过程迅速增加。

上述两点既反映了预测的基本原则，也反映了预测的复杂性与困难，而最根本的是说明了只有通过信息综合，才能给出比较符合实际的预测的结果。当然，如果综合利用多种独立的方法进行预测，那么就是组合预测问题了，不在信息综合之内。

3.4 《预测论基础》的几个主要模型

对《预测论基础》翁文波院士有这样的解读:"我通过对质数的加减运算,找到了一把'丈量'天灾的'尺子',如果在质数问题上进一步探索的话,可能会找到一把破译无序世界的钥匙"。回顾信息预测理论的研究与推广过程,虽然有很多遗憾,然而,值得庆幸的是《预测论基础》已向人们提供了一整套能够适应各类信息体系的预测理论、方法或途径。结合油田系统信息预测理论的研究与实践,充分体现出信息预测理论与方法对于非平稳随机过程体系有着极强的适应性和广泛的应用前景。这一节对《预测论基础》中具有创新性、代表性的可公度性模型、Weng 旋回和翁氏 Logistic 模型给予比较详细解读。

3.4.1 灾变预测方法——可公度性

在复杂与复杂性系统研究中,C.R. 劳得出了这样的认识——"不确定性知识+所含不确定性度量的知识=可用的知识"。这已经成为研究解决复杂性问题的一个原则与衡量标准。深刻研究、理解这句充满哲理而又带有疑惑的论点对于深刻理解《预测论基础》是异常重要的。

信息体系是受人们主观定义约束的各种各样的秩序类。如对称性、周期性、可公度性等。与以往观念不同的是,翁文波认为不确定性不一定是无秩序。对于不确定性体系,通过信息分析与研究往往可能发现其中隐含的秩序类信息。"数学作为现代科学的重要内容,它有着鲜为人知的精神内涵。我们应该认识到这一点:整个宇宙,当然包括人类,都是生活在精确数学定律制约之中的,只不过,有许多深藏的规律还未发现"。这是一个值得注意的、深入研究的认识论观点,它既类似于探索数据分析研究,又与之有较大的、甚至是本质的区别。

3.4.1.1 灾变预测是《预测论基础》的核心

现实的生活中,自然灾害如地震、洪水、干旱、暴雨等能否发生、何时发生是人们最关心的、也是尚未解决的世界级难题。20 世纪 50 年代,美国地震学家里克特(C.F.Richter)认为"谁说地震能预测,不是疯子就是骗子"。1997 年 3 月,R.J. 盖勒等在美国《科学》杂志发表文章,直言"地震不能预测"。英国《自然》杂志于 1999 年在因特网上组织了对地震预测问题的讨论,讨论发起人 I. 梅因在总结中认为:"单个地震的准确预测,进行有计划的疏散和撤离,是不可能的目标"。一般情况下,接受、认可新知识的潜规则是,权威杂志和权威人物的论述、观点是最具影响力和否决性的。但在复杂系统科学研究领域，这一潜规则并不一定成立。

翁文波的信息预测是一种唯象的理论与方法。所谓唯象，含义是一切以实在的和信息保真为基础，基于尽可能少的理论假设，研究的重点放在从无序现象中寻找有序，因而可将唯象预测方法看作是一种直觉经验与数学方法相结合的新方法（徐道一）。科研的实践表明，直觉经验的正确性会超越逻辑的数学上的证明。正如爱因斯坦所说的"纯粹的逻辑思维不能给人们任何关于客观世界的知识"。因此，爱因斯坦承认他的创造性工作来源于直觉经验，这一点对于深入理解《预测论基础》是很有启发性的。虽然如此，人们仍然总是希望所用的方法具有严格的理论基础。但预测的实践，最终使人们清楚地认识到了预测研究既不可排斥一些行之有效的经验方法，也不可排斥一些方法的机理尚不清楚或缺乏理解但实践证明是有效的方法。预测是技术，但也是艺术。因此，对预测理论与方法来说，提供技巧是很重要的一个环节，而最优的技巧就是最适合所处理问题的技巧。综观《预测论基础》，可以明显看到处处都有预测技巧的存在。

3.4.1.2 "体丢斯—波德"定则的兴衰

在科学发展史上，天文学是第一个被误差困扰的学科，因此预测在天文学中也占有着重要的地位。可公度性或可公度性预测最初就来自天文学研究。

1766 年，一位名叫戴维·体丢斯的德国数学教师在给学生讲述太阳系概况时，要求学生将各大行星到太阳的平均距离记住，可是学生怎么也记不住这些毫无规律的数字。戴维·体丢斯仔细分析了这些数据，发现这些数据之间并非杂乱无章，而是有无规律可循。于是，他先在黑板上写下一个数列，从第二个数开始，后一数正好是前一数的两倍，如果这个序列是先填加 1 到 0，然后每一个数加倍得到下一个数，即有数列：0，1，2，4，8，16，32，64，…。

如果将数列的每个数乘上 3 得到数列：0，3，6，12，24，48，96，192，…。如果在每个数上加 4，再除以 10，便得到数列：

$$0.4, 0.7, 1.0, 1.6, 2.8, 5.2, 10, 19.6, 38.8, 77.2, \cdots$$

戴维·体丢斯发现该序列似乎能说明每个行星与太阳之间的平均距离，于是将其作为一个巧妙记忆数据的方法。

直到 1772 年，德国天文台台长约翰·波得发现了它，并将它公布于世，称之为体丢斯—波得定则。体丢斯—波得定则发表后，天文学家注意到，火星与木星之间的空隙非常大，2.8AU 处没有行星，似乎这里还有个行星没有被发现。正在这时，赫歇耳发现了天王星，而天王星到太阳的距离为 19.2AU，跟体丢斯—波得定则预言的 19.6AU 基本一致，这更使天文学家坚信 2.8AU 处应该有一个行星。高斯计算出了行星的轨道，并预言了它在夜空中出现的时间和位置。1801年，这一预测被德国天文爱好者奥伯斯发现并定名谷神星。它的轨道距离太阳 2.8AU，正是体丢斯—波得定则所预测的距离。紧接着人们又发现，太阳系的一些卫星也不是杂乱无章地分布的，也具有某种规律。如木星的三个卫星到主星的距离 x_1，x_2 和 x_3 服从下式：

$$2(x_3-x_2)=x_2-x_1 \qquad (3.12)$$

而土星的四个卫星则服从：

$$4x_4+x_3-5x_2=5(x_2-x_1) \qquad (3.13)$$

太阳系的行星和卫星分布的这种规律在数学上称作"可公度性"。利用"可公度性"进行预测的概念很快得到传播。但是，1846年海王星被发现了，依据体丢斯—波得定则它应距太阳 38.8AU，但实际较预测距离要近的多。1930年发现了冥王星，预测距离是 77.2AU，但实际和太阳的距离只有 40AU。由于当时对预测研究认识的限制，特别是对体丢斯—波得定则、可公度性缺乏深入的理论研究与分析，于是将依据体丢斯—波得定则预测的成功，认为只是一种偶然，没有人再认真对待它。

翁文波认为，研究体丢斯—波得定则，目的就是从无序中提取有序信息——可公度性，方法本身就是着眼于局部存在的有序，或者说仅仅应用少数显示良好的有序性，对具体事件进行预测，并在一定条件下会有良好效果。因此，轻率地对体丢斯—波得定则做出否定的结论是很不公平的，只要稍做剖析就会看到它是缺乏可靠依据的。在哲学的概念里，必然性与偶然性是对立的统一，既然可公度性存在是大量的，说明必然性是其主要趋势，如果强调偶然性就难免陷入主观唯心论的泥坑。

3.4.1.3　可公度性概念的重生

"在科学研究中，我们可以相信有些死去的想法在适当的条件下确实可以复活"。在研究地震预报过程中，翁文波重新研究了体丢斯—波得定则及可公度性问题。对可公度性给出了重新解释和全新的认识。"可公度性不仅向着无组织滑去，在某些条件下也是有序之源"。这与普利高津"有序来自混沌、非平衡是有序之源"的论点完全一致。他从质数研究入手，使体丢斯—波得定则在灾变预测中获得了成功，并使可公度性获得了重生。可公度是突变现象的一些整数集合，是信息预测理论的重要基石之一。

数学中可公度量的涵义是：如果两个同类型量具有公度，即有另一个同类型量，所考虑的两个量都是这个量的整数倍，则称为可公度量。可公度性是自然界的一种秩序，所以是一种信息系。对离散的整数序列 $X = (x_1, x_2, x_3, \cdots, x_n)$，如果存在下列公式：

$$\hat{x}_{k+1}^{(i)} = \sum_{j \subseteq k}^{e} I_i x_i \tag{3.14}$$

式中 $1 \leq k \leq n$；$e < n$，是可公度的元数；$i = 1, 2, \cdots, m$，m 为可公度的频数。在事先确定可行临界值 ε，并满足 $(\hat{x}_{k+1} - x_{k+1}) < \varepsilon$，如果仅存在一个表达式可能是偶然的，不能作为预测的依据，如果公式数 $m > 1$ 时（应理解为有一定数量时）就是一种随机性的否定，已不是一种偶然，而是一种规律，一种可公度体系，可以作为预测的依据。

太阳系是在漫长的历史中由原始星云凝聚形成的，为什么这些行星和部分卫星"排列"得如此有规律，这些可公度式到底含有什么意义，这些问题没有人能够回答，只是简单地把这些关系当做经验公式写入文献中，并没有做进一步深入探讨。翁文波却从中发掘出了可公度性新的意义，认为可公度性并不是偶然的，如果事物发展的周期波长间若存在简单的整数比关系，那么，这个整数比关系所反映的是自然界的一种秩序，是一种信息系，是预测的一个重要的基础。

3.4.1.4 自然数信息体系具有可公度性

在上述研究认识的基础上，翁文波继续深入研究了自然数信息体系，认为自然数信息体系在自然科学中不但占有十分重要的位置，而且它可以被看作是反映客观世界本质的一种重要秩序。回顾自然科学的发展历程，是近代自然科学的发展逐步揭开了自然界的结构秘密，其中有许多结构是和自然数有关的。例如，大家比较熟悉的例子是元素周期律的发现。早在 1862 年科学界就觉察到原子量具有一定可排列的规律。1869 年，俄国化学家门捷列夫和德国学者洛特·迈耶夫各自独立发表了元素周期律，如实揭示了原子序号与元素性质之间井井有条的秩序，即按原子量大小排列的化学元素，在物理、化学性质上呈现出明显的周期性。这个周期性秩序一经发现和定义，就成为预测未知元素及其特性的信息。现在，源自序号与元素性质之间的关系已经为科学界公认。这在人类认识史上既是与循环发展思想的深化，又与形而上学的简单循环论划清了界限，而序号与元素性质之间的关系即是可公度性。

3.4.1.5 整数信息体系具有可公度性

再来看整数体系。和自然数一样，整数也是客观世界的一种重要秩序。例如整数体系中的稳定粒子质量叠加式。多元函数关系可用多变量方程来表达，$a_1x_1+a_2x_2+\cdots+a_ix_i=0$，如果 a_1, a_2, $\cdots$, a_i 为正整数或负整数，那么，这个线性齐次方程就称可公度性方程。当 $a_1=1$ 时，方程左边的多项式为首一多项式。实体的基本单元既是可数的，那么首一多项式，即首项系数为 1 的多项式，将具备非常重要的意义，可公度性可看作为首一多项式的特款。由于整数集 $\{X_i\}$ 中的元素都是数值，任意个 X_i 互相加减运算，就会得出可公度系。如果它们之间依着一定方式进行相减则构成差分，差分的全体构成差分系。无论是可公度系，还是差分系所表达的是整数体系中的可公度信息，这个信息就是预测的基础和依据。

3.4.1.6 可公度性具有普遍性

可公度是系统的一类信息，它表达了系统元素中的可以共同度量的某种规律，是自然界的一种秩序。可公度性不仅存在于天体运动中，也存在于地球上的自然现象中。前面讲的天文学中存在着可公度性，在化学元素周期表中存在着可公度性，洪涝、干旱的现象中存在着可公度性，地震、太阳黑子年等也都存在可公度性。下面再举一个气象研究中的例子（潘恩沛）。据有关气象部门提供美国，美国亚利桑那州的三个城市的平均温度见表 3.3。

表 3.3 美国亚利桑那州城市平均温度表

单位：°F

时间（月）	F 城	P 城	Y 城	备注
7	65.2	90.1	94.6	
8	63.4	88.3	93.7	
9	57.0	82.7	88.3	
10	46.1	70.8	76.4	选 10 月为中位数
11	35.8	58.4	64.2	
12	28.4	52.1	57.1	
1	25.3	49.7	55.3	

首先对每个城市确定一个中位数,并形成相应的剩余值,由于每个城市都有 7 个月的平均温度值,显然,依据中位数的定义,第 10 个月份的温度值就是每个城市的中位数,分别以 46.1,70.8 和 76.4。利用中位数与每个月温度计算出剩余值,以 7 月温度为例计算,即有 F 城:65.2−46.1=19.1;P 城:90.1−70.8=19.3;Y 城:94.6−76.4=18.2。三个城市温度的中位数为 19.1,剩余值和中位数见表 3.4。

表 3.4 亚利桑那州三个城市的平均温度剩余值及中位数

单位:°F

时间	平均温度剩余值			中位数
	F 城	P 城	Y 城	
7 月	19.1	19.3	18.2	19.1
8 月	17.3	17.5	17.3	17.3
9 月	10.9	11.9	11.9	11.9
10 月	0.0	0.0	0.0	0.0
11 月	−10.3	−12.4	−12.2	−12.2
12 月	−17.7	−18.7	−19.3	−18.2
1 月	−20.8	−21.1	−21.1	−21.1

从表 3.4 可以发现,尽管三个城市的温度值不同,但它们相对于各自的 10 月份平均值温度的变化值却有着基本一致的规律性,说明亚利桑那州的 F 城,P 城和 Y 城三个城市的温度存在着可公度性。

这是探索性数据分析的一个例子。所谓探索性数据分析是指在数理统计的基础上,通过数据的处理,通过加减运算分析寻找数据体中共性的、规律性的东西。这个温度的变化值实质就是可公度量。

3.4.1.7 可公度性与泛周期性

"可公度性是周期性的扩张",这是对于周期性与可公度性的关系的深刻论述。扩张意思是扩大了范围。周期性是一个基本上连续的时间序列,前后对应点应该时时保持着两者之差 p。如果周期性经过退化和扩张后,那么它所描述集合中各点或前后对应点的关系与周期性就会有很大的变化。因此,"可公度性是周期性的扩张"应理解为与周期性基本性质有很大差别的另一种特性,不再保持周期性的主要性质,而周期性仅仅是可公度性的一种极端情况,一种特款。

对一个时间变量 $y(t)$，如果有一个间隔值 p，使

$$y(t+p)-y(t)=0 \tag{3.15}$$

那么，p 就是一个周期。如果有一个时间区间 p，使

$$|y(t+p)-y(t)|<\varepsilon \tag{3.16}$$

那么 p 就是一个概周期。若使概周期有物理意义，ε 必须小于有一定置信水平的置信限来否定其偶然性。如果时间变量 $y(t)$ 退化为它的一个离散特款：时间序列 $y(i)$，同时把一元关系扩张为多元首一多项式，并有：

$$\left|\sum a(i)y(i)\right|<\varepsilon \tag{3.17}$$

式中 $a(i)$ 是整数，那么离散时间序列 $y(i)$ 又称概可公度性，ε 同前。如 $\varepsilon=0$，则 $y(i)$ 有可公度性。式（3.17）稍做变换在实质上与式（3.14）相同。

翁文波认为，这些可公度式的出现并非是一种偶然或巧合。可公度式的普遍存在说明了抽象数学中的质数加减法问题与可数的物质和事件发生和发展规律是密切相关的。由于周期性就是可公度性的一个特款，因此，将质数性质中的周期性，又称可公度信息系外推，就能有效地进行各种天灾预测。

尽管可公度性作为经验关系式早已写入某些天文文献中，但两个世纪以来还没有人能够提出最有说服力的机制理论与解释。翁文波提出的泛周期——是对可公度性作为预测理论依据的一个含义深刻的解释。从宏观上看，事物的发展总是表现出这样或那样的周期性，这种周期由于受到内外各种因素的影响，表现为各种子周期的叠加或共同作用，因而，现实世界中事物的周期不可能是十分规则的，这种复杂的周期性称作广义的周期循环，也即是所说的泛周期。由于可公度性是周期性的推广，是一种广义的周期性。以此推论，可公度性完全可以从一定的角度揭示出复杂周期的性质，并有助于研究事物之间的复杂联系。由于可公度性概念冲破了传统的周期性的框框约束，立足于从数据中提取非偶然性的信号，研究微信号用以预测地震。这与欧美复杂性科学研究方法相比，可公度更具有简单性、先进性以及很强的生命力和实际应用价值[45]。

3.4.1.8 可公度性原则

1994 年 9 月，翁文波院士提出了"可公度性原则"。首先，他给出了"实体"的概念并定义实体都是可数的。认为一切实际存在的物体和一切发生的事情都由它们的基本单元组成，这些基本单元是可用自然数来数个数的。从宏观

到微观、从自然界到社会，物体的基本单元有光子、光波（包）、引力子、引力波（包）、电子、核子、分子、细胞、婴儿、星球、天体等。关键是这些基本单元只能一个一个地存在，不可能存在半个，比如半个电子或半个婴儿都是不可能存在的。而所谓的事件的基本单元是指原子裂变、粒子对撞、运动会、地震、暴雨、战役、革命等。事件也只能是一次一次地发生，不可能发生半次。实体和事件的可数性是客观存在，可数就是离散。如何研究认识具有离散性质的问题，历史上虽然有很多研究成果，但均未从根本上解决离散性质的问题。在预测研究过程中，遵循函数的连续性、可导可微的这条路线，人们发展了以统计学为主的分析预测技术。广泛应用的拟合方法对连续函数的有效性也得到了肯定。但若将函数的可导可微性应用到离散数据的研究上则会导致信息失真。翁文波研究认为，"世界上的许多事情都是不可微的。例如突发事件的地震、暴雨、洪水、干旱等自然灾害，还有股票价格的暴涨与狂跌，人的心肌梗塞等都是不可微的。不可微的却套用可微的公式来求解，其结果是适得其反"。如果一切实体的基本单元是可数的，那么，它们都具有可公度性的特性，称之为"可公度性原则"。在这个原则之下，"首一多项式"将具备非常重要的意义，因为可公度性可以看作是"首一多项式"的特款。因此，如果用函数来表示实体，它将是离散的、不连续的，也是不可微的。但基于离散的本质就是可数，所以可认为这是"可公度性原则"的延伸，也可作为预测的重要基础。

3.4.1.9 可公度性方法及其预测步骤

可公度性预测方法立足于系统，它以信息保真为基础，重点放在无序现象中寻找有序，并要求演算过程尽量少用或不用近似计算（包括微积分和傅氏分析等）来处理有限的离散（可数）数据体系，选择具有保真特征的加法和减法这种最基本、最原始的演算方法，实践表明这是一种简单而实用的灾变预测方法。

3.4.1.9.1 可公度性预测方法概述

可公度性预测方法依据两个原理，即物理体系的有序性与可公度性原理。有序性是指一些重复出现的现象，它是可公度性的扩张和发展。它不像周期性假设那样严格要求同一周期自始至终要重复出现，每一周期与其他周期不能有部分重叠与缺失。有序性假设允许这种情况存在，允许其局限在某一时空范围内，不要求始终一致。同时，有序性假设又不否认变量之间部分的相关性，所以也不同于随机性假设，因此，有序性概念涉及周期性和随机性之间的广大领域。这一领域目前正处于开发阶段,国际上近年来兴起的混沌、非线性理论等复杂性科学也是向这一领域发展的。

研究大量无序中的有序现象,简单套用已有的统计分析、周期分析、谱分析等方法难以奏效,需要研究、采用专门的方法。1997 年以来,徐道一提出"信息有序系列"和"信息有序性"的新概念,进一步完善和发展了信息预测理论。"信息有序系列"着重研究大量无序现象中的有序部分,即特性部分,它不强调普遍性,而依据少数显示良好有序性的样本建立信息有序网络,对各种自然体时空的复杂变化进行预测研究。在随机系统里,事物的发展变化宏观上常常表现出一种周期性,虽然这种周期不是十分规则,但它却可以从一定角度揭示出事物的周期性质。将事物发展周期波长间存在的简单整数比关系称为可公度。它是自然界的一种秩序,是客观世界的一种规律。可公度性的求解算法只能用加减法,无论是微分还是高阶差分都无法表达一个体系中的可公度性信息,这是可公度性方法简单却不可替代的一个原因。

概括来说,可公度性方法属于求异的研究方法,是一种立足于减少的方法,它从局部数据中进一步挑选其中少数存在的可公度性的数据,寻找对所需解决问题有用的信息,从局部到个别,通过利于信息保真的加减法运算,利用少量数据实现预测。为了让人们对可公度性预测有一个深入的了解,《预测论基础》给出了可公度性预测、研究的实例。

[例 1]:可公度性不仅存在于天体运动中,也存在于地球上的自然现象中。首先,翁文波发现可公度性存在于元素周期表中。也就是说,每一个元素的原子量可由其他元素的原子量通过加、减运算推导出来(允许误差 0.2)。例如,从元素周期表中取出前 10 个元素,原子量 $X(n)$:氢 $X(1) = 1.008$,氦 $X(2) = 4.003$,锂 $X(3) = 6.941$,铍 $X(4) = 9.02$,硼 $X(5) = 10.811$,碳 $X(6) = 12.011$,氮 $X(7) = 14.0067$,氧 $X(8) = 16.000$,氟 $X(9) = 18.998$,氖 $X(10) = 20.179$。采用三元可公度式方法可外推出 11 号元素钠的原子量,即:

$$X(10) + X(3) - X(2) = 23.117$$

$$X(10) + X(2) - X(1) = 23.174$$

$$X(9) + X(5) - X(3) = 22.868$$

$$X(10) - X(6) - X(4) = 23.170$$

$$X(8) + X(9) - X(6) = 22.987$$

$$X(10)+X(9)-X(8)=23.177$$

钠的实际原子量为 22.99，外推结果是较为准确的。这个例子是用三个数据推导出一个数据，叫做三元可公度式。进一步的研究表明，如果对原子量采取 4 舍 5 入后，利用五元可公度性，那么，预测结果更接近钠的实际原子量值 22.98。

$$19.0+19.0+1.01-12.01-4.00=23.00$$

$$19.00+16.00+1.01-9.01-4.00=23.00$$

$$19.00+14.01+14.01-12.01-12.01=23.00$$

$$16.00+16.00+9.01-14.01-4.00=23.00$$

$$12.01+9.01+4.00-1.01-1.01=23.00$$

[例2]：1976 年 7 月 28 日河北唐山 Ms7.8 级强震后的预测。

（1）资料：唐山一带历史上发生 Ms ≥ 5.5 级地震有 6 次，分别是：X_1=1527.7.1，X_2=1568.4.25，X_3=1624.4.17，X_4=1795.8.5，X_5=1805.3.12，X_6=1945.9.23。

（2）可公度性分析（只取年份值）以 12 个月为一年，30 日为一月换算，用可公度式求的概周期：

$$X_4+X_2-X_5-X_1=31.2.17$$

$$X_5+X_4-X_6-X_3=30.9.7$$

平均周期约为 ΔX=30 年零 11 个月 27 天。从 X_6 从外推一个周期，得到下一次地震时间可能是 $X_6+\Delta X$=1976.9.20

[例3]：对 1991 年华中、华东地区特大洪涝灾害的成功预测。

以 19 世纪到 20 世纪中，华中地区历史上 6 次特大洪水年份为依据：$X(1)$ = 1827（年），$X(2)$ = 1849（年），$X(3)$ = 1887 年，$X(4)$ = 1909（年），$X(5)$ = 1931（年），$X(6)$ = 1969 年。

这几个数值的可公度式为：

$$X(2)+X(6)-X(1)=1991$$

$$X(4)+X(5)-X(2)=1991$$

$$X(5)+X(3)-X(1)=1991$$

$$X(4) + X(4) - X(1) = 1991$$

$$X(6) + X(4) - X(3) = 1991$$

于是有预测结果：$X(7) = 1991$，华东、华中广大地区 1991 年将发生特大洪涝灾害。但这个预测当时并没有引起人们的注意。7 年后，1991 年特大洪涝灾害袭击了华东、华中广大地区，验证了预测的准确性。翁文波依据许多预测实例显示的井井有条秩序（信息），认为抽象数学中的质数加减法问题与可数的物质和事件发生和发展规律是密切相关的，将质数性质中的周期性（称可公度信息系）外推，就能有效地进行各种天灾预测。

3.4.1.9.2 "三元可公度式"由来解读

"翁氏猜想"突破了以二元关系为基础的现代数学的限制，找到了质数间的一种多元关系，提出了三元乃至多元的理论，从而成为预测论的重要基础。

从二元关系发展到多元关系，三元关系是起点，"三元可公度式"是基本的可公度式，且非三元关系不可，对此可解释如下：20 世纪 60—70 年代，美国数学家约克和他的学生李天岩发现了"周期三蕴含混沌"的（理论）现象[46]，他们通过对下面的一个迭代函数的迭代性质研究，发现了当出现三个周期的时候，

$$F_{n+1} = RX_n(1-X_n) \quad X \in [0.1] \quad 0 < R < 4 \tag{3.18}$$

任何周期都可能出现，换句话说只要有周期三，就可能产生任何的不同周期。20 世纪 60 年代，生物学家对这个函数并不完全清楚，数学家李天岩和约克通过气象学家洛仑兹的文章《关于大气混沌的研究》发现了在这个迭代方程中的后来被命名为"Li-Yorke 定理"的迭代演化规律。对于复杂体系，可公度方法之所以"三元可公度式"才有预测的功能，就是因为"从复杂性观点看自然数 3 是混沌的起点，是系统的一个临界点，也是混沌的边缘。是走向分形的关节点。3 有领先于一切自然数的物理意义，3 不仅是系统走向混沌的第一关键点，而且本身就蕴含着混沌是自然界造就混沌的基数"。"作为无穷多和生成演化意义的 3，或许可以作为一个重要的宇宙常数，从而划定牛顿力学适用的第三个边界，并赋予中国古代道生一，一生二，二生三，三生万物的道家思想以现代科学的诠释"[46]。

3.4.1.9.3 可公度性预测的具体步骤

《预测论基础》中，信息划分与信息综合是可公度性方法运用的前提和基础。而可公度性的计算或求取则是非常简单，当人们掌握了大量准确真实的信息数据后，就是用几个有特殊意义的数值，经过为数不多的几次加减算术演算，便可运

用信息演绎从已知推出未知来。预测的具体步骤可概括如下：

（1）对原始数据加以限制和分类，即根据若干规则和要求从有关预测对象的大量已知数据中筛选出少量相关数据序列 $X=(x_1, x_2, \cdots, x_n)$。

（2）将这些划分出来的数据，按式（3.14）对之进行加减运算处理，得出各种可公度式或可公度方程。

（3）根据事先确定可行临界值 ε，检验 $(\hat{x}_{k+1} - x_{k+1}) < \varepsilon$ 的公式数，如果公式数 $m>2$ 时（翁先生认为 $m>1$）则该体系为可公度体系，依据随机性的否定概念，这些可公度式就不再是偶然的，可以作为预测的依据。

（4）对于可公度系统，将可公度值 $(\hat{x}_{k+1}^1, \hat{x}_{k+1}^2, \hat{x}_{k+1}^3, \cdots)$ 排列为单调上升的半序列。

（5）单调序列中大于 x_k 的序列值为作为 $k+1$ 时刻的预测值 $\hat{x}_{k+1}$。

3.4.1.10　可公度性预测实践

可公度性用于信息预测研究的成功，使人们对信息、自然数、整数和有序性的理解在理论意义上提高到了一个新阶段。从根本上克服了以往科学研究中对数据处理过于简单化的缺点，如消除异常点、平滑等。特别是可公度性的提出使自然界中普遍的一种有序形式得到了如实的反映，在此基础上建立的数学方法，也更具有针对性和适应性。

关于天灾的概念人们是很清楚的，但对天灾预测效果的评价目前尚无统一的标准。对天灾预测效果的判别，本着预测的对象不同评价标准也不一样的原则以及定性与定量有所区别的原则来评价预测的成功与失败。

常规预测注重定量研究结果评价，灾变预测注重研究结果的定性评价。例如发生与不发生地震是定性问题，震级与发生的时间与震中的距离是定量问题。依据地震、洪涝、暴雨、干旱等自然灾害实际情况分析给出了效果检验标准，进而对应用《预测论基础》的方法所做的各种天灾预报进行了效果分析与评价。

3.4.1.10.1　对翁文波天灾预报的检验

1982—1992 年，国内地震预报与实际对比结果是，预测地震共 60 次，实际发生 52 次，符合率 86.67%。时间平均误差 41.75 天，地点平均误差 399.71km，震级平均误差 0.72 级。

1986—1992 年，国内地震预报与实际对比结果是，预测地震共 70 次，实际发生 58 次，符合率 82.85%。时间平均误差 48.35 天，地点平均误差 692.1km，震级平均误差 0.61 级。

1982—1992 年，国内大雨暴雨预报与实际对比结果是，预测次数共 90 次，实际发生 75 次，符合率 83.33%。时间平均误差 2.45 天。1982—1992 年，国内洪水、洪峰预报与实际对比结果是，预测次数共 23 次，实际发生 18 次，符合率 78.26%。时间平均误差 10.11 天。

1982—1992 年，国内干旱预报与实际对比结果是，预测次数共 9 次，实际发生 9 次，符合率 100%。时间跨度较大，但从定性来看均已言中。

对各类天灾成功预报，其中最有影响的是翁文波院士运用可公度性理论成功预测出了 1982 年到 1983 年在华北地区发生的大旱；1991 年长江、淮河流域的特大洪涝灾害；1989 年和 1993 年美国、日本的多次地震。仅列举美国、日本的地震预报进一步给予说明。

翁文波院士预测美国加州 1992 年将发生地震。预测地震时间：1992 年 6 月 19 日；地震级别：6.8 级；地震地区：旧金山大区。实际是美国加州南部于 6 月 28 日发生 7.4 级地震（北纬 35.2 度，西经 118.5 度），时间相差 9 天，震级相差仅 0.6 级。

1993 年初，翁文波曾用一次信函和 3 次传真告知日本有关方面，1993 年 7 月 1 日在北纬 40°地区将发生地震，据《光明日报》报道，日本北海道 1993 年 7 月 12 日发生里氏 7.8 级地震，震中位置在日本北海道西南冲（北纬 42 度 46.8 分，东经 139 度 11 分），预测地点、震级准确，时间仅差 12 天，震级误差小于 0.55 级。由于翁文波先生在远程预测地震、洪涝、干旱等方面的卓越贡献，因而被科学界誉为中国天灾预测的"开山大师"，被国外科技界称作走出"黑洞"的老人。

3.4.1.10.2 川滇地区地震预测（汶川）

2006 年 9 月，《灾害学》第 21 卷第 3 期上发表了龙小霞、延军平、孙虎等关于《基于可公度方法的川滇地区地震趋势研究》一文，核心内容如下：

（1）基础资料。

川滇地区为我国大陆最显著的强震活动区域，地震活动频繁，在对川滇地区强震灾害数据分析的基础上，根据 20 世纪以来川滇地区≥6.7 级地震的 25 个年份：1913 年、1917 年、1923 年、1925 年、1933 年、1936 年、1941 年、1942 年、1948 年、1950 年、1952 年、1955 年、1960 年、1967 年、1970 年、1971 年、1973 年、1974 年、1976 年、1979 年、1981 年、1988 年、1989 年、1995 年、1996 年。

（2）预测结果。

依据可公度性的原理和方法，应用三元、四元和五元可公度性方法分别对未来川滇地区≥6.7 级地震的可能性和时间进行了预测。通过三元、四元和五元可公度性预测结果的分析可以明显看出,三者得出的结果是一致的,且每组结果都能写出三个以上的可公度式,由此说明川滇地区发生强震可能性很大。

三元可公度性预测结果:

$$X_{26}=2007$$

$$X_{22}+X_6-X_2=2007$$

$$X_{24}+x_{14}-x_{12}=2007$$

$$x_{22}+x_7-x_3=2006$$

$$x_{23}+x_6-x_2=2008$$

$$x_{24}+x_6-x_3=2008$$

$$X_{25}+x_{14}-x_{12}=2008$$

$$X_{27}=2008$$

由此推算下次地震可能发生的年份:$X_{26}=2007$ 年或 $X_{27}=2008$ 年。

四元可公度性求得可公度量 Δ_x 为:

$$X_{16}+x_5-x_{20}-x_1=12$$

$$x_{15}+x_5-x_{18}-x_2=12$$

$$X_{14}+x_6-x_{18}-x_2=12$$

$$x_{15}+x_7-x_{19}-x_3=12$$

则计算结果为:$X_{25}+\Delta_x=1996+12=2008$ 年。由此推算下次地震可能发生的年份 $X_{26}=2008$ 年。

五元可公度性方法预测结果为:

$$X_{23}+x_{15}+x_1-x_3-x_7=2008$$

$$X_{23}+x_{20}+x_{12}-x_{18}-x_7=2008$$

$$X_{24}+x_{21}+x_8-x_{18}-x_6=2008$$

$$X_{25}+x_{15}+x_7-x_{19}-x_3=2008$$

$$X_{22}+x_{15}+x_5-x_{13}-x_3=2008$$

$$X_{21}+x_{11}+x_9-x_{13}-x_1=2008$$

由此推算下次地震可能发生的年份 $X_{26}=2008$。

由预测结果得出结论:"从以上所进行的推算与预测结果看,在 2008 年左右,川滇地区有可能发生 ≥ 6.7 级强烈地震,为了更好地配合防震减灾活动,笔者提出以下建议⋯⋯"。实际情况是,2008 年川滇地区汶川县发生了里氏 8.0 级强烈地震。

3.4.2 拟合信息预测模型

信息预测理论中的时间是预测研究的基本变量,以时间为主要变量的函数形式是拟合模型的一般特征。时间是一个无端点的实体,因此在建立模型时,需要指定一个有明确意义的时间原点和时间单位。特别是当时间趋向无穷大时,所建模型应当是仍然有意义,并且明确指出了确定时间原点和单位是预测中重要的、关键的一环。"1984 年我预测世界石油年产量至今已经 10 年了,回过头来看,结果得到的数值和实际产量比较接近。关键问题是,我取 1918 年为时间的原点,11 年为时间的单位。这些时间原点和单位,接近人类石油工业发展的时间和步调"。

翁文波认为,在唯像的拟合信息中,只能推测到取得最后数据以前的信源状态,以这种信息为基础的预测称为基值预测。对于许多体系,特别是有关人类活动的体系,基值预测和未来实践可以有区别,因为人类永远不会满足于历史,所以,凡对人类有利的事物体系,基值预测将会落后于实践。拟合就是建立一个模型去逼近实际数据序列的过程。不做任何事先的假设,而是从实际数据序列里找出信息来,这样看待信息可以说是偏于唯象的,唯象前提下拟合的原则是要求预测模型的建立要尽可能符合实际体系,"临证取象,多元互补"是唯象信息预测方法论的基本特色。而对于模型的取舍历史经验则是一种重要的依据或原则。在"拟合信号"一节,翁文波提到了多种特殊形式的时间序列模型,这些模型对于油田体系来说也是非常重要的。例如生命旋回,常称为兴衰周期,生命周期等。对生命、资源总量有限的体系,如非再生资源,全生命过程可用泊松分布概率函数来描述(给出 2 个预测的实例)。正态旋回适用于生命旋回发展阶段(给出 3 个预测的实例),而在生命旋回临近极限阶段时,可用逻辑斯蒂函数来描述(给出 2 个预测的实例)等。

3.4.2.1　Weng 旋回模型

系统具有多重属性，由此决定了系统的多种类型。系统有严格的等级和层次之分，按系统与环境的关系，系统可分为封闭系统和开放系统；按系统与时间的关系，系统可分为静态系统和动态系统。对于开放的、动态系统来说，Poisson 分布是很广泛的一种分布。

基于油气田的开发是生命总量有限体系的特款。《预测论基础》提出了泊松旋回模型。赵旭东于 1987 年在《科学通报》发表了《用 Weng 旋回模型对生命总量有限体系的预测》一文 [47, 48]，认为"虽然该模型在形式上与随机型的泊松分布有相似之外，但本质上完全不同，而实际上是一个确定性模型，并由翁文波院士首先提出"，于是将其改称为翁旋回模型。

为深刻认识翁旋回模型，这里首先对 Poisson 旋回稍做一介绍。Poisson 分布，译都有泊松分布、普阿松分布、卜瓦松分布、布阿松分布、卜氏分配等，是一种统计与概率学里常见到的离散概率分布，由法国数学家西莫恩·德尼·泊松（Siméon–DenisPoisson）在 1838 年时提出。Passion 分布如图 3.1 所示。事实上，二项分布可以看作 Passion 分布在离散时间上的对应物。Passion 分布适合于描述单位时间内随机事件发生的次数的概率分布。Passion 分布的概率质量函数为：

$$P(x=k)=\frac{\mathrm{e}^{-\lambda}\lambda^k}{k!} \tag{3.19}$$

式中，λ 为常数。

若随机变量 X 取 0 和一切正整数值，在 n 次独立试验中出现的次数 x 恰为 k 次的概率 $P(x=k)$。Passion 分布是非对称性的（图 3.1），在均值 m 不大时呈偏态分布，随着 m 的增大，迅速接近正态分布。一般来说，当 $m=20$ 时，可以认为近似正态分布，Poisson 分布资料可按正态分布处理。Poisson 分布有两个重要性质：

一是 Poisson 分布的平均值 m 等于 λ，并且方差等于均值 $\sigma^2=\lambda$。二是 Poisson 分布具有可加性。如果 $X_1, X_2, \cdots, X_k$ 相互独立，且它们分别服从以 $\mu_1, \mu_2, \cdots, \mu_k$ 为参数的 Poisson 分布，则 $T=X_1+X_2+\cdots+X_k$ 也服从

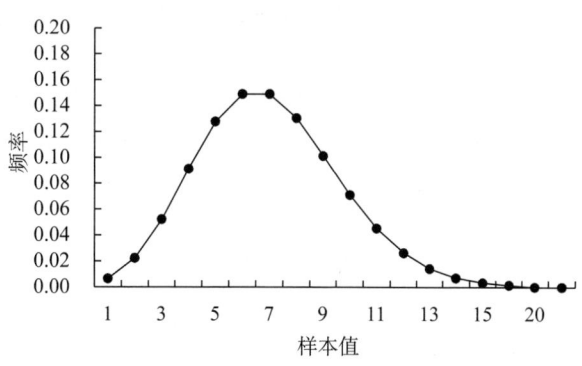

图 3.1　Possion 分布示意图

Poisson 分布，其参数为 $\mu_1+\mu_2+\cdots+\mu_k$。泊松旋回模型是收敛的，是自然界里很普遍的一种分布。因此适用用于有限体系，如生命体系、矿产资源体系等。

翁先生将 Poisson 分布用于油田动态预测，创建了称之为 Weng 旋回预测模型，一般表示为：

$$Q_t = Bt^n e^{-t} \tag{3.20}$$

式中，B 和 n 为常数。

式（3.20）表明，事物 Q_t 在随自变量时间 t 的变化过程中，正比于 t 的 n 次方兴起又随着 t 的负指数函数衰减。这一函数具有以下性质：

$$\frac{dQ_t}{dt} = Q_t\left(\frac{n}{t} - 1\right) \tag{3.21}$$

当 $t<n$ 时，$\frac{dQ_t}{dt}>0$；当 $t=n$ 时，$\frac{dQ_t}{dt}=0$；当 $t<n$ 时，$\frac{dQ_t}{dt}<0$。

函数的二阶导数为：

$$\frac{d_2 Q_t}{dt^2} = \frac{Q_t}{t^2}\left[(t-n)^2 - n^2\right] \tag{3.22}$$

显然，当 $t = n \pm \sqrt{n}$ 时，$\frac{d^2 Q_t}{dt^2}=0$。

从以上性质可知，事物 Q_t 的兴衰可分为 4 个阶段。

(1) 快速上升阶段：$t = 0 \sim (n-\sqrt{n})$；
(2) 一般上升阶段：$t = (n-\sqrt{n}) \sim n$；
(3) 一般下降阶段：$t = n \sim (n+\sqrt{n})$；
(4) 缓慢下降阶段：$t = (n+\sqrt{n}) \sim \infty$。

上述产量预测模型是建立在油田动态系统基本规律基础之上的信息预测模型。采用最小二乘进行参数估计，得到的是一种非时变预测模型。对于油田资源有限体系，采用 Weng 旋回模型来描述其产量变化从开始、发展、高峰到衰减的全过程。可以在油田系统里预测产量、累计产量、采出程度、采收率、可采储量等。

3.4.2.2 翁氏 Logistic 模型

Logistic 也是自然界里的一种非常普遍的分布。翁氏 Logistic 模型可写成下述形式：

$$X_t = \frac{D}{1+ae^{bt}} \tag{3.23}$$

式中，a，b 和 D 为常数。这一函数具有以下性质：

(1) 如果 $b>0$，则 $\lim_{t \to \infty} x_t = 0$，这时函数可以形象为一个体系末期；

(2) 如果 $b<0$，则 $\lim_{t \to \infty} x_t = D$，这时函数可以形象为一个体系发展到最后极限的过程。

Logistic 旋回模型也可写成其他形式，如：

$$x = \frac{D}{1+ae^{-bt}} = \frac{\left(\dfrac{D}{a}\right)e^{bt}}{1+\dfrac{1}{a}e^{bt}} \tag{3.24}$$

当 $D=1$ 时，可以变换成：

$$\frac{x}{1-x} = \frac{1}{a}e^{bt} \tag{3.25}$$

在 20 世纪 70 年代，JohnFisher 等（1970）用了一个类似的经验公式：

$$\frac{x_t}{1-x_t} = \frac{D}{a}e^{bt} \tag{3.26}$$

来形象新陈代谢或推陈出新的过程，x 表示同类事物中后期事物代换前期事物的比率，t 表示时间，所以这一公式也称为代换函数。

在油田开发过程中，油水比、累计采油量、采出程度、采收率、综合含水百分数的变化历程或规律性均可以用翁氏 Logistic 模型描述与预测。

3.4.2.3 正态分布

正态分布是最重要的一种概率分布。正态分布概念是由德国的数学家和天文学家 Moivre 于 1733 年首次提出的，由于德国数学家高斯（Gauss）率先将其应用于天文学家研究，故正态分布又叫高斯分布。高斯这项工作对后世的影响极大，他使正态分布同时有了"高斯分布"的名称，后世之所以将最小二乘法的发明权归之于他，也是出于这一工作。

在自然界中，正态分布无处不在，让你在纷繁复杂的数据背后看到隐隐的秩序，但正态分布曲线从发现到广泛应用却经历了几百年的历史（陈希儒《数理统计简史》）。正态分布攻陷了人口、领土、政治、农业、工业、商业、道德等社会领域。并进一步占领了天文学、数学、物理学、生物学、气象学等自然科学领域。对于正态分布，亨利·彭加莱这样说："每个人都相信他，实验工作者认为它是一个数学定理，数学研究者认为它是一个经验公式"。"如果说，充斥着偶然性的世界是一个纷乱的世界，那么，正态分布为这个纷乱的世界建立了一定的秩序，使得偶然性现象在数量上被计算和预测成为可能"说明正态分布是适合用于无数情况的一般法则。

正态分布是具有两个参数，均值 M 和方差 σ^2，邻近 M 的值的概率大，离 M 越远的值的概率越小；σ 越小，分布越集中在 μ 附近，σ 越大，分布越分散。正态分布的密度函数的特点是：关于 M 对称，在 M 处达到最大值，在 $\mu \pm \sigma$ 处有拐点。它的形状是中间高两边低的对称形态（图3.2）。

概率密度函数表达式为：

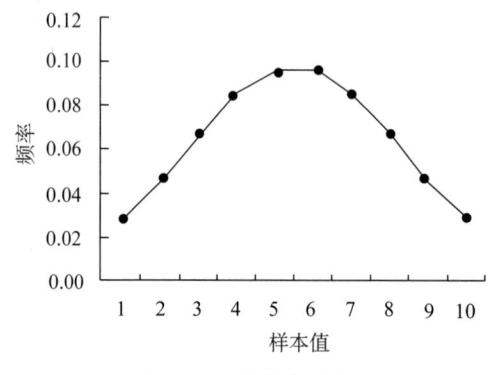

图 3.2 正态分布示意图

$$f(x) = \frac{1}{\sqrt{2\pi}\sigma} e^{\frac{(x-m)}{2\sigma^2}} \tag{3.27}$$

预测研究中，重视正态分布的预测功能是很重要的。正态分布在实践中被广泛应用，因为正态分布具有在数学上的多重稳定性质。翁文波院士将这一传统的统计方法纳入信息预测方法中来，称为正态旋回预测模型，可用于生命旋回的发展阶段，或一部分衰退阶段。记系统状态变量 Q_t 达到饱和值（最大值）时的时间数为 Y_0，则有预测模型的一般表达式：

$$Q_t = a + b e^{-ct^2} \tag{3.28}$$

式中，a，b 和 c 为待估参数；C 为常数，$t = \dfrac{Y - Y_0}{C}$。

3.4.2.4 马尔柯夫预测模型

马尔柯夫预测模型是以俄国数学家马尔柯夫（A.A.Markov）的名字命名的数学方法。预测方法的研究对象是一个运行系统的"状态"和"状态转移"。马尔柯夫过程就是指时间转移和状态转移的过程，马尔柯夫链是马尔柯夫过程的一种特殊情况。马尔柯夫过程所研究的时间是无限的，是连续变量，相邻两个值之间可作无限分割。而马尔柯夫链的时间参数取离散数值，如年、月、日。其状态是有限的，只有可数个状态。马尔柯夫过程是无后效性的随机过程。当状态和时间参数都是离散时，称为马尔柯夫链，马尔柯夫链标明事物的状态由过去转变到现在，由现在转变到将来，一环接一环，像一根链条。其特点是无后效性。无后效性是指一个时间序列，它在将来是什么状态，只与它现在的状态有关，而与它以前是什么状态无关。

一般记时间参数为 t_1，t_2，$\cdots$，t_n，当 $t=t_n$ 时，随机变量 $X(t_n)$ 可能取的状态为 a_1，a_2，$\cdots$，a_m，且在 $X_{n-1}=a_i$ 的条件下，第 n 次转移出现 $X_n=a_j$ 的概率与 n 无关，则称

$$P_{ij}=P\{X_n=a_j/X_{n-1}=a_i\}P_{ij} \qquad (i, j=1, 2, \cdots, n) \tag{3.29}$$

为马尔柯夫链的（一步）转移概率。矩阵 $(P_{ij})_{N\times N}$ 称为转移概率矩阵。由此，根据某一时刻的状态可预测下一时刻的状态。具体步骤：

（1）划分预测对象所出现的状态。
（2）计算初始概率。
（3）计算状态转移概率。
（4）根据转移概率进行预测，按最大概率原则，选择 $(P_{i1}, P_{i2}, \cdots, P_{im})$ 中最大值对应为状态预测值。

3.4.2.5 加性噪声指数预测模型

加性噪声指数预测模型是计量体系—经济系统应用十分广泛的一种非线性模型。为使模型适应油田动态系统的时变特征，首先将模型取对数，然后采用遗忘因子递推算法进行参数估计，同时对虚拟噪声补偿器中的控制因子 B 的确定采用了黄金分割法，进而提高了模型的预测精度[49]。

通常，加性噪声指数预测模型可描述为：

$$y_t = \prod_{j=1}^{m} x_{jt}^{\theta_j} + V_t \qquad (t=1, 2, \cdots, n) \tag{3.30}$$

式中：y_t 为输出变量；x_{jt} 为输入变量；V_t 为随机噪声；θ_j 为待辨识的参数，$\theta = (\theta_1, \theta_2, \cdots, \theta_m)^T$。

事实上，用式（3.30）进行预测，由于模型中的参数 θ_j 是非时变的，而系统往往是时变的，所以，必然产生误差 ξ_t，于是有：

$$y_t = \prod_{j=1}^{m} x_{jt}^{\theta_j} + V_t + \xi_t \tag{3.31}$$

若令 $e_t = V_t + \xi_t$，称 e_t 为虚拟噪声，其统计特征具有时变性。改善模型的预

测性能，一般采用虚拟噪声的均值估计 $\hat{q}_n$ 来补偿，即将式（3.31）写为：

$$y_{n+i} = \prod_{j=1}^{m} x_{jn+1}^{\theta_j} + \hat{q}_n t \tag{3.32}$$

式中，$\hat{q}_n$ 的递推算法如下：

$$q_1 = Z_1 \tag{3.33}$$

$$Z_t = y_t - \hat{y}_t \tag{3.34}$$

$$\hat{q}_t = d_t Z_t + (1 - d_t)\hat{q}_{t-1} \tag{3.35}$$

$$d_t = \frac{1-B}{1-b^t} \tag{3.36}$$

其中，B 为控制因子，取值范围 $0<B<1$。显然 B 值的确定影响着模型的精度。采用黄金分割法，即若给定搜索区间 $[a, b]$，取区间收缩率 a 为 0.618；同时，根据预测模型的要求精度确定一个任意小的正数 ε，以求使 e_t 达到极小。

为使模型具有通用性，同时减少用于模型阶数确定所带来的计算工作量，通过对大量油田、开发区块的累积量建模及后验检验，筛选出下述三种预测模型：

$$\sum Q_t = e^{a_1} \sum Q_{t-1}^{a_2} x_{jt}^{a_3} + q_n \tag{3.37}$$

$$\sum Q_t = e^{b_1} \sum Q_{t-1}^{b_2} Q_{t-2}^{b_3} + q_n \tag{3.38}$$

$$\sum Q_t = e^{\theta_1} \sum Q_{t-1}^{\theta_2} \sum Q_{t-2}^{\theta_3} \left(e^{i-N}\right)^{\theta_4} + q_n \tag{3.39}$$

式中：$\sum Q_t$ 为待预测的累积量；$\sum Q_{t-1}$，$\sum Q_{t-2}$ 为第（$t-1$）和（$t-2$）时刻的累积量；a_1，a_2，a_3，b_1，b_2，b_3，θ_1，θ_2，θ_3 和 θ_4 是待估参数；q_n 是虚拟噪声的均值；e 是自然对数的底；x_{jt} 是采油开井数。

3.4.2.6 灰色理论预测模型

20 世纪 70 年代，邓聚龙教授提出了灰色系统理论，建立了灰色过程的数学模型，记为 GM。灰色系统理论认为部分信息已知、部分信息未知的系统为灰色系统，对于这类系统人们所能获得的信息往往较少，掌握的规律也少。灰色理论提出用累加生成的方法来增加不完备的数据信息规律性，以充分使用已知的信息去揭示未知的信息，即使系统白化。灰色系统理论中用于预测的主要是 GM（1，1）模型。如果从系统中采集了一组时间序列信息 $x^{(0)}(i)$，$i=1，2，\cdots，n$，则 $x^{(0)}(i)$ 的累加生成数列 $x^{(1)}(i)$ 定义为：

$$x^{(1)}(i) = x^{(1)}(i-1) + x^{(0)}(i) = \sum_{j=1}^{i} x^{(0)}(j) \tag{3.40}$$

生成数列 $x^{(1)}(i)$ 被认为是具有较强规律性的数列，当 $i=1$ 时，有 $x^{(1)}(1)=x^{(0)}(0)$。根据灰色系统理论，用 $x^{(1)}(i)$ 可以建立微分的 GM（1，1）模型：

$$\frac{\mathrm{d}x^{(1)}(t)}{\mathrm{d}t} + ax^{(1)}(t) = u \tag{3.41}$$

式中：a 称为发展灰数；u 称为内生控制灰数。微分方程（3.41）的解称为时间响应，其式为：

$$x^{(1)}(t) = \left[x^{(1)}(1) - \frac{u}{a}\right]\mathrm{e}^{-at} + \frac{u}{a} \tag{3.42}$$

式中，系数 a 和 u 由历史数据用最小二乘法得到。

对于灰色理论，目前人们的认识还很不统一，但对具有指数变化性质的普通时间序列比较有效这一点是一致的。我们认为，对于油田动态预测来说，GM（1，1）模型尽管有一些不足，但用于一步预测是可以的。

3.4.2.7 神经网络模型

神经网络是靠自己本身获取知识的，它是一种很原始的但却很有效的方式进行模拟预测[50]。就如同人们观察一种现象，然后用数学方法对该现象加以模拟。神经网络的特点在于它有能力在预先不做任何假设的情况下，对特定的现象、系统和过程进行模拟。并能迅速地确定输入与输出的关系。它完成这一过程所采取的办法，在某种意义上说，是一种自动的多变量非线性回归方法。即将输入的各种变量进行一切可能的组合，然后再用拟合回归方法进行处理，求出最小平方误差的组合。

神经网络给出的结果不是一个数学方程，而是一组连接权值。倘若专业人员有大量的时间，也愿意上万次地对输入和输出进行考察，那么，他们也能做到这一点，即给出连接权值。必须明白的一点是，神经网络提供的解答是基于经验的。

神经网络方法是近年来人工智能（AI）研究的一个重点问题，在预测方面主要使用前馈神经网络。首先利用BP算法进行学习，确定出网络的连接权重等参数，然后进行预测。神经网络模型可以模拟复杂的非线性函数，是通用性较强的一种方法。

这一章是我们对《预测论基础》学习的认识，也称解读，但解读的程度无论从哪个角度讲都是不够的。因此，有志研究《预测论基础》，一定要研读翁文波院士的原著。

第 4 章 《预测论基础》研究

> 提出新的问题、新的可能性、从新的角度看旧的问题，需要创造性的想象力，而且标志着科学的真正进步。
>
> ——爱因斯坦

综观《预测论基础》全书，自然会看到翁文波院士对数学充满了无限的尊崇与敬意。他说："数学作为现代科学的重要内容，它有着鲜为人知的精神内涵，它是用数学语言写成的诗句，谱写的乐章，描绘的图画……，你就会被数学的强烈的艺术魅力所陶醉"。他非常赞赏伽利略的观点："自然界的伟大的书是用数学语言表达的"。因此，翻开《预测论基础》就会自然感到先生严谨的科研态度与数学语言功夫。"我在数学应用方面也是受益匪浅的。""对质数研究，过去认为没有什么实用价值，比如，歌德巴赫猜想，还处在'猜想'之中。但谁也没想到，质数研究在密码学中得到了应用"。"我在对天灾预测的探索中，就是从研究质数问题入手的"。这句话对于理解《预测论基础》既是一种引领，也是关键的导读。

在地震预测研究过程中，他思索到"目前有许多问题都是用微积分求解的，就连最热门的混沌问题也一下子就跳进微积分里去了。但是，我们想过没有，这个世界上的许多事情都是不可微的。例如突发事件的地震、暴雨、洪水、干旱等自然灾害，还有股票价格的暴涨与狂跌，人的心肌梗塞等都是不可微的。不可微的却套用可微的公式来求解，其结果是适得其反"。于是他告诫人们，"在实际预测时，掌握的一条原则是，首先用加减法特别是减法提取信息。可公度性就是用加减法表达的"。这些论述真实反映了翁文波创造信息预测理论的思想基础，也是学习研究实践翁文波《预测理论基础》的重要的依据。

这一章里，我们将研究和讨论《预测论基础》的核心内涵；分析信息预测与统计预测区分的理由；从方法论角度阐述信息预测建模方法——功能模拟；本着继承和发展《预测论基础》的原则，在信息模型的应用实践中提出了对 Weng 旋回、翁氏 Logistic 模型的改进建议，对参数辨识进行了补充研究，提高了模型的拟合精度、也提高了预测精度。对 Weng 旋回、翁氏 Logistic 模型和递减曲线、驱替曲线预测方法进行了深入对比分析与研究。同时也对一些信息预测模型在建模或参数估计方法上进行了一些改进。

4.1 《预测论基础》核心内涵

科学研究的历史反复证明了"方法、分析和预言"是一切科学理论必须具备的三个固有的彼此密切联系的部分。只有预言或预测结果被后来的事实证实之后，理论才脱离假设成为科学。1984 年《预测论基础》出版，标志着信息预测理论正式创立，而在该书中给出的或作者所做的若干预测实例陆续被时间、实践所证实，说明信息预测理论已脱离了假设而成为科学。信息预测的成功迫使我们要反复领会、理解爱因斯坦说过的两句话："纯粹的逻辑思维不能给人们任何关于客观世界的知识。""唯有直觉的方法，它得益于寻求隐藏在表象后面的规律的感觉。"

人们总是期待着科学告诉我们什么是能实现的，什么是将会实现的。在《预测论基础》这部被称之为"包藏天地玄机"的著作里，翁文波将中国古代哲学思想、现代思维方法与现代科技融为一体，把自然科学和社会科学预测在原则上统一在一起，从而找到了破译无序的一把钥匙，实现了从宏观到微观，从宇宙天体到生产销售，从地震到太阳黑子，从石油开采到粮食、副食的预测，创立了信息预测理论。实践表明，研究《预测论基础》，人们关心的核心问题是《预测论基础》的基础究竟是什么？概括来说，可将《预测论基础》的基础归纳如下。

4.1.1 体系是信息预测的基础

对于预测来说，"体系是预测的基础"，"没有搞清楚信息体系的特性（没有考虑到长周期的变化）或者对体系的原始认识有了改变（如体系的范围起了变化，未考虑到的某种突然事件发生等）都会引起预测的失误。"《预测论基础》提出了 8 种体系，分别论述了各种体系的不同性质并给出了预测的途径。更重要的是，翁文波提出了"三层次认识体系"的观点，将人类的认识体系分为三个体系，即抽象体系、物理体系和信息体系。认识到这三层体系本身就是认识客观世界的起点，进而构成了创建《预测论基础》认识论的思维框架基础。

4.1.2　秩序、信息是信息预测的基础

人类偏爱的是一个有序的世界，混沌无序令人困惑乃至不安。就科学而言，尽管它不追问秩序的起源，但它默认秩序的存在，并且以寻找秩序为己任。秩序是客观存在的东西，只有当人们认识并且定义了某种秩序再传播到其他人并为其他人共同理解后才成为信息。在某种意义上讲，在信息预测理论中，数据的可公度性是认识系统规律的基础。信息就是预测的基础。而对称、守恒和类比既是信息预测的基本假设，也是信息预测的理论基础。

4.1.3　可公度性是信息预测的基础

可公度性是自然界的一种秩序，有秩序就是有规律可循。

集合是代数的基础。所谓代数系统是指有一个运算对象的集合和若干个运算构成的系统。运算是反映事物联系的，比如 1+2=3。但有些事物不能简单地用数来表示，所以，为了表达这类事物的联系，就要研究特殊的运算或代数结构，一种特定的代数结构就是一种代数系统。翁文波指出"经典数学中，关系定义为"一个有序数据对 (x, y) 的子集 **R**，如果 (x, y) 是 **R** 中的元素，那么称 x 和 y 具有 **R** 这种关系，有时写作 $x\mathbf{R}y$。"因此它严格局限于二元关系，或者认为自然界一切关系都可以分解成二元关系。但是，这种分解并不总是可行的。不能分解的多元关系不仅存在，而且在自然界中起着相当重要的作用"。进而提出并以天文学中三体问题为例说明了扩展关系含义的必要性。他认为，如果限于加、减、乘、除这些基本代数运算，运用这些基本运算就可以研究数据中各元素间的某些多元关系，可将二元关系中的周期性扩展到三元和四元等多元关系，而可公度性就是这样一种多元关系。对于质数研究，翁文波提出这样的猜想：从 3 起，任何质数可以用无穷个方式表示为其他两个质数之和减去另一个质数，这就是可公度的本质。也是论述"可公度性是预测基础"的理论依据。

4.1.4　生命旋回是信息预测的基础

生命科学论述了事物发展的兴衰过程，并将对这一过程的描述称之为生命旋回。生命旋回在物质世界或在物理体系里是一种普遍存在的现象，不同的生命体系具有不同的客观规律性。针对这类生命科学体系问题的预测，翁文波将正态分布、泊松分布、逻辑斯蒂分布等引入到信息预测理论之中，此举几乎是从根本上

彻底解决了生命体系与资源有限体系中的预测问题与难题，这对统计预测理论与方法的贡献是前所未有的，也是信息预测的重要组成部分。

4.1.5　泛周期是信息预测的基础

周期性与人类的生活也是形影不离，日出日落，花开花谢，月圆月缺，潮涨潮退等。特别是人类本身就是大自然周期性演化的产物。人类的生命也类似周期性地运动着，出生、成长、结婚、生子、衰老、然后死亡，新的一代又一步一步地重复着这个过程。人们认识到了这一点，所以在生活中常常也习惯性地分析某些事件存在周期的可能性。经验丰富的农民能够比较准确地预测水灾和旱灾、丰年或灾年。主要是由于他们认识和积累了大量的天灾资料信息，发现和掌握了其中的周期性与天灾的关系，比如常用60年周期来预测旱涝趋势，并取得了成功。据此可以说周期性是预测天灾最早的、直观的、并且是比较成功的、历史悠久的方法之一。

（1）泛周期、概周期、近似周期存在普遍性。

宇宙中普遍存在着许多规模不等、层次和等级不同、却又相互联系的周期性重复现象[51]。地质学家黄汲清教授在德国学者施蒂勒地槽转化为地台的单旋回观点的基础上，提出了多旋回构造运动理论。所谓旋回性实质就是泛周期性。多旋回构造运动理论阐述了岩石圈地质运动具有周期性；在水圈中，液态水与固态冰的比例由于冰期的重复发生而有周期性的变化；由于大气圈和水圈物质运动的周期性变化共同引发了气候的周期性变化，进而导致地表各类生物的诞生、发展、到死亡也具有明显的周期性。又如地球上很多自然现象存在着11年或22年周期，并认为这很可能是由太阳活动引起的。因为太阳活动的主要标志——太阳黑子数变化存在近似11年周期和22年磁性周期。有人对山东沿海莱州湾的飓风海潮来临时间之差大多为11年的倍数的现象进行了研究，认为这与太阳的活动及其周期相互叠加有关。列举事实说明两个问题：一是有许多物理体系所呈现出来的周期性是不明确的或者说很不明确的。有些周期性虽然表现得比较有规律，但只是周期现象的相似而不是相同。二是这种泛周期性在自然界和人类社会活动中是普遍存在的。

（2）泛周期是信息预测的基础。

"复周而复始也"，这是翁文波院士为高发金先生所著《时空数理信息法》一书的题词。"复周而复始也"充分体现了信息预测理论思想体系的核心内涵。对于预测来说，实际事物的绝对周期性是没有意义的，具有近似周期却是普遍的现象，也是预测面临的难题。波浪曲线最显著的特征就是周期性。宏观上看，事物的发展总是表现出这样的周期性,这种周期由于受内外各种因素的影响,表现为各种子周期的叠加或共同作用,因而现实事物的周期不可能是十分规则的理想周期。统计预测研究中努力寻找周期性用以进行预测这是很自然的事情,对于复杂体系,如何揭示出其复杂的周期性质,阐述清楚广义的周期循环特征,进而寻找出泛周期、概周期、近似周期,这是复杂体系预测的关键所在。对此,翁文波首先定义有序性是泛指一些重复出现的现象,而有序性又没有周期性那样的严格限制。然后将研究重点放在大量无序现象中寻求有序,寻求发现有用信息。并依据"整数体系"的研究与认识,从理论高度发展了此前用于天文学的可公度性,对周期性进行了扩张和拓展,形成了完整的用于天灾预测的可公度性方法,并成功地应用于多种突变体系的预测。信息预测的实例提醒、启发人们当分析研究一组自然现象数据的时候,如果发现并没有周期性,也不要轻易地认准说"没有规律可循",不可预测,不妨用可公度性这把"尺子"量一量也许就会有新的发现。在复杂的非线性系统中,周期性、泛周期性或有序性是《预测论基础》的理论基础。

4.1.6　随机性否定是信息预测的基础

翁文波将信息预测也定义为"否定随机性为原则的信息预测"。形象地将随机性否定比喻成为一把可信度尺,用它"量"出、确认预测的结论究竟有多大把握。习惯上随机性有两种用法:一种用法是相对确定性而言的,这种用法见于随机过程、随机矩阵等;另一种用法是相对秩序而言的,这种用法见于随机事件、随机序列等。他选择了相对于秩序而言的随机性用法。如果先假设一个数据序列是完全随机性的,然后用假设检验来否定这一假设,可能取得属于信号或信息的成分,预测的依据。特别是对于信息极其贫乏的连续型均匀分布和离散型的等概率随机游动,选用这一原则是极为合适的。《预测论基础》给出了这两类性质问题的实例与分析,对等概率简单随机游走给出了新的认识与结论,为随机否定的信息预测理论提供了依据。

简单随机游动,虽然也涉及许多预测问题,但作为提取信息而被否定的对象,还可以再简单些。即假设出现 $+1$ 和 -1 的概率相等,就得到等概率简单游动,有时也简称随机游动。抛掷硬币实验是一种常见的比拟,更为原始的比拟就是醉汉散步。假设有一醉汉在一条人行道上散步,进一步或退一步的概率相等,问走了 n 步后,最可能在哪里找到他。对此有如下三种结论:一种结论是通过计算在原地可找到他,但这种回到起点的概率很低。第二种结论是到原地前后 $\sqrt{2}/2$ 步地方找醉汉。第三种用二项分布的概念,认为当 n 不大时可求得精确解。

当 n 很大时，吕牛顿用德莫哇佛－拉普拉斯局部极限定理导出了近似解，并证明当 $n-\infty$ 时结果是不收敛的，就是说要在无穷远处找醉汉。通过醉汉离开最大概率位置的距离来提取醉汉是真醉还是假醉这样一条重要的信息，这种随机性否定的法定原则是信息预测的重要基础。

4.1.7 信息提取原则是信息预测的基础

预测过程中如何正确处理基础数据的真伪、预测计算中如何保证数据存真、预测结果如何取舍确定，这是翁文波预测理论基础再三强调的问题。因为这关系到预测的成功与失败。

（1）数据"存真"原则。

"算术演算会导致信息失真"，这在实践中是比较常见的。因为对表面之间的数据过分应用求平均、相除或求和的办法是一种粗糙的做法，它会给人一种错误的印象，不可能正确地反映原始自然状态及其变化。比如油藏模拟过程中，把"正确的"数据指定到"正确的位置"是模拟成功的关键。因为只有这样才能反映与其对应的原始自然状态。但对油藏的性质求平均值往往会掩盖油藏的真实面目，不能反映油藏真实的三维（横向和纵向）体积分布。

周期性是数据序列中的一种重要序列。为了分析含有周期性序列的秩序，通常用周期性函数多项式做模型，多项式的每一项都是一个周期函数。在"周期函数多项式"一节中，为防止频率信息失真，翁文波建议采用"浮动频率"提取信息的方法以减少因"基频""倍频"等变量引起的信息失真。这一思想方法是信息、是知识，是对"可数的物质和事件发生和发展规律"研究认识的结果。"对许多复杂体系，我们往往得不到满意的效果，有一个原因经常出现，那就是信息处理过程中信息失真的问题"。认为"研究任何学术思想，特别是还未完全肯定的学术思想，必须有一个'去伪存真'的过程，有人侧重于'去伪'，我侧重于'存真'"。统计预测是求常的方法，寻求的是一批数据的共同性质，平均、期望、方差等。因此，数据处理是以统计规律为基础，通常要去掉异常点，称之去伪。信息预测是求异的方法，依据少量可用数据，这些数是可数事物的结果，通过加减运算寻找自然数、整数之间的可公度性，要求数据及运算过程中数据是真实的，称之为"保真"。他指出，在理论上对于无限连续函数有效的拟合方法，但应用在有限的、离散数据时，必然会导致失真。

通过对目前广泛应用的傅里叶级数存在的信息失真问题进行详细的分析之后指出：1822年，傅里叶提出的傅里叶分析一直被认为是相当完美的数学理论，并成为广泛应用的数学方法之一，近百年来广泛用于提取数据的频率信息。一个波形的傅里叶变换实质是把这个波形分解成许多不同频率的正弦之和。后者的频率之间的比例是由数学上的主观确定的，而不是由自然中得到的。翁文波在20世纪70年代已发现它存在严重的缺陷，主要是信息失真及高频信号的漏失。对此，他认为18世纪法国科学家傅里叶提出傅氏分析时，由于受到当时科学条件的限制，对频率参数有基频和倍频的假设，而且总是正整数。然而，客观事物中的频率并不一定如此，同一事物中可能存在完全独立的频率参数，而且可能不是正整数。于是，1980年，他提出了浮动频率的概念，该概念体现出来了具有时变的特点，并且将它作为信息保证的重要手段之一。傅里叶级数的各项频率只能取基本频率的有限个整数倍，即谐和频率，它们之间被限定为固定的比例关系，所以未必接近数据中的信号频率，更不能分辨互相接近的一群信号频率。因此，翁文波提出并设计了浮动频率多项式，即：

$$y_i = a_0 + \sum_{j=1}^{L} a_j \cos(b_j x_j + c_j) \tag{4.1}$$

式中：y_i 为运算结果；x_i 为输入数据；a_j、b_j 和 c_j 为系数。

总共 L 个浮动频率，每个频率独立地去拟合原始数据，它们一般并不和谐，这是把数据序列分解成一系列数据分布的过程。这样的分布变换可减少信息失真。浮动频率法得出的是由自然现象中归纳出来的周期，并在天、地、生许多现象中存在。因此，它可部分地代替傅里叶级数，并应用到预测方法中，取得了较好的预测效果。20世纪80年代，国际上一些科学家发现傅里叶级数的局限性，如对高频成分分辨能力低，于是提出用小波分析来改进傅里叶级数。直到20世纪90年代，小波分析才被广泛应用于信号分析、图像分析、量子物理和非线性科学等领域，被当作近年来数学方法上的重大进步。对此，徐道一指出，翁文波"提出的浮动频率理论，其科学意义胜过小波分析所呈现的意义与价值"。

浮动频率提出后，他把信息保真作为预测的前提条件提了出来，建立了信息保真手段。并将信息保真的结果作为预测中否定随机性、确定信息的重要依据。加减法虽然是最为基本和最原始的演算方法，但却能使演算过程的信息保真。例如在周期分析中，运用周期的叠加，就可以外推出事物发展的周期特性。对于数据复杂的周期数据，可以采用分频技术，对不同程度的数据进行分类处理，分别预测，然后进行对比和辅助判断，这样有利于信息保真，有利于提高预测的精度。

（2）信息提取原则。

任一事件的预测结果只有"发生"和"不发生"两种状态。这是预测人员必须明确回答的。如何选择给出正确的预测结果，这是预测最后的关键一步。统计检验是将抽样结果和抽样分布相对照而做出的判断工作，将统计检验视为重新定义问题提供可靠的方向。

根据样本的信息检验关于总体的某个命题是否正确，其检验的步骤：提出假设、确定适当的统计量、规定置信水平、计算检验统计量的值、做出统计决策、回答是否拒绝原假设的结论。

分布的数字特征是反应分布性质的统计量。对于确认为一元随机的经验数据体可以给出相应的分布函数 $F(x)$，概率密度函数为 $f(x)$，其数字特征有数学期望或平均值、方差或称离差；采用假设检验方法来估计"拒绝"的置信水平 $(1-\alpha)$ 是提取信息的重要手段。假设分布的模型常用分布函数 $F(x)$ 和概率密度 $f(x)$ 两种形式，检验对象也常用最大离差和随机离差两种，这样就可分出 4 类检查分布的方法。(1) 分布函数最大离差法；(2) 分布函数全域随机离差法；(3) 概率密度最大离差检查，也称最大离差区间检查；(4) 概率密度随机离差检查。此外，随机离差检查还可在细分为随机区间检查和随机个体检查两个子类。由此可见，假设检查任何分布的途径很多，这里不再做进一步解释。

(3) 海森堡的测不准原则。

哥德尔不完备定理指出，"自然科学不是自然界本身，而是人和自然界之间关系的一部分，因而依赖人。"认识主体对客体的反映永远存在着不完备性。无论用还原论还是整体论都是用抽象去阐明物质的特性，而这些抽象在任何时候仅仅是近似地、有条件地把握了物质的本质，并不是世界的全部。由于科学研究中的模型总是固定的，所以必须随着时间的发展、根据理论和专家的经验不断地吸取新的数据、新的情况灵活地补充、修改和运用数学模型。在这个过程中，工程专家、经济专家相结合、人脑和电脑相结合、定性和定量相结合的方法将是预测的主要途径。

必须指出，由于体系的未来会受到众多随机因素的影响，结果就有多种可能性，即使用最完善的方法也只能尽可能逼近它，而不能保证完全可靠。1905 年，人类认识到波（包）有粒子特性。1924 年，又认识到粒子有波（包）的特性，即物质的波—粒两重性。根据 1927 年海森堡（Werner Heisenberg）提出的"测不准原则"或称"不确定性原理"，即粒子的位置和其动量不能被同时认识到。"不确定性原理"涉及很多很深刻的哲学问题。"在因果律的陈述中，即若确切地知道现在，就能预见未来，所得出的并不是结论，而是前提。我们不能知道现在的所有细节，是一种原则性的事情。"

一切体系的全部状态是不可能被完全认识到的。也就是说对体系的模拟和预测结果永远也不可能是精准的、无偏差的。这一观点对于灾变预测结果的分析、评价是非常重要的，也只有这样的认识才能对预测、对《预测论基础》给出客观的评价。

(4) 信息提取的主观性原则。

预测有5个要素：人（预测者）、经验或知识（依据）、手段（方法）、事物的未来或未知状况（预测对象）、预先的推断（预测结果）。通常情况下，预测者、预测对象构成了预测科学的基本组成。而在预测者和预测对象之间，要有大量的信息流通，正是这种大量的信息才使预测者和预测对象之间发生一定的联系，构成了一个预测系统。

信息是预测科学的最基本要素之一。在预测系统中，唯有预测者是最积极、最主动的因素。预测者的积极性、主动性表现在他是在整个预测过程中能够把握、掌控预测的理论、方法与手段。或者说预测者的积极性、主动性充分体现在预测者的主观能动性上，而主观能动性恰恰是与主观概率联系在一起的。概率是表述不确定性的手段，是用来反映某一不确定事件可能发生程度的一个数。概率有主观概率和客观概率之分，客观概率是指某一实验重复无限多次时，其中的某事件和相对发生的次数。主观概率是个人的主观判断，反映个人对某事件的信念程度。对于主观概率必须清楚下述两点：一是由于每个人的主观认识能力不同，这就导致对同一条件下出现的概率，不同的人可能提出不同的概率数值；第二是对于每个人的主观概率是否正确是无法核对的，只有经过实践。

翁文波院士在《预测论基础》绪论中明确指出，"预测是带有主观性的，有人认为预测中的模式识别是科学加艺术，所以，预测并不存在唯一的方法。"正是由于预测不存在唯一的方法，所以预测方法、预测模型以及模型的参数估计方法选择都具有主观性。此外，预测模型中通常总是带有各种各样的系数，这类校正系数、修正系数或有或没有物理意义，选择都是有主观性的。当然，这种主观性是以预测者的学识、经验以及对预测对象的了解为基础的，并非是随意性的。例如在储层三维地质模型研究中，"必须以定性地质概念模型为指导选择随机模型"，即对储层空间相关性认识的不确定性和对井点以外位置处储层认识的不确定必须以地质概念为指导，尽可能降低不确定性。又如在储层计算机自动对比研究中，测井信号对比工作对专家的经验、知识有着巨大的依赖性。对比过程存在着层次性，是分级控制的，如果大的层次计算失误，可能导致小层次上计算完全错误，因此，人机交互处理是必然的，使分层处理得到确认、判断、修正，进而使结果更趋于合理与准确。在经济研究过程中，一个经济模型并不代表经济究竟是怎样运行的，而仅仅反映了建模者对经济运行中一些主要特征的看法。同时，在建立定量预测模型时，对于各种变量的选择取舍以及对数学模型的选择在很大程度上是依着定性判断为基础的。由此可见，信息预测理论与方法对预测者和应用者的要求很高。它要求预测研究者具有很高的知识素养和悟性，在预测过程中主观因素占有突出地位。

国际自动控制联合会第一届系统辨识大会于 1997 年 7 月 8 日至 11 日在日本召开。来自世界各地的 300 多名专家学者出席了会议。会上宣读约 30 篇论文。日本学者 Aike 作了第一篇大会报告，题为《统计推理在辨识过程中的作用》，他以高尔夫球击打动作建模为例，说明了单纯利用统计方法检验模型有效性这种常规做法的局限性，强调统计推理始于模型构造阶段，应与建模者的主观建模意图有机结合，这样，系统辨识过程成为一个高度智能活动的过程，而不是一个机械的数据处理过程。这种强调主观性和推理与翁文波明确"预测总是带有主观性的"的认识是一致的，但却比《预测论基础》发表落后了整整 13 年。

4.2 信息预测与统计预测的区别

近代科学通过确定性计算来进行预测，取得了一些成功，但面对较为复杂的事物，就无能为力。20 世纪以来，统计预测取得了很大的发展并得到了广泛的应用。统计预测的理论基础是概率论和数理统计。其中，一个主要理论基础是概率论中的大数定理。所谓伯努利大数定理简单地说就是"当试验次数足够多时，事件发生的频率无穷接近于该事件发生的概率"。因此，定义根据从总体中随机取出的样本所获得的资料来推断总体的性质的研究是统计学。数理统计的研究内容分为两个部分：一是把大量数据转化为相对地较少的统计量，这些统计量如平均数、方差；二是研究统计推断的方法、估计、假设检验等。信息预测是以信息为基础的预测，以否定随机性为原则。翁文波把注意力放在广义信息上，采用了不依赖概率的信息涵义，并提出信息是受人们主观定义约束的秩序，是信息体系中的元素，可用少数信息进行预测。于是采用数据保真，不是去伪的方法为建立预测模型提供有效的基础数据。

翁文波院士对信息预测和统计预测两者的区别给出下述明确的、精辟的解释。任何事件集都可主观地划分为两个互不相交的"常态子集"和"异态子集"。常是常规、常识、常数、一般、习惯、典型等，异是异常、异议、特殊、例外等。对常态要素可做统计预测，以研究共性为主，以知其大概；对异态要素可做信息预测，以研究特性为主，以知其特性。

统计预测是求常，以体系中的各元素共性为基础，研究体系的统计量如平均、众数、期望、方差等数据的共同性质。信息预测是以体系中的各元素特性为基础，重点研究自然体系中的不确定性、不稳定性、非排中、可数（离散性）、可公度性等方面的属性集合，称之为异态子集。不研究随机性和确定性，属于求异的方法。信息预测是以信息为基础的预测，以否定随机性为原则。基本思路可概括为：从局部到个别的比较和分类的方法，立足于从数据中提取非偶然性的信号。

信息预测是从整体性出发，研究系统的固有特性。其中可公度预测方法不强调数据的多而全，但要存真。从局部数据中进一步挑选其中有用数据（有时是少量数据），寻找对所需解决问题有用的信息，再以少量数据进行预测。可公度信息预测应用数据的数量（n）一般都不大（$n \leq 20$），但能被用以组成有用模式（可公度式）的个数有时却很多。原因在于信息预测是求异，这是信息预测理论的核心，由于信息表征了系统的"序"的概念，而"序"就是有规律可循。自然界中存在着自然数或整数传递信息的某种秩序，并且不会因加减法处理而失真，这一特征对于预测来说是非常重要的。

两种方法的本质区别在于：统计预测可以预测某些常规事件的发生。而信息预测方法不但可以预测某些常规事件的发生，而且用少数信息完全可以预测某些突发事件的发生。对此，可做这样的解释。可公度，即现象的一些整数集合。可公度性是自然界的一种秩序，是系统的一类信息，它表达了系统元素中的可以共同度量的某种规律，而突变现象的一些整数集合就是灾变的可公度结果。因此，研究可公度性就是从无序中提取有序，它不着重研究客观实体的共性部分，而是着眼以局部存在的有序，再加以概括和应用，给出预测结果。

以体系中各个元素的共性为依据的统计预测，在一般体系中统计量始终是存在的，所以统计预测一般在客观上可行。而以体系中各元素的特性为依据的信息预测，不同体系中可提取的信息量可以很不一致，信息预测可能达到或超过主观要求，也可能达不到主观要求，这是统计预测和信息预测的一个重要区别。

4.3 《预测论基础》的基本方法论——功能模拟

"世界的任何实际部分都不能这样简单，以致不用抽象就不能为人们所理解和控制。所谓抽象，就在于用一种结构上相类似，但又比较简单的模型来取代所研究的世界的那一部分。因而，模型在科学研究程序中是最为需要的"，这是维纳的方法论。《预测论基础》对各类体系，包含灾变体系建模时，既不求结构相似、也不求机理相同，只追求模型与体系功能的一致性，这是信息预测理论的重要方法论，本质属于功能模拟。

黑格尔说"方法就是工具",而爱因斯坦则认为"方法比知识更重要"。所谓方法指的是为达到某种目的采取的途径、手段或策略,是主体为从实践或理论上把握客体而采取的思维手段和操作步骤的总和。

在科学研究过程中,定义世界上一切由各个相互作用,又相互依赖的事物组成的具有某一特定功能的整体都可以认为是一个系统。而将模型定义为:把关于实际过程的本质的部分信息简化成有用的描述形式,它是用来描述过程的运动规律,是过程的一种客观写照或缩影,是分析、预报、控制过程行为的有力工具。模型有三种类型,物理模拟模型、数学模拟模型、功能模拟模型。物理模拟模型是实体的一种简化,保持了实体的一部分特性而将其他特征忽略掉,不同的简化方法将得到不同的模型。数学模拟模型主要是依据机理,用数学方式描述系统过程的各种运动规律,数学模拟模型的数学表达形式主要是代数方程、常微分方程、差分方程和状态方程等。功能模拟模型是将有关实际过程的本质部分信息简化成有用的描述形式,只考虑功能的一致性,而不考虑面面俱到的机理。功能模拟模型的数学表达形式主要是代数方程、随机差分方程、常微分方程和状态方程等。《预测论基础》中所给出的拟合、回归、可公度性、随机性等预测模型,都是基于功能模拟原理所建立起来的一类预测模型,或者说《预测论基础》中的模型均属于功能模拟模型。

4.3.1 功能模拟的原理

系统论认为,系统是由两个以上的元素组成的整体,整体性是系统的最基本的属性,整体的观点是一般系统论中的一个最基本的观点。在一般系统论中,整体性通常表述为"整体大于它的各部分的总和",并把它作为一般系统论的一个定律。

美国数学家维纳创立的《控制论》是关于系统的调节和控制过程的理论。它以生命系统和非生命系统的通信和控制为对象,探讨两者共同具有的规律。而对系统采取控制有各种方法,如随机控制、有记忆控制、共轭控制、负反馈控制、正反馈控制、功能模拟和黑箱方法等。

追溯模拟的历史不难发现,是控制论首先在方法论上开辟了模拟的途径,提出了系统模型方法。所谓系统模型法,是指现实系统往往因其太大、太复杂而无法直接进行分析或实验,于是采用以模型代替真实系统的方法以达到对真实系统的了解。模型一般有两类:一是具体模型,如实物模型、物理模型。它是采用相似性原理去模拟实物系统的物理状态或运动状态。二是抽象模型,如数学模拟模型和功能模拟模型。它们是应用各种数学符号、数值来描述系统中的有关因素以及它们之间的数量关系。建立模型的一般步骤是：确定对象、明确目标、圈定边界、设置变量、绘制系统图、编写动态方程、进行模拟分析、反馈修改模型等。所谓功能模拟，是指以功能与行为上的相似为基础，用模型模拟原型的功能和行为的方法。这种方法冲破了生物与非生物、动物与机器的界限，为仿生学、智能科学的发展开辟了新的途径。控制论在建立模型时，并不要求模型与原型具有相同形状和结构，而只要求它们是同构系统或同态系统，这是控制论处理模型的一个基本特点。

理论上通常认为结构是系统内在的实质，功能是系统外向的表现，这也就是所说的"系统功构相关原理"，也是传统模拟的理论依据。但功能模拟的途径却不是这样的，它的思维方法类似黑箱理论，不需要分析系统内部的物质基质和要素结构，只是从功能上模仿、描述系统对环境影响的反应数学表达式。在传统模拟中，模型只是认识原型的手段，不含目的性。而在功能模拟中，模型是具有目的性行为的机器或工具，它本身就是研究的目的。显然，功能模拟与数值模拟有着本质的区别。区别在于数值模拟追求机理一致，结果如何不去追究；而功能模拟追求功能一致，结果一致，而不考虑机理如何。由于功能模拟主要适用于那些机理不清楚或不完全清楚体系的动态预测，所依据的原理是给定的功能并不是由给定的唯一结构所决定的，而是与一整类（统计系统）的结构有关。因此，从哲学上讲，功能对于结构的这种相对独立性就奠定了功能模拟的理论基础。用一个简单的例子来说，鸟类由于有翅膀能够飞翔，但飞的功能也可基于鸟类所没有的运动器（螺旋桨）的结构来实现，这说明从功能过渡到功能的这种可能性是由同一种行为可以用不同的内部结构来实现。

在功能模拟中，由内部结构导出功能的这一原则已经推广到具有统计性质的辨识研究。在系统辨识中，当从功能对于结构的动态依赖性过渡到统计依赖性时，则发展了功能与结构联系的观念。因此，撇开对象内部因果联系的结构，这并不意味着结构在功能模拟中根本没有意义，相反地，是系统与环境功能联系的结构、系统中子系统的结构在功能模拟中起着决定性的作用。从功能过渡到功能的这种可能性，是由同一种行为可以用不同的内部结构状态来实现这一点所决定的。因此，功能模拟认为，考察一个系统（机理不清楚或不完全清楚）的发展，主要的不是从它的内部因果联系方面去看，而是从它与周围环境基于反馈机制的平衡角度去看；不是从揭露系统内部机制到功能的复现，而是从功能到功能，撇开了对物质、能量和内部因果关系的完整描述，从信息过程和控制过程的角度来刻画对象。这种过程的现实存在，就是从功能方面进行功能模拟的物质基础。

4.3.2 功能模拟的理论基础

体系是预测的基础，分析了复杂系统的能观性和能控性，这是体系特征研究的第一步，而根本的体系特征在于体系的结构特征。在这一节里通过对耗散结构的介绍我们将看到和认识到，为什么时间是描述体系状态的自变量。

耗散结构理论是比利时物理学家、化学家普利高津（I.Prigogine）于1969年创立的。它建立在时间不可逆性的基础之上，着重研究复杂系统远离平衡状态下的不可逆过程的宏观特性和微观机制，或者说耗散结构理论所研究的是复杂系统中的非平衡、非线性现象。而这种非平衡、非线性现象是各种不同学科中的共同现象。这里以一些常识性的现象来说明耗散结构理论的基本思想。如果把一滴蓝墨水滴到一杯静水中，蓝色的墨水分子会自动地向周围扩散，最后变成一杯均匀的浅蓝色溶液。但相反的过程，即墨水分子从初始均匀的溶液中自发地聚集起来，最后凝成一滴浓墨水的情形却绝不会发生。又如摩擦的机械运动会变成热运动，但热运动却不会自动地转变成摩擦运动。类似的还有热的传导、电的流动、气体的扩散等。在这些现象中，时间的方向性是明显的，其宏观过程是不可逆的。

耗散结构（Dissipative Structure）是相对平衡结构而言的。众所周知，经典热力所研究的主要是在平衡状态下一个系统的稳定的有序结构，对于非平衡状态下的系统能否出现稳定的有序结构，其回答是否定的。而普利高津经多年研究指出，一个开放系统，在其远离平衡状态的条件下，在与外界环境交换物质和能量的过程中，通过物质的与能量的耗散和内部的非线性动力学机制，使原来无序的混乱状态转变成一种在时空或功能上的有序状态，并保持着一定的稳定性，不因外界的微小扰动而消失。普利高津研究认为，对于一个开放系统来说，熵（S）的变化可分为两部分（熵可以粗略地被看作是分子混乱程度的度量）：一部分是系统本身由于不可逆过程引起的熵的增加，即熵产生（diS），$diS>0$；另一部分是系统与外界交换物质和能量所引起的熵流（deS），$deS<0$ 或 $deS>0$。整个系统熵的变化 dS 可写成 $dS=diS+deS$。根据热力学第二定律，$diS \geq 0$，在孤立系统中没有熵流，即 $deS=0$，因此 $dS>0$，则系统只能走向无序；而在开放系统中，熵流 deS 可以小于零，也可以大于零。如果 deS 为负值，即负熵流，当负熵流 deS 的绝对值大于熵产生 diS 时，系统总的熵变化为 $dS<0$，这时系统的总熵随时间推移逐步减小，使系统可以由无序趋向新的有序；若负熵流与熵产生数量相等，则 $deS=0$，系统可以保持其原来的稳定的有序状态。总之，一个远离平衡状态的开放系统有可能通过从外界取得负熵流的办法来抵偿系统本身内部的熵产生，使系统总的熵变化为零，甚至为负值，进而可能产生新稳定期的有序结构。

普利高津认为，平衡结构是一种死的结构，它不需要外界供给它物质、能量和信息，这种系统越是孤立，越能保持其稳定和有序；而耗散结构则是一种活的结构，只有与外界不断地发生物质的和能量的交换，才能维持它的稳定和有序。因此概括说来，耗散结构具有三个特征：（1）存在于开放系统之中，与外界有物质的和能量的交换；（2）保持远离平衡状态的条件；（3）系统内各要素之间存在着非线性的相互作用。

耗散结构理论强调历史因素的重要性，认为时间不再是系统运动外界的参数，而是非平衡系统中内部进化的度量。也就是说，时间与非平衡系统变化有着内在的联系，是描述系统运动的自变量，这与经典力学和量子力学中的时间要领是根本不同的，在经典力学和量子力学中，时间是完全可逆的，过去和未来没有区别，时间仅仅是描述运动的一个几何参量，与物质运动的性质没有什么内在联系。其次，耗散结构理论强调统计性和概率是客观物质世界的本质，认为绝对的预言是不可能的。也就是说，一旦离开了单个粒子和单个轨道（如质点运动状态的牛顿力学描述），便离开了严格的决定论模型，因此只能做出统计的预言，得出预报平均的结果。由于耗散结构强调系统的整体性原则、相互联系的原则、有序性原则和动态性原则。所以，钱学森认为，耗散结构是系统科学的重要理论物理基石之一。由于耗散结构理论主要研究远离平衡态的开放系统，而现实中的各种系统实际上无一不是与周围环境有着相互联系、相互作用的开放系统，因而这一理论应用范围涉及天、地、生各个领域。

翁文波说："今天，我们的兴趣正从实体转移到关系，转移到信息，转移到时间上。"耗散结构理论告诉人们最重要的一点就是，时间是描述体系状态变化的自变量，是功能模拟、信息预测理论的物理基石。

4.3.3　功能模拟的途径与方法

功能模拟的途径与方法主要是研究如何建立体系状态预测模型和模型的参数估计方法。对于信息预测理论中的灾变预测，翁文波的研究、提供的理论与方法是精辟的、详细的、也是权威性的。对于统计预测如何建模型和进行参数估计的论述内容是全面的，而且也有创新。

4.3.3.1　功能模拟模型的结构辨识

由于某些系统的机理不清楚或不完全清楚，边界条件不清或模型不能求得解析解，因此要研究这些系统的本质属性，建立系统状态的预测模型，只能依据系统的观测数据。通常，这类系统的观测数据是依赖于时间的一族随机变量 $\{y(t), t \in T\}$。t 是时间参数，T 是一个指标集合，$T=\{1, 2, \cdots, N\}$，其中单个序列值的出现具有不确定性，即对应每个 t，$y(t)$ 皆是随机变量，但整个序列的变化却呈现出一定的统计规律性。另外，这类系统的观测值一般是由系统的输入和系统的输出两组参数组成。由于功能模拟只对系统行为变化进行描述，即依据系统的不可分性原理，把输出看成是输入的函数，于是输出对于输入的依赖关系就可通过先验知识和统计途径给予描述，模型的结构辨识即建模的途径主要有：

(1) 连续时间集中参数的常微分方程模型。

一般连续时间集中参数的常微分方程模型表示为：

$$\frac{dx_j(t)}{dt} = f_j\left[x_1(t), x_2(t), \cdots, x_p(t), u_1(t), u_2(t), \cdots, u_q(t)\right] \tag{4.2}$$

$$\frac{dy_j(t)}{dt} = h_j\left[x_1(t), x_2(t), \cdots, x_q(t), u_1(t), u_2(t), \cdots, u_q(t)\right] \tag{4.3}$$

式中：$x_i(t)$ 为状态变量，$i=1, 2, \cdots, p$；$y_i(t)$ 为输出变量，$i=1, 2, \cdots, m$，一般可将输出变量看做状态变量，在 $p=m$ 时有 $x_i(t)=y_i(t)$；$u_i(t)$ 为输入变量，$i=1, 2, \cdots, q$；$f_i(t)$ 和 $h_i(t)$ 为适当的函数。

式 (4.2) 称为系统的状态方程，式 (4.3) 称为系统的输出方程中的观测方程，通常把状态方程和观测方程的总体称为系统的动态方程。

(2) 离散时间集中参数的状态空间模型。

一般离散系统状态空间表示为：

$$x_i(k+1) = f_i\left[x_1(k), x_2(k), \cdots, x_p(k), u_1(k), u_2(k), \cdots, u_q(k), k\right] \tag{4.4}$$

$$y_j(k+1) = h_j\left[x_1(k), x_2(k), \cdots, x_p(k), u_1(k), u_2(k), \cdots, u_q(k)\right] \tag{4.5}$$

式中：k 为离散时间，$k=1, 2, \cdots, N$；$x_i(k)$ 为状态变量，$i=1, 2, \cdots, p$；$y_i(t)$ 为输出变量，$j=1, 2, \cdots, m$；$f_i(t)$ 和 $h_j(t)$ 为适当的函数。

式 (4.4) 与式 (4.5) 分别为离散时间集中参数系统的状态方程和观测方程。

(3) 随机差分方程模型。

设 y_k 表示系数 k 时刻的输出量，u_k 是 k 时刻的输入量，e_k 是零均值的白噪声，一般的随机差分方程模型可描述为：

$$A(q^{-1})y_k = B(q^{-1})u_k + C(q^{-1})e_k \tag{4.6}$$

式中，q^{-1} 为单位延迟算子。

$$q^{-1}y_k = y_{k-1}$$

$$A(q^{-1}) = 1 - \sum_{i=0}^{n} a_i q^{-i}$$

$$B(q^{-1}) = b_0 + \sum_{i=1}^{p} b_i q^{-i}$$

$$C(q^{-1}) = 1 - \sum_{i=0}^{m} c_i q^{-i}$$

其中，n，p 和 m 为阶数。

式（4.6）也称带有控制项的自回归滑动平均过程（CARMAX）模型。

(4) 预报误差模型。

从系统状态规律性出发，预报误差模型的较一般形式：

$$y(k) = f[Y_{k-1}, U_k, \theta, k] + e(k) \tag{4.7}$$

其中

$$Y_{k-1} = \{y(1), y(2), \cdots, y(k-1)\}$$

$$U_k = \{u(1), u(2), \cdots, u(k)\}$$

$$e(k) = y(k) - f[Y_{k-1}, U_k, \theta, k]$$

$$\theta = [\theta_1, \theta_2, \cdots, \theta_m]^T$$

$f[Y_{k-1}, U_k, \theta, k]$ 表示适当的函数。

模型可以适应体系发展的全过程，也可以是某个阶段。在应用时如果不考虑 Y_{k-1} 和 U_k，便有下列简化形式：

$$y(k) = f[(\theta, k)] + e(k) \tag{4.8}$$

(5) 可公度式模型。

对离散的整数序列 $X=(x_1, x_2, x_3, \cdots, x_n)$，如果存在下列公式：

$$\hat{x}_{k+1}^{(i)} = \sum_{j \subseteq k}^{e} I_i x_i \qquad (4.9)$$

式中：$1 \leqslant k \leqslant n$；$e$ 是可公度的元数，$e < n$；$i=1, 2, \cdots, m$，m 为可公度的频数。在事先确定可行临界值 ε，并满足 $(\hat{x}_{k+1} - x_{k+1}) < \varepsilon$。

上述的 5 类模型是功能模拟的主要途径，应该指出的是，虽然功能模拟没有穷尽现实对象的内部机制，虽然现象与本质的内在因果联系机制暂时还不清楚或看作不清楚，但功能模型中的功能依赖关系却客观地表达了预测对象的本质。

4.3.3.2 功能模拟模型的参数辨识

一般来说，预测是通过观测系统过程中的输入—输出的关系所确定的数学模型来实现的。而在一类预测模型确定过程中要进行参数估计，有关参数估计或称参数系统辨识方法，在第 2 章里已做了比较详细的介绍，这里仅对参数估计的准则和方法选择做简单说明。

（1）参数估计准则。

一般情况下，人们对系统的结构往往有很多的了解和认识，而这些了解和认识无一不是建立在试验过程或生产过程中所获得的输入—输出数据的基础之上。由于对历史数据的归纳以及对未来指标值的演变是建立在统计规律基础之上，所以估值 $\hat{\theta}$ 与系统的真实值 θ 总是有差别的，而且是随机的。于是，人们采用 Bayes 风险函数作为估计判断准则，也就是说参数的估计原则应是误差平方的期望最小。在此估计理论基础上，人们研究并建立了各种参数估计方法，

（2）参数估计方法选择。

模型参数的估计方法很多，同一个模型也可能有几种合适的参数估计方法，如何才能比较快地选择出比较合适的参数估计方法，对于集中参数的估计而言，如果是非时变或慢时变参数系统，尽可能选择最小二乘法；如果是时变参数系统，尽可能选择递推算法；如果是突变体系，不存在参数估计，但存在模型阶数确定，选择可公度性预测先从三元开始。根据自身的实践经验模型参数或阶数选择具体推荐如下：

①因果类的线性回归采用最小二乘法。
②因果类的非线性回归采用牛顿迭代法。
③以时间为自变量的线性模型采用递推算法。
④对注重近期信息的时间序列模型采用遗忘因子递推算法。
⑤以时间为自变量的非线性模型采用梯度递推算法。
⑥突变体系模型的确定是阶数确定，建议首先采用三元可公度性。

需要说明的是，这里的推荐只是为一般性的参数估计提供方便，不是唯一的选择，只是作者的经验，提供参考而已。

4.3.4 功能模拟模型解的概率性

从不确定性的角度来看待事物的发生和发展，这是现代科学与经典决定论的一个重要区别。粗看之下，它也许并不难于理解，但它确实是21世纪科学思想的一次革命。

针对一类机理不清楚或不完全清楚系统的状态预报问题，即对于一类内部结构非常复杂，迄今人们所拥有的手段和方法尚不能完全揭开内部结构奥秘的系统，从整体的角度，从综合全局的角度来考察问题，通过系统的输入、输出变量来描述、建立基于功能模拟原理的信息预测模型。由于功能模拟抛开了物质与能量的概念，利用数学模型来研究系统的本质属性，或者说基于建模数据的不确定性建立的信息预测模型所具有的随机性决定了模型解具有概率特征。但由于严格规定了它的应用条件，整个模型的建立过程是在控制论的负反馈原理指导下完成的，模型不但具有"可检验性"，而且具有"可重复性"，因此也就避免了建模过程中出现因人而异，多解性的发生。

4.4 信息预测方法

传统预测研究在理论上局限于物理体系、在哲学上局限于为理性认识、在方法论上局限于统计预测方法。定义统计预测是信息预测的特款前提下，翁文波将其纳入信息预测的范围。特别是，虽然时间序列分析属于统计预测，但依据信息预测模型结构分析已经远远脱离了统计预测方法的建模轨道。统计预测大体上可以分为统计外推预测、趋势外推预测、时间序列预测和回归建模预测。

4.4.1 平均预测法

4.4.1.1 简单平均值预测法（SA）

所谓平均值预测法，或简称平均法。是以"期望平均值守恒"为根据的。凡属均匀分布和正态分布的体系都具备这一性质。在油藏中，厚度、渗透率和孔隙度等分布参数都具有随机性，在油藏评价时常用其平均值评价油藏的品位。在定量预测中，对时间序列$X=(x_1,x_2,\cdots,x_k)$，简单的平均法（SA），被认为是一种良好的数据处理方法。记已发生的 k 个数据的平均值为 M_k，则下一时刻的状态值 x_{k+1} 为：

$$\hat{x}_{k+1} = M_k = \frac{1}{k}\sum_{i=1}^{k} x_i \tag{4.10}$$

4.4.1.2 移动平均预测法（MA）

移动平均法则是期望平均值在短期内守恒，是平均法的扩张。具体方法都比较简单，记 m 为平移评价步数，$m<k$，则有：

$$M_k = \frac{1}{m}\sum_{i=k-m}^{m} x_i, \Delta M_k = M_k - M_{k-1} \hat{x}_{k+1} = M_k + \Delta M_k \tag{4.11}$$

4.4.1.3 加权移动平均预测法（WMA）

加权移动平均预测法也是根据期望平均值在短期内守恒，加权移动平均给固定跨越期限内的每个变量值以不同的权重，远离目标期的变量值的影响力相对较低，故应给予较低的权重。记平均期 m 内各时刻的权系数为 w_i，并有 $\sum_{i=1}^{m} w_i = 1.0$，加权移动平均法的计算公式为：

$$M_k^w = \frac{1}{m}\sum_{i=k-m}^{m} w_i x_i \tag{4.12}$$

$$\Delta M_k^w = M_k^w - M_{k-1}^w \tag{4.13}$$

$$\hat{x}_{k+1} = M_k^w + \Delta M_k^w \tag{4.14}$$

4.4.1.4 指数平滑法

1959年，美国人布朗在他的《库存管理的统计预测》一书提出了指数平滑法。他认为，最近的过去态势，在某种程度上会持续到最近的未来，所以将较大的权数放在最近的资料。也就是说指数平滑法是在移动平均法基础上发展起来的一种时间序列分析预测法，它是通过计算指数平滑值，配合一定的时间序列预测模型对现象的未来进行预测。首先用上述方法求得 $\hat{x}_m$，$1<m<n$，然后有如下指数平滑的递归公式：

$$\hat{x}_{k+1} = \alpha x_k + (1-\alpha)\hat{x}_m = \sum_{i=0}^{k-m}\alpha(1-\beta)^{k-m-i}x_{i+m} + (1-\alpha)^{k-m+1}\hat{x}_m \quad (4.15)$$

式中，α 是权系数，$0 \leqslant \alpha \leqslant 1$。

4.4.1.5　高阶移动平均法

在技术经济预测中，有时把移动平均法中的 m 值称为移动平均的阶数，为了使记忆较长，可以提高移动平均的阶数，在建模时参数估计可以采用遗忘因子方法，逐步淡忘那些与状态变化关系不密切的，使加权系数尽量少一些。m 阶移动平均的预测模型为：

$$\hat{x}_{k+1} = M_k + \sum_{i=0}^{m}\alpha_i(x_{k-i} - x_{k-i-1}) \quad (4.16)$$

高阶移动平均在技术经济领域用的比较多。

4.4.1.6　混合移动平均法

混合移动平均即是所说的自回归滑动平均模型。由于移动平均可以和自回归、差分等预测式混合使用，如果 τ 阶自回归和 m 阶移动平均的混合，记作 ARMA（τ, m），也就是自回归滑动平均模型，常用于解决平稳随机过程预测问题。以 ARMA（τ, m）为例，简单的表达式如下：

$$\hat{x}_{k+1} = a_0 + \sum_{i=1}^{\tau}a_i x_{k+1-i} + \sum_{i=1}^{m}b_i(\hat{x}_{k+1-i} - x_{k+1-i}) \quad (4.17)$$

式中前一个叠加式是阶自回归序列，后一叠加式是加权移动平均的一种形式。

4.4.2　趋势预测方法

对于平稳系统，平均预测方法一般可作一步预测，方法简单，但可能误差较大。如果体系的时间序列有一定发展变化趋势，则可以时间 t 为自变量，建立能反应数据趋势的数学模型进行外推预测。

4.4.2.1　直线趋势

线性趋势是最简单的一种，数学模型为：

$$\hat{y}_t = a + bt \tag{4.18}$$

式中 a 和 b 为待估常数，可采用最小二乘法进行系数的辨识，见式（2.5）和式（2.6）。

4.4.2.2 可线性化非线性趋势

可线性化非线性趋势翁先生称为同态线性趋势，最常用的指数趋势：

$$\hat{y}_t = ae^{bt} \tag{4.19}$$

对于式（4.19）两边取自然对数，则有：

$$\ln y_t = \ln a + bt \tag{4.20}$$

取对数后的式（4.20）与式（4.18）为同一线性模型，可采用最小二乘法进行系数的辨识，见式（2.5）和式（2.6）。

指数趋势式（4.19）中，如果 $b>0$，则有，$\lim_{t \to \infty} y_t \to \infty$，这不是一般系统所具备的状态，对于油田开发系统，当产量达到高峰后必然出现递减，当有足够的趋势数据后，常常采用下列模型进行产量预测：

$$\hat{Q}_t = ae^{-bt} \tag{4.21}$$

式（4.21）中 $b>0$，则有 $\lim_{t \to \infty} \hat{Q}_t \to 0$ 只是符合油田开发规律的，油田通常叫指数递减规律，可进行短期预测。

可以同态化的常用模型还有幂函数模型：

$$\hat{y}_t = at^b \tag{4.22}$$

对数函数模型：

$$\hat{y}_t = a + b\ln(t) \tag{4.23}$$

多项式：

$$\hat{y}_t = a + bt + ct^2 \tag{4.24}$$

Logistic 生命曲线（极值为已知系统，模型中取 1）：

$$\hat{y}_t = \frac{1}{1 + ae^{-bt}} \tag{4.25}$$

4.4.2.3　不可线性化非线性趋势

有些数学模型是不能线性化的，也称纯非线性模型。常用的有双曲模型：

$$\hat{y}_t = \frac{C}{(1+at)^b} \tag{4.26}$$

在油田动态预测中，在赋予参数有其特殊物理意义时有下列双曲递减规律预测模型：

$$\hat{Q}_t = \frac{Q_i}{(1+nD_i t)^{\frac{1}{n}}} \tag{4.27}$$

式中：Q_i 为递减初期产量；n 为递减指数，并要求 $0 < n < 1$；D_i 为递减率。由于该模型不能线性化，建议参数估计采用牛顿迭代法或梯度递推算法。

龚泊兹曲线模型：

$$y_t = ka^{b^t} \tag{4.28}$$

该模型也不能进行线性化处理，式中 k，a 和 b 为待估参数。

T 模型：

$$y_t = ae^{bt^c} + d \tag{4.29}$$

当然，这类不能线性化的模型还有很多，在此不一一列举。

4.4.3　时间序列预测方法

广义上，平均值法和趋势外推也可称为时间序列方法，这里所讲的时间序列预测方法特指用系统输入输出作为变量的差分模型。对于一般随机差分方程模型 CARMAX，式（4.5）有以下几种常用的简化模型。

4.4.3.1　AR 模型

在不考虑输入（控制项）并且 $e(k)$ 为白噪声的前提下有：

$$y(k) = \sum_{i=1}^{p} a_i y(k-i) + e(k) \tag{4.30}$$

式（4.30）为 p 阶自回归模型。在油田动态预测往往采用一阶自回归模型：

$$\hat{Q}(k) = (1-a)Q(k-1) + e(k) \tag{4.31}$$

式中，a 为递减率。

4.4.3.2 CAR 模型

单输入输出系统的一般随机差分方程模型在 $e(k)$ 为非白噪声的前提下有：

$$y(k) = \sum_{i=1}^{p} a_i y(k-i) + \sum_{i=0}^{q} b_i u(k-i) + e(k) \tag{4.32}$$

式（4.32）称为 CAR 模型，带有控制项的 AR 模型。油田动态预测中阶数 p 和 q 取 1 时有如下产量模型：

$$\hat{Q}(k) = (1-a)Q(k-1) + b_1 u(k) + e(k) \tag{4.33}$$

式中：a 为递减率；$u(k)$ 为 k 时刻的工作量；b_1 为增产系数，可根据历史数据用递推算法进行辨识，也可根据生产情况统计给定。在有多项措施时（即多输入情况 $q>1$），式（4.33）可改写为：

$$\hat{Q}(k) = (1-a)Q(k-1) + \sum_{i=1}^{m} b_i u_i(k) + e(k) \tag{4.34}$$

式中：m 为措施项个数；$u_i(k)$ 为各项措施的工作量；b_i 为各项措施的增油系数，可根据历史数据用递推算法进行辨识，也可根据生产情况统计给定。

4.4.3.3 ARMA 模型

AR 模型在 $e(k)$ 为有色噪声的前提下有：

$$y(k) = \sum_{i=1}^{p} a_i y(k-i) + \sum_{i=0}^{r} e(k-i) \tag{4.35}$$

式（4.35）为自回归滑动平均模型，也称 ARMA 模型。

4.4.3.4 CARMAX 模型

对于模型 CARMAX 式（4.6），假设为取单输入输出，p 和 q 取 1，考虑产水量为随机项，则有：

$$\hat{Q}_o(k) = (1-a)Q_o(k-1) + bu(k) + cQ_w(k-1) + \varepsilon(k) \tag{4.36}$$

式中：$\hat{Q}_\circ$ 为产油量预测值；a 为递减率；b 为增产系数；$u(k)$ 为措施工作量；Q_w 为产水量；c 为干扰系数；k 为离散时间。

模型参数辨识采用递推算法。更多的随机差分方程模型请参考"系统辨识"有关书籍，在此不做介绍。

4.4.4 回归预测

有人说：历史是一个有用的数据库，在那里能找到失落的钥匙。回归就是研究历史，希望从中找到失落的钥匙。回归预测法是根据预测的相关性原则，找出影响预测目标的各种因素，并用数学方法找出这些因素与预测目标之间的函数关系的一种近似表达或描述，利用样本数据进行估计参数，对模型进行误差检验，一旦模型确定就可进行预测。这种方法也称因果预测，与趋势预测不同之处在于回归预测以相关原因作为自变量，而不是时间；相同之处是可以采用相同的数学模型和参数估计方法。通用表达式：

$$y_t = f(x_t) + \varepsilon_t \tag{4.37}$$

式中：f 为适当的函数，可以为线性，也可为非线性，根据 y_t 和 x_t 相关性选择，也可根据相关系数进行比较选择；ε_t 为白噪声。

在油田预测中也经常用到回归预测方法，如驱替特征曲线法：

$$\lg W_p = A + B N_p \tag{4.38}$$

式中：W_p 为累计产水量；N_p 为累计产油量；A 和 B 为待估系数。

式（4.38）为水驱特征曲线模型，其物理含义为：一个油田在注水开发时，累计产水量和累计产油量在半对数坐标纸上呈直线关系。但有一点需要强调，驱替特征曲线属于因果描述性模型，要预测下一时刻的累计产油量必须先预测下一时刻的累计产水量。

采收率预测模型：

$$E_R = \frac{E_D}{e^{\frac{B}{\rho}}} \tag{4.39}$$

式中：E_R 为油田开发采收率；E_D 驱油效率；B 为待估系数，可以统计得到；ρ 为井网密度，口/km²。式（4.39）的含义为：油田采收率随着井网密度的增加而提高，理想情况下能达到最高值 E_D。

回归预测方法是解决工程问题中常用的方法，模型的选择在考虑相关性的同时还具有主观性，油田动态分析有很多实例，在此不一一介绍。

4.5 信息预测模型研究与改进

模型是描述预测体系的结构特征或其变化规律的数学表达式。理论上，任何一个随机系统都可分离成两个部分：结构性部分或称之为趋势性部分决定了事物的发展的方向；随机性部分或外界的随机性影响使事物表现出瞬时状态。因此，既考虑结构性影响又考虑随机性影响，是建立体系预测模型的关键之一。建模的第二个关键是要考虑体系的时变或非时变的特点，唯有如此才能使模型具有跟踪的特征，提高预测的精度。

4.5.1 Weng 旋回模型的改进

Weng 旋回模型的参数辨识，采用非线性系统的线性化方法，即将非线性方程作线性化处理，然后应用线性最小二乘法做出参数估计。这是一种成熟的、常用的参数估计方法。但由于非线性方程线性化是有限的，不利于拟合精度的提高，而一类递推最小二乘方法更适合非线性方程的参数估计。为此，对"最小二乘递推算法与最小二乘法的比较研究结果"介绍如下。

4.5.1.1 递推算法的有效性 [52]

对于一类带有随机输入和输出系统的动态预测，可采用下述的加法模型进行描述：

$$Y(k)=\sum_{i=1}^{n}A_{i}Y(k-i)+\sum_{i=1}^{n}B_{i}U(k-i)+e(k) \tag{4.40}$$

式中：$Y(k)$ 为输出参数；$U(k)$ 为输出参数；A_i 为转移系数矩阵；B_i 为作用系数矩阵；$e(k)$ 为残差。

例如，注水开发砂岩油田的动态体系是一个非平稳的随机过程系统，在追求稳产的前提下，油田每年都要采取一定数量的增产措施，这种输入称为确定性输入 $U(k)$，而输出 $Y(k)$ 即是产油量。为讨论方便，这里不考虑随机输入的影响，并选择 $n=1$ 这种最简单的状态预报模型，使之利于各种参数估计方法的比较。于是有油田产量的一阶预报误差模型为：

$$Q_o(k)=aQ_o(k-1)+bQ_w+e(k) \tag{4.41}$$

式中，$Q_o(k)$ 为第 k 时刻产油量；Q_w 为措施产油量；$e(k)$ 为零均值的白噪声；a 和 b 为具有统计意义的待估参数。

应用结构模型式（4.41）对 SZ 油田、SN 油田及 LMD 油田的月产油量进行预报时，模型中参数采用普通最小乘法及递推最小乘法进行辨识。建模的历史数据，SZ 地区采用 1981 年 5 月至 1983 年 11 月的数据。而 SN 油田和 LMD 油田采用 1981 年 5 至 1984 年 2 月的数据。不同的参数辨识方法所得的参数估计结果以及模型预报结果分别列于表 4.1 至表 4.6。

表 4.1　SZ 油田月产油量预报模型参数估计结果

估值方法	普通最小二乘法	普通递推算法	限定记忆递推算法	遗忘因子递推算法
A 值	0.9951	0.995	0.9940	0.995
b 值	0.4287	0.458	0.5255	0.497

表 4.2　SZ 油田月产油量预报结果的实际检验

时间	实际月产油 t	普通最小二乘法		普通递推算法		限定记忆递推算法		遗忘因子递推算法	
		估值 t	相对误差 %	估值 t	相对误差 %	估值 t	相对误差 %	估值 t	相对误差 %
1984.3	77264	77086.0	0.23	77126.5	0.17	77160.3	0.13	77159.5	1.33
1984.4	76269	77228.6	1.25	77302.3	1.35	77353.8	1.39	77356.9	1.42
1984.5	77476	77197.6	0.35	77292.7	0.02	77334.5	0.179	77930.3	0.15
1984.6	77871	77662.8	0.27	77813.2	0.07	77923.2	0.064	78081.5	0.08
1984.7	77948	77764.3	0.27	77944.9	0.00	78065.6	0.15	78369.1	0.17
1984.8	78588	77983.7	0.77	78202.4	0.49	78352.2	0.30	77958.1	0.28

表 4.3　SN 油田月产油量预报模型参数估计

估值方法	a 值	b 值
普通最小二乘法	0.9957	0.02685
普通递推算法	0.996	0.262
限定记忆递推算法	0.9985	0.1163
遗忘因子递推算法	0.998	0.202

表 4.4 SN 油田月产油量预报结果的实际检验

时间	实际月产油 t	普通最小二乘法		普通递推算法		限定记忆递推算法		遗忘因子递推算法	
		估值 t	相对误差 %	估值 t	相对误差 %	估值 t	相对误差 %	估值 t	相对误差 %
1983.12	25407	25310.2	0.38	25317.0	0.35	25341.6	0.25	25340.1	0.26
1984.1	25571	25276.0	1.15	25289.6	1.09	25337.3	0.91	25335.0	0.92
1984.2	25140	25380.2	0.95	25397.2	1.02	25392.8	1.00	25434.0	1.16
1984.3	25233	25319.3	0.38	25643.7	0.44	25377.0	0.57	25408.9	0.69
1984.4	24821	25309.8	1.96	25340.3	2.00	25383.3	2.26	25422.3	2.40
1984.5	25502	25365.2	0.53	25400.3	0.39	25417.8	0.32	25484.5	0.06
1984.6	25981	25497.3	1.86	25535.1	1.73	256485.4	1.76	25604.4	1.44
1984.7	26234	25603.3	2.40	25644.5	2.25	25541.9	2.60	25704.8	2.01
1984.8	26556	25494.7	3.99	25544.4	3.80	25505.6	3.95	25643.9	3.43

表 4.5 LMD 油田月产油量预报模型参数估计

估值方法	普通最小二乘法	普通递推算法	限定记忆递推算法	遗忘因子递推算法
a 值	0.9945	0.992	0.990	0.992
b 值	0.4542	0.509	0.522	0.520

表 4.6 LMD 油田月产油量预报结果的实践检验

时间	实际月产油 t	普通最小二乘法		普通递推算法		限定记忆递推算法		遗忘因子递推算法	
		估值 t	相对误差 %	估值 t	相对误差 %	估值 t	相对误差 %	估值 t	相对误差 %
1983.12	32307	32075.8	0.70	32003.3	0.94	31857.9	1.01	32006.2	0.93
1984.1	31345	31815.6	1.82	31772.9	1.36	31683.7	1.08	31779.6	1.38
1984.2	30938	31885.7	3.06	31689.6	2.43	31560.7	2.01	31702.7	2.46
1984.3	30889	31925.9	3.36	31685.3	2.58	31519.2	2.04	31706.4	2.64
1984.4	30657	31909.6	4.08	31617.9	3.13	31413.7	2.46	31645.7	3.22

续表

时 间	实际月产油 t	普通最小二乘法		普通递推算法		限定记忆递推算法		遗忘因子递推算法	
		估值 t	相对误差 %	估值 t	相对误差 %	估值 t	相对误差 %	估值 t	相对误差 %
1984.5	32137	32311.7	3.44	32019.8	2.50	31789.1	1.77	32064.0	2.64
1984.6	31598	32300.1	2.22	31958.4	1.14	31688.6	0.28	32008.3	1.29
1984.7	30959	32104.0	4.38	31912.9	3.08	31606.8	2.09	31970.7	3.26
1984.8	30788	32318.7	4.97	31880.9	3.55	31538.2	2.44	31945.0	3.76

预测是规划的基础，预测精度的高低又直接影响到规划的合理性，因此选择合适的参数辨识方法是很必要的。从预报结果与实际对比中可以明显看出，普通递推最小二乘法的参数估计精度高于普通最小二乘法，而遗忘因子、限定记忆递推算法的参数估计精度又高于普通递推算法。

4.5.1.2 Weng旋回预测模型的改进[53]

Weng旋回模型是《预测论基础》的重要模型之一。该模型从整体性出发，可以描述生命体系或资源有限体系状态变化的全过程。对Weng旋回原型式（3.20）中系数B和n采用最小二乘法进行辨识。

考虑到实际应用的方便，将式（3.20）改写成（4.42）形式，作为产油量预测模型的结构：

$$\begin{cases} Q(k) = A(k) + B(k)T(k)^{N(k)} e^{-T(k)} + V(k) \\ T(k) = \dfrac{Y(k) - Y(0)}{C} \end{cases} \quad (4.42)$$

式中：$Q(k)$为第k时刻的产油量；k为离散时间；$T(k)$为年份转换值；$Y(0)$为开始产油前一年的年份；$Y(k)$为待预测的产油年份；$A(k)$，$B(k)$和$N(k)$为待估参数，时变或非时变的；C为常数；$V(k)$为白噪声。

4.5.1.3 Weng旋回模型参数辨识方法

对于改进的Weng旋回模型式（4.42），当$k=0$时有$A(k)=Q(0)$，在系统平稳的前提下，假设$A(k)$，$B(k)$和$N(k)$为非时变的，则可用最小二乘进行辨识。对于油田开发而言，受人为干扰（措施挖潜等）是常规行为，使得模型参数具有时变的性质，考虑到非线性方程线性化的有限性，不利于拟合精度的提高，式(4.42)可采用推广的递推梯度参数辨识方法，所谓递推即有跟踪之意。

根据第 2 章 2.5 节介绍的算法，对于模型式（4.42），记 $\theta(k)=(A(k),B(k),N(k))$，参数跟踪公式有以下具体形式：

$$\hat{\theta}(k)=\hat{\theta}(k-1)+\frac{\delta}{\alpha_{k-1}^2+\beta_{k-1}^2+\gamma_{k-1}^2}\begin{bmatrix}\alpha_{k-1}\\\beta_{k-1}\\\gamma_{k-1}\end{bmatrix}\left\{Q(k)-\left[A(k-1)+B(k-1)T(k)^{N(k-1)}\mathrm{e}^{-T(k)}\right]\right\}$$

(4.43)

$$\alpha_{k-1}=\frac{\partial Q}{\partial A}=1 \tag{4.44}$$

$$\beta_{k-1}=\frac{\partial Q}{\partial B}=T(k)^{N(k-1)}\mathrm{e}^{-T(k-1)} \tag{4.45}$$

$$\gamma_{k-1}=\frac{\partial Q}{\partial N}=B(k-1)T(k-1)^{N(k-1)}\mathrm{e}^{-T(k-1)}\ln\left[T(k-1)\right] \tag{4.46}$$

式中，δ 为递推权系数。

对于多步预测来说，为体现系统的时变特征，有时可先对参数进行跟踪预测，这种方法也称多层递阶预报，即：

$$A(k+L)=A(k)+\Delta A L^P \tag{4.47}$$

$$B(k+L)=B(k)+\Delta B L^Q \tag{4.48}$$

$$N(k+L)=N(k)+\Delta N L^R \tag{4.49}$$

$$\Delta A=\frac{1}{m}\left[A(k)-A(k-m)\right] \tag{4.50}$$

$$\Delta B=\frac{1}{m}\left[B(k)-B(k-m)\right] \tag{4.51}$$

$$\Delta N=\frac{1}{m}\left[N(k)-N(k-m)\right] \tag{4.52}$$

式中：L 为预测步长；ΔA，ΔB 和 ΔN 为参数变化随机误差；m 为平滑步长；P，Q 和 R 为调整因子，取值 $0 \sim 1$。

改进后的模型应用效果将在预测应用实例中给出。

4.5.2　翁氏 Logistic 模型

对于有极限值的生命系统，可以用 Logistic 函数描述其生命旋回过程，称之为翁氏 Logistic 旋回模型，见第 3 章式（3.23）。

油田开发中的含水率 f_w 变化符合这一特征，临近极限阶段时有 $\lim\limits_{t\to\infty} f_w = 1.0$，因此，含水率预测模型有如下形式：

$$f_w(k) = \frac{1}{1+ae^{-bk}} \tag{4.53}$$

式中：a 和 b 为待估系数；k 离散时间。在假设 a 和 b 为非时变的前提下可采用最小二乘进行辨识。

4.5.2.1　翁氏 Logistic 旋回模型的改进

油田开发过程中，经常采取一些稳油控水措施，使得油田含水具有较强的随机性，为增强模型的跟踪预测能力，将模型式（4.53）扩展为如下形式：

$$\begin{cases} f_w(k) = \dfrac{1}{A(k)+B(k)e^{-C(k)T(k)}} + V(k) \\ T(k) = Y(k) - Y(0) \end{cases} \tag{4.54}$$

式中：$f_w(k)$ 为第 k 时刻的含水率；k 为离散时间；$T(k)$ 为年份转换值；$Y(0)$ 为开始年份；$Y(k)$ 待预测年份；$A(k)$，$B(k)$ 和 $C(k)$ 为待估参数，时变或非时变的；$V(k)$ 为白噪声。

4.5.2.2　翁氏 Logistic 旋回模型参数辨识方法

对模型中的参数这里也采用递推梯度算法，记 $\hat{\theta}(k) = (A(k), B(k), C(k))$，其公式为：

$$\hat{\theta}(k) = \hat{\theta}(k-1) + \frac{\delta}{\alpha_{k-1}^2 + \beta_{k-1}^2 + \gamma_{k-1}^2} \begin{bmatrix} \alpha_{k-1} \\ \beta_{k-1} \\ \gamma_{k-1} \end{bmatrix} \left\{ f_w(k) - \frac{1}{A(k-1)+B(k-1)e^{-C(k)T(k)}} \right\} \tag{4.55}$$

$$\alpha_{k-1} = \frac{\partial f_w}{\partial A} = -\frac{1}{\left[A(k-1) + B(k-1)\mathrm{e}^{-C(k-1)T(k-1)}\right]^2} \tag{4.56}$$

$$\beta_{k-1} = \frac{\partial f_w}{\partial B} = -\frac{\mathrm{e}^{-C(k-1)T(k-1)}}{\left[A(k-1) + B(k-1)\mathrm{e}^{-C(k-1)T(k-1)}\right]^2} \tag{4.57}$$

$$\gamma_{k-1} = \frac{\partial f_w}{\partial C} = -\frac{B(k-1)T(k-1)\mathrm{e}^{-C(k-1)T(k-1)}}{\left[A(k-1) + B(k-1)\mathrm{e}^{-C(k-1)T(k-1)}\right]^2} \tag{4.58}$$

对于多步预测，为体现模型的时变特征，可先对参数进行跟踪预测，即：

$$A(k+L) = A(k) + \Delta A L^P \tag{4.59}$$

$$B(k+L) = B(k) + \Delta B L^Q \tag{4.60}$$

$$C(k+L) = C(k) + \Delta C L^R \tag{4.61}$$

$$\Delta A = \frac{1}{m}\left[A(k) - A(k-m)\right] \tag{4.62}$$

$$\Delta B = \frac{1}{m}\left[B(k) - B(k-m)\right] \tag{4.63}$$

$$\Delta C = \frac{1}{m}\left[C(k) - C(k-m)\right] \tag{4.64}$$

式中：L 为预测步长；ΔA，ΔB 和 ΔC 为参数变化随机误差；m 为平滑步长；P，Q 和 R 为调整因子，取值 0～1。

随着油田开发时间的推移，综合含水率不断增加。当综合含水率达到 98% 时，认为已接近开发的经济极限。据此，用翁氏 Logistic 概率分布函数来描述其变化的全过程时，对百分制数据参数 $A(k)$ 也可取值 0.01，对小数制数据可取 1，保证模型极限值趋近于 100%。

4.5.2.3　翁氏 Logistic 模型的补充研究 [54]

油藏动态预测研究中，传统的油藏工程研究未能提出一个符合最小维实现理论、具有独立预测含水功能的数学模型。翁氏 Logistic 生命旋回模型客观的描述了油田开发过程中含水率变化的全过程。分析式（4.53）不难看出，由于将含水

率描述为时间 t 的函数，而时间是一个完全已知的量，因此，使得对含水率进行独立、直接预测成为可能。

从系统的角度来看，油田的含水率变化是时间的连续函数，含水率 $F_w(t)$ 随时间 t 的变化尽管呈现出一定的随机性，但随时间 t 的增大而不断增大，直到 100% 为止这一客观规律是不会改变的。

定义含水率 $F_w(t)$ 的变化速度为 $G_w(t)$，在不考虑个别随机点（降水措施效果）的情况下，在时域 $(0, t_s)$ 内，$G_w(t)$ 始终是一个大于零的函数，其数学描述为：

$$G_w(t) > 0 \tag{4.65}$$

设 t_e 为含水率 $F_w(t)=1$ 的时间。分析可知：在 $t=0$ 时，含水率的变化为零；在 $t=t_e$ 时，含水率的值达到极限 1，含水率的变化速度也为零。其数学描述为：

$$\begin{cases} F_w(t)\big|_{t=0} = 0, G_w(t)\big|_{t=0} = 0 \\ F_w(t)\big|_{t=t_e} = 1, G_w(t)\big|_{t=t_e} = 0 \end{cases} \tag{4.66}$$

研究认为：一类资源有限系统与生命系统有着类似的功能结构特征及变化规律。具体到油田开发系统来说，在开发初期，系统处于发展上升阶段，随着 $F_w(t)$ 不断增大，$G_w(t)$ 也随着增加，但这种增长不是无限制的，系统本身的自组织性有抑制其增长速度发展的功能。因此，当 $G_w(t)$ 达到最大之后，随着含水的上升，$G_w(t)$ 将开始下降，最终降为零。这一规律的数学描述为：

$$\begin{cases} \dfrac{\partial G_w(t)}{\partial F_w(t)} > 0, t < t_d \\ \dfrac{\partial G_w(t)}{\partial F_w(t)} = 0, t = t_d \\ \dfrac{\partial G_w(t)}{\partial F_w(t)} < 0, t > t_d \end{cases} \tag{4.67}$$

式中，t_d 为 $G_w(t)$ 达到最大值时的时间。

根据上述分析，综合式（4.65）、式（4.66）和（4.67）将得到如下描述 $G_w(t)$ 变化的微分方程：

$$G_w(t) = aF_w(t) + bF_w^2(t) \tag{4.68}$$

将式（4.66）代入式（4.68），得：

$$G_w(t) = aF_w(t)\left[1 - F_w(t)\right] \tag{4.69}$$

根据定义式有：

$$\frac{df_w(t)}{dt} = G_w(t) = af_w(t)\left[1 - f_w(t)\right] \tag{4.70}$$

将式（4.70）进行有理式分解，并对两边积分，得：

$$\ln\left[f_w(t)\right] - \ln\left[1 - f_w(t)\right] = at + c \tag{4.71}$$

$$\frac{f_w(t)}{1 - f_w(t)} = ce^{at} \tag{4.72}$$

$$f_w(t) = \frac{1}{1 + ce^{-at}} \tag{4.73}$$

式（4.73）即是翁文波提出的含水率预测数学型模，式中 c 和 a 为待估系数。

(1) 对模型的讨论。

讨论模型具有的性质，对于认清模型的功能及其应用是非常重要的。

①系数 c 和 a 的取值域。由于含水率 $F_w(t)$ 是随时间 t 增加而增加的函数，所以 c 和 a 的取值必须是大于零的数。

②含水率变化速度 $G_w(t)$ 的极大值点，将式（4.69）对含水率求导数：

$$\frac{dG_w(t)}{dF_w(t)} = a\left[1 - 2F_w(t)\right] \tag{4.74}$$

根据极值原理，令：

$$\frac{dG_w(t)}{dF_w(t)} = 0$$

则有：

$$a\left[1 - 2F_w(t)\right] = 0 \tag{4.75}$$

$$F_w(t) = 0.5 \tag{4.76}$$

将式（4.76）代入（4.69），得：

$$G_w(t)\big|_{\max} = \frac{a}{4}$$

因此油田动态系数的含率在50%时，变化速度$G_w(t)$达到最大值$a/4$。

③含水率变化的转折点。含水率的变化除了50%时上升速度为最大外，通过下面的分析还能得到两个转折点。将式（4.69）对时间求导：

$$\frac{dG_w(t)}{dt} = a^2 f_w(t)[1-f_w(t)][1-2f_w(t)] \quad (4.77)$$

将式（4.76）再对时间求导，得$G_w(t)$对时间的二阶导数：

$$\frac{d^2 G_w(t)}{dt^2} = a^3 F_w(t)[1-F_w(t)][1-(3+\sqrt{3})F_w(t)][1-(3-\sqrt{3})F_w(t)] \quad (4.78)$$

令式（4.78）等于零，并解方程得：

$$\begin{cases} f_{w1}(t) = 0 \\ f_{w2}(t) = 1 \\ f_{w3}(t) = \dfrac{1}{2} - \dfrac{\sqrt{3}}{6} \\ f_{w4}(t) = \dfrac{1}{2} + \dfrac{\sqrt{3}}{6} \end{cases} \quad (4.79)$$

(2) 模型讨论的结果。

根据拐点的定义可知，在上述的4个根中$F_{w3}(t)$和$F_{w4}(t)$是函数$G_w(t)$的两个拐点。我们知道，函数的一阶导数的符号刻画了函数变化的递增性或递减性，函数的二阶导数符号刻画了函数变化的加速性或减速性。从上面的求解可以看出，当$F_{w3}(t) = \dfrac{1}{2} - \dfrac{\sqrt{3}}{6} \approx 0.21$时，$G_w(t)$值已接近最大值，开始由加速上升转变为减速上升；当$F_{w4}(t) = \dfrac{1}{2} + \dfrac{\sqrt{3}}{6} \approx 0.79$时，$G_w(t)$值开始转为减速下降。对应含水率的变化，即当含水达到0.21时水开始快速上升，达到0.79时含水上升速度减慢，并且直到$F_w(t)=1$时为止。这一过程用图4.1表示。从图4.1中可以看出，含水率随时间t的变化明显地划分为三个阶段：①低含水阶段，即含水率为0～21%；这一阶段为系统的发生阶段；②含水率快速上升阶段，也称之为系统的发展阶段，含水率为21%～79%；③系统的饱和阶段，含水率为79%～100%（实际中一般规定为98%）。图中点（t_g，0.21）为含水快速上升的起飞点；点（t_d，0.5）为上升速度的极值点；点（t_o，0.79）为含水率上升的饱和起点。显然，用翁氏Logistic模型来描述含水率的变化，理论基础是充分的，它从系统的角度反映了油田系统内在机制及含水变化规律性。模型给出的含水上升速度增加和降低的两个拐点（t_g，0.21）和（t_o，0.79）与油田开发的实践是很吻合的。

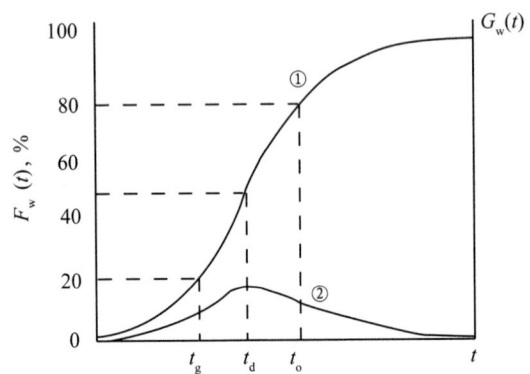

图 4.1 含水率和含水率变化速度与时间关系曲线示意图
①含水率曲线；②含水变化率曲线

4.5.3 递减曲线模型的改进

递减曲线描述油田产量递减的变化存在两个问题，一是产量的变化并不是严格按着指数、双曲和调和三种形式递减，二是递减类型的判断缺乏有效的方法。针对递减曲线类型变化多及其判断的困难，将递减曲线改造成多功能递减曲线模型。模型的跟踪性能决定了对任何递减类型都具有适应性，也无须再去判别递减类型。

4.5.3.1 多功能递减曲线预测模型[55]

递减曲线预测模型如果能够考虑系统的时变性，对于提高预测精度是无可置疑的。多功能递减曲线不但具有完成各类递减曲线的预测功能，而且还具有完成各类递增曲线的预测功能。

（1）系统的模型结构及公式。

根据递减率的定义，任何一项参数的递减率微分方程一般可用下式描述：

$$D = -\frac{\mathrm{d}q}{q\,\mathrm{d}t} = kq^N \tag{4.80}$$

式中：D 为产量递减率，%；q 为待预测的油田产量；N 为递减指数；t 为离散的流动时间；k 为比例系数。

解微分方程式（4.80），即可得到系统的状态参数的结构模型：

$$q_t = q_i\left(1+N_iD_it\right)^{-\frac{1}{N_i}} \tag{4.81}$$

式中：q_i 为递减时的状态参数值；q_t 为 t 时状态参数预测值；D_i 和 N_i 为分别为递减率和递减指数，为时变或非时变参数。

同理，如果某项参数是不断递增的，依据递增率定义可有：

$$D = \frac{\mathrm{d}q}{q\,\mathrm{d}t} = kq^N \tag{4.82}$$

由式（4.82）可得状态参数结构模型：

$$q_t = q_i\left(1-N_iD_it\right)^{-\frac{1}{N_i}} \tag{4.83}$$

式中：D 为递增率；N 为递增指数。

（2）模型参数估计及预报模型。

若递减曲线结构模型：

$$q(k) = q_0\left[1+N(k-1)D(k-1)k\right]^{-\frac{1}{N(k-1)}} \tag{4.84}$$

采用递推梯度算法进行参数估计，于是有递推梯度算法公式：

$$\begin{bmatrix}\hat{N}(k)\\\hat{D}(k)\end{bmatrix} = \begin{bmatrix}\hat{N}(k-1)\\\hat{D}(k-1)\end{bmatrix} + \frac{\delta}{\alpha_{k-1}^2+\beta_{k-1}^2}\begin{bmatrix}\alpha_{k-1}\\\beta_{k-1}\end{bmatrix}\times\left\{q(k)-q_0\left[1+\hat{N}(k-1)\hat{D}(k-1)k\right]^{\frac{1}{(k-1)}}\right\} \tag{4.85}$$

其中

$$\alpha_{k-1} = \frac{\partial q}{\partial N}\Big|_{k-1} = q_0\left[1+N(k-1)D(k-1)k\right]^{-\frac{1}{N(k-1)}}\times\frac{1}{N(k-1)}$$

$$\left\{\frac{1}{N(k-1)}\ln\left[1+N(k-1)D(k-1)k\right] - \frac{D(k-1)k}{\left[1+N(k-1)D(k-1)k\right]}\right\}$$

$$\beta_{k-1} = \frac{\partial q}{\partial D}\Big|_{k-1} = -q_0k\left[1+N(k-1)D(k-1)k\right]^{-\left[1+\frac{1}{N(k-1)}\right]}$$

$0<\delta\leqslant 1$，$N(k-1)\geqslant -1$，$0<D(k-1)<1$ （$k=1, 2, 3, \cdots, m$）

递增与递减只是运算符号的差别，模型结构是一致的，这里不再推导。当给出油田系统某一参数的递减或递增时间序列 $\{q(t)\}$ 之后，即可用上述参数估计公式进行跟踪。$D(k-1)$ 和 $N(k-1)$ 为适当选取的初值，分析估值序列 $\{\hat{N}(t)\}$ 和 $\{\hat{D}(t)\}$ 并求得 $\Delta\hat{\theta}$，最后将时变参数估计公式代入结构模型即可得到系统的状态预报模型。

递减曲线多功能预测模型适应于各类递减（递增）类型的状态参数预报，所谓多功能是指一种模型代替了指数模型、双曲模型、调和模型的功能，省略了递减指数判别问题，同时考虑了系统的时变特点，具有一定的跟踪能力，精度可满足工程的要求。

4.5.4 基于生命旋回的可采储量预测模型 [56]

在能够定量论述的几乎一切学科中，人们总是要考察某些量作为时间函数的变化，如果变化遵循某种函数规律或某种统计规律，那么，就可以有依据地应用数学手段来建立描述系统状态变化的预测模型。

4.5.4.1 累计产油量的分布规律

油田水驱可采储量是累计产油量的极限值 N_R，而任一时刻的累计产油量 $Q_o(t_i)$ 即为水驱可采储量的瞬时值 $N_R(t_i)$。水驱可采储量的预测研究关键在于研究累计产油量的分布规律。

累计产油量分布曲线形态特点如图 4.2 所示。在保持压力或保持注采平衡的前提下，无论单井单层或多层合采，尽管每条曲线所反映的开采层位、方式及开采历程千差万别，但曲线的形态变化却显示出了较强的相似性，呈现出 S 形或被拉长了的 S 形分布。

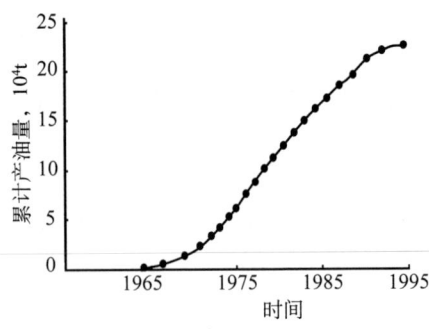

图 4.2 北二东开发区累计产油量分布曲线

4.5.4.2 累计产油量分布特征的机理分析

宏观上，累计产油量 S 形分布可做如下解释：在油田开发初期，人们还未能实现对油田全面控制，陆续投产，注水后油井刚刚受效或尚未受效，累计产油量呈缓慢递增的趋势，表现出曲线的斜率相对平缓；当油田全面投入注水开发后，油井全面受效或受效过程迅速提高，为实现稳产采取了各种措施，累计产油量迅速增长，表现出曲线的斜率比较大；当油田进入高含水后期开采阶段，多井、多层高含水，增产措施效果已明显变差，产油量已呈递减趋势，所以表现出累计产油量曲线的斜率又相对变小。

微观上，水驱油过程实质是流体的渗滤阻力不断降低的过程，在注采平衡前提下，初期阶段渗滤阻力大，渗滤速度较小，因此产油量增长缓慢，分布曲线的斜率较小。随着注水开采时间增长，油相渗透率不断减小，而水相渗透率不断增大，当油相与水相的渗透率相交即两者相等时，油层的采油速度达到最大值，表现出累计产油量分布曲线的斜率最大。当水相渗透率高于油相渗透率之后，水相渗透率越来越高，油相渗透率越来越小，分布曲线的斜率也越来越小，累计产油量递增幅度越来越小。

4.5.4.3 生长曲线与可采储量预测模型

任何事物的替换或生长主要受三个因素的影响：一是扩散作用；二是阻尼作用；三是突变作用。在连续可控系统中，突变作用发生的概率极小，因此一般情况下是可以忽略不计的。研究表明，生命类系统的最大特点在于其自组织性，自调节功能极强，因此其状态变化也具有较强的规律性。

Hermann.Haken 的研究表明，类似于动植物的生长规律一样，在无生命的物理系统和化学系统中也存在着大量的自组织过程，任何一个复杂系统一旦发展成自组织系统，状态变化也服从生长规律。

资源有限的油田动态系统属于耗散结构，其状态变化是一种自组织过程。如果定义 $q(t)$ 为替续量，指某一年的累计产油量，Q 为油田潜在的替续总量，即油田的水驱可采储量。油田系统的状态变化受到系统的扩散作用和阻尼作用的双重影响，扩散作用体现在流体的渗流阻力不断减少，而阻尼作用体现在含水不断上升。油田开采遵循着连续性的原则，基于生长曲线的水驱可采储量预测模型 I 为：

$$\frac{\mathrm{d}q(t)}{\mathrm{d}t} = b\left[1 - \frac{q(t)}{Q}\right]q(t) \tag{4.86}$$

式中：b 为扩散系数，$b>0$；$b\left[1-\dfrac{q(t)}{Q}\right]$ 为阻尼系数；$\dfrac{\mathrm{d}q(t)}{\mathrm{d}t}$ 为系统状态变化速率，即年产油量，t。

当 $t=t_0$，$q(t)=q_0$ 时，式（4.86）的解为：

$$q(t)=\dfrac{Q}{1+(\dfrac{Q}{q_0}-1)\mathrm{e}^{-bt}} \qquad (4.87)$$

式（4.87）即为水驱可采储量预测模型，$\left[\dfrac{Q}{q(t)}-1\right]\geqslant 0$。若 $\left[\dfrac{Q}{q(t)}-1\right]>0$，令 $\dfrac{Q}{q(t)}-1=u$，则式（4.87）变为：

$$q(t)=\dfrac{Q}{1+u\mathrm{e}^{-bt}} \qquad (4.88)$$

对于不同的油田，或同一油田的不同区块，由于地质条件、流体性质、开采方式和工艺措施的差异，导致产油量增长过程中的抑制因素或阻尼因子是不一样的，于是可以得到可采储量预测模型 II 为：

$$\dfrac{\mathrm{d}q(t)}{\mathrm{d}t}=\dfrac{bq(t)}{1-\dfrac{\ln q(t)}{\ln Q}} \qquad (4.89)$$

式中 $1-\dfrac{\ln q(t)}{\ln Q}$ 为阻尼因子，当 $t=t_0$，$q(t)=q_0$ 时，式（4.89）解为：

$$q(t)=Q\exp\left[1-\ln(\dfrac{Q}{q_0})\mathrm{e}^{-\dfrac{bt}{\ln Q}}\right] \qquad (4.90)$$

实际的生长现象千差万别，上述两种生长曲线之间一定存在着许多过渡状态，肖庭延提出了组合生长模型，称之为 CGM(t, r, k) 模型[57]：

$$\dfrac{\mathrm{d}q(t)}{\mathrm{d}t}=bq(t)R[q(t)]=bq(t)\left\{1-\sigma\left[\dfrac{q(t)}{Q}\right]^r-(1-\sigma)\left[\dfrac{\ln q(t)}{\ln Q}\right]^r\right\}^k \qquad (4.91)$$

式中，$R[q(t)]$ 为环境阻尼作用因子，$q(t)>0$，$r>0$，$k\geqslant 0$，$0\leqslant\delta\leqslant 1$。该模型将许多熟知的增长模型有机地统一起来，并给出了它们之间的一切过渡形式，例如 CGM（δ, r, 0）是指数模型，CGM（1, 1, 1）和 CGM（0, 1, 1）分别对应 Logisric 和 Gompertz 模型。

假设模型为 CGM（0, 1, k），则有：

$$\frac{dq(t)}{dt} = bq(t)\left\{1 - \left[\frac{q(t)}{Q}\right]^k\right\} \tag{4.92}$$

当 $t=t_0$，$q(t)=q_0$ 时，式（4.92）的解为：

$$q(t) = Q\exp\left\{-\frac{\ln Q}{\left[\dfrac{1}{(1-\dfrac{\ln q_0}{\ln Q})^{k-1}} + \dfrac{b(k-1)t}{\ln Q}\right]^{\frac{1}{k-1}}}\right\} \tag{4.93}$$

4.5.4.4 计算实例

（1）小井距 511 井萨Ⅱ 7+8 层，地质储量 7347t，综合含水 99.4%，累计产油 2917.08t，采出程度 39.7%。采用 Gompertz 模型，参数估计采用麦夸脱迭代，求得 $b=0.2666$，$N_R=3058.8394$t，标准方差 64.09，相对误差 4.86%。

（2）小井距 501 井萨Ⅱ 7+8 层，地质储量 6885t，含水 98.7%，累计产油 2501.95t，采出程度 36.34%。采用 Gompertz 模型，参数估计采用故意夸脱迭代求得 $b=1.7844$，$N_R=2489.14$t，方差 67.5，相对误差 -0.51%。

4.5.5 多层递阶预报模型

一般的预测方法，随着预测时间的增长预测误差也随着增大。这种现象之所以发生，主要原因是由于系统的时变性和预报模型非时变性间的差异造成的。即把一个时变参数系统看成是非时变系统，用固定参数模型来预测一个时变参数系统而造成的。为克服这一缺欠，韩志刚提出了"多层递阶预报方法"。方法的基本思想是把时变系统状态预报问题分离成为两部分：对时变参数的预报和在此基础上的状态的预报。

4.5.5.1 多层递阶预报方法 [58]

一般的预报误差模型为：

$$y(k) = f(Y_{k-1}, U_k, \boldsymbol{\theta}, k) + V(k) \tag{4.94}$$

其中，Y_k 是 n 维输出，$Y_k = \{y_1(k), y_2(k), \cdots, y_n(k)\}$；$U_k$ 是 p 维输出，

$U_k = \{u_1(k), u_2(k), \cdots, u_p(k)\}$；$\boldsymbol{\theta}(k)$ 是 m 维向量，$\boldsymbol{\theta}(k)$ 可以是时变的，也可以是非时变的，$V(k)$ 是 n 维噪声，k 是离散的流动时间。

对时变参数 $\boldsymbol{\theta}$ 进行跟踪，在单输出情况下，递推算法可简化为：

$$\hat{\theta}(k) = \hat{\theta}(k-1) + \delta \left\| \nabla_{\hat{\theta}(k-1)} f[k, \theta(k-1)] \right\|^{-2} \nabla_{\hat{\theta}(k-1)} f[k, \theta(k-1)] \{Y(k) - f[Y_{k-1}, U_k, \theta_{(k-1)}, k]\} \quad (4.95)$$

式中符号的意义、确定与前文相同。

为克服预报公式中参数的非时变性与系统参数时变性之间的差异，以达到先对时变参数进行预报的目的，可用 p 阶 AR 模型来描述估值序列 $\{\hat{\theta}(k)\}$ 的变化规律。若把 $\{\hat{\theta}_i(k)\}$ 的 AR 模型用式（4.96）描述：

$$\hat{\theta}_i(k) = a_1 \hat{\theta}_i(k-1) + \cdots + a_p \hat{\theta}_i(k-p) + V_i(k) \quad (4.96)$$

且置

$$\boldsymbol{a}(i) = \begin{bmatrix} a_1(i) \\ a_2(i) \\ \vdots \\ a_p(i) \end{bmatrix} \phi(i,k) = \begin{bmatrix} \hat{\theta}_i(k-1) \\ \hat{\theta}_i(k-2) \\ \vdots \\ \hat{\theta}_i(k-p) \end{bmatrix}$$

则式（4.96）可写成：

$$\hat{\theta}_i(k) = \phi(i,k)^{\mathrm{T}} \boldsymbol{a}(i) + V_i(k) \quad (4.97)$$

式中：T 为转置号；$V_i(k)$ 为白噪声。

未知向量 $\boldsymbol{a}(i)$ 如果是时变的，可用式（4.95）进行跟踪，于是可得 $\boldsymbol{a}(i)$ 的估值序列 $\{\hat{a}(i,k)\}$。如果 $\hat{a}(i,k)$ 还是时变的，则可对此序列重复进行上述对 $\{\hat{\theta}(k)\}$ 所进行的手续，如果 $\{\hat{\theta}(k)\}$ 的 AR 时变阶数是 r，则需重复上述步骤 r 次，一定会得到关于参数的非时变估值序列，进而可以得到向前一步的非时变参数预报模型：

$$\hat{\theta}^*(k+i) = G[\Theta^*_{k+i-1}, a, k] \quad (4.98)$$

式中：$\Theta^*_{k+i-1} = \{\theta(0), \theta(1), \cdots, \theta(k), \cdots, \theta(k+i-1)\}$；$a$ 为待估参数。

最终有单输出 1 步状态预报模型：

$$Y^*(k+i) = f[Y^*(k+i-1), U^*_{k+i}, \hat{\theta}^*(k+i), k+i] \quad (4.99)$$

其中

$$Y^*(k+i-1) = \{Y(0), Y(1), \cdots, Y(k), \hat{Y}(k+i), \cdots, \hat{Y}(k+i-1)]$$

$$U^*_{k+i} = \{U(0), \cdots, U(k), \hat{U}(k+i), \cdots, \hat{U}(k+i)\}$$

$\hat{U}(k+i)$ 表示向前 i 步的预计输入，$i=1, 2, \cdots, l$。

更为简单的情况，当用式（4.98）对参数进行估计并得到估值序列 $\{\hat{\theta}(k)\}$ 之后，可分别分析每个估值的变化特点，如果估值序列很稳定，说明该参数属于非时变的，如果估值序列不稳定，或呈递增或呈递减规律变化，则可选择接近预报期的一段估值，求得一个递增或递减的平均变化率。

$$\Delta\hat{\theta} = \frac{\hat{\theta}_n - \hat{\theta}_1}{n-1} \quad (4.100)$$

n 值区间为 $5 \geqslant n \geqslant 3$，$\Delta\hat{\theta}$ 体现了参数的时变特点，每一步的时变参数用下式估计：

$$\hat{\theta}(k+L) = \hat{\theta}(k) + \Delta\theta L^{\frac{1}{P}} \quad (4.101)$$

式中：L 为预报步数；P 为适当选取的调整因子，一般 $P=1$。

将时变参数预报公式（4.101）带入结构模型式（4.99）即得到了动态系统的状态预报模型。该模型的参数是时变的，预报值也是时变的。

4.5.5.2　DQ 油田产量多层递阶预报模型 [59]

室内水驱油实验和油田注水开发全过程现场试验均已表明，随着时间的增长，产水量以指数趋势递增，产油量以指数趋势递减。图 4.3 为 DQ 油田产油和产水时间序列曲线。

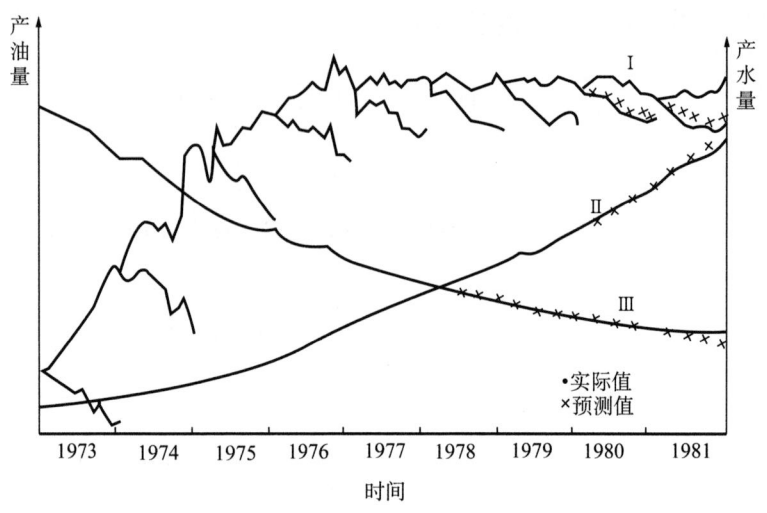

图 4.3 DQ 油田产油和产水时间序列曲线

分析图 4.3 中，曲线 Ⅱ（产水量）和曲线 Ⅲ（产油量）的统计规律性，预报误差模型可用下式描述：

$$Q(k) = \alpha(k) + \beta(k)k^{\gamma(k)} + V(k) \tag{4.102}$$

式中：$Q(k)$ 为第 k 时刻的产油量或产水量。$\alpha(k)$，$\beta(k)$ 和 $\gamma(k)$ 为待估的时变参数，初值 $\alpha(0)$ 为产油、产水时间序列的第一个数，$\beta(0)$ 为相邻两时刻产量值的差，预报产油量时为负值，预报产水量为正值。$\gamma(0)$ 根据经验选定。k 为离散的流动时间。$V(k)$ 为设定零均值的白噪声。

由递推梯度参数跟踪公式 [式 (2.20)] 可得：

$$\begin{bmatrix} \hat{\alpha}(k) \\ \hat{\beta}(k) \\ \hat{\gamma}(k) \end{bmatrix} = \begin{bmatrix} \hat{\alpha}(k-1) \\ \hat{\beta}(k-1) \\ \hat{\gamma}(k-1) \end{bmatrix} + \frac{\delta}{a_{k-1}^2 + b_{k-1}^2 + c_{k-1}^2} \begin{bmatrix} a_{k-1} \\ b_{k-1} \\ c_{k-1} \end{bmatrix} \cdot \left[Q(k) - \hat{\alpha}(k-1) - \hat{\beta}(k-1)k^{\hat{\gamma}(k-1)} \right]$$

$$\tag{4.103}$$

其中

$$a_{k-1} = \frac{\partial Q(k-1)}{\partial \alpha} = 1$$

$$b_{k-1} = \frac{\partial Q(k-1)}{\partial \beta} = k^{\hat{r}}(k-1)$$

$$c_{k-1} = \frac{\partial Q(k-1)}{\partial \gamma} = \hat{\beta}(k-1)k^{\hat{r}(k-1)}\ln k$$

分析参数估值序列 $\{\hat{\theta}(k)\}$，若各分量为非时变的，可以得到向前一步的预报模型：

$$Q(k+1) = \hat{\alpha}(k+1) + \hat{\beta}(k+1)(k+1)^{\hat{\gamma}(k+1)} \tag{4.104}$$

如果参数估值系列各分量为时变的，可以用式（4.105）、式（4.106）和式（4.107）求得模型的时变参数。

$$\hat{\alpha}(k+1) = \hat{\alpha}(k) + L^{\frac{1}{P}}\Delta\alpha \tag{4.105}$$

$$\hat{\beta}(k+1) = \hat{\beta}(k) + L^{\frac{1}{Q}}\Delta\beta \tag{4.106}$$

$$\hat{\gamma}(k+1) = \hat{\gamma}(k) + L^{\frac{1}{R}}\Delta\gamma \tag{4.107}$$

式中：P，Q 和 R 为适当的常数；$L=1$，2，$\cdots$。于是，有向前一步的预报状态模型：

$$\hat{Q}(k+1) = [\hat{\alpha}(k) + L^{\frac{1}{P}}\Delta\alpha] + [\hat{\beta}(k) + L^{\frac{1}{Q}}\Delta\beta](k+1)^{\hat{\gamma}(k) + L^{\frac{1}{R}}\Delta\gamma} \tag{4.108}$$

4.5.5.3 多层递阶预报实例

油田产量构成曲线中的产油量和产水量数据，包含了各种措施增产的油量和水量，若扣除措施增产油量，就得到 DQ 油田产油量随时间单调递减的序列 $\{Q_0(t)\}$。选季度作为时间单位步长，从 1972 年到 1979 年四季度共有 29 个产油和 29 个产水量数据，利用多层递阶预报模型，选取 $\delta=0.8$，对于产油量预报，参数初始估值为：$\hat{\alpha}(0)=8.2132$，$\hat{\beta}(0)=-0.1244$，$\hat{\gamma}(0)=0.26$；对于产水量预报，参数初始估值为：$\hat{\alpha}(0)=2.33$，$\hat{\beta}(0)=0.5$，$\hat{\gamma}(0)=1.15$。

根据参数估算式（4.103），求得 29 组参数估值和 29 个模拟产量。具体分析参数估值序列得出：

（1）产油量估值序列的各分量 $\hat{\alpha}(k)$，$\hat{\beta}(k)$ 和 $\hat{\gamma}(k)$ 是非时变的，可取 $\Delta\alpha = \Delta\beta = \Delta\gamma = 0$。当 $k=29$ 时的参数估值为 $\hat{\alpha}(29) = 7.9495$，$\hat{\beta}(29) = -0.59206$，$\hat{\gamma}(29) = -0.54146$。

（2）产水量估值序列的各分量为时变时，求得的 $\Delta\alpha=0$，$\Delta\beta=0.003$，$\Delta\gamma=0.003$，当 $k=29$ 时的参数估值为 $\hat{\alpha}(29)=2.1107$，$\hat{\beta}(29)=0.313$，$\hat{\gamma}(29)=1.1915$。

利用式（4.104）求得 1979 年后油田产油量的预报值，利用式（4.108）设 $Q=R=1$ 时，可求得产水量的预报值，见表 4.9。作为模型的后验检验和油田实际数据对比，产油量预报最大误差 4.71%，平均误差 1.313%。产水量预报最大误差为 3.3%，平均误 1.707%。

表 4.9 DQ 油田产量预报误差表

时间	1980.3	1980.6	1980.9	1980.12	1981.3	1981.6	1981.9	1981.12
油量误差，%	0.06	−0.33	0.465	1.78	0.569	0.466	0.44	4.71
水量误差，%	0.87	0.69	−2.04	−2.26	−0.737	−1.98	−3.3	−1.78

4.5.6 多变量多步自校正递推预报 [59]

多输入多输出（MIMO）随机系统的多步自校正递推预报器（即预测方法），由递推状态预报器和递推最小二乘估计器组成，它推广和改进了由 Keyser 等提出的单输入单输出（SISO）系统的多步自校正预报器，其特点是可以直接在线辨识最优预报器的参数。从而解决了一类带有确定性输入和随机输入、而随机输入又属于稳定或不稳定的自回归（AR）过程的 MIMO 系统的自适应预报问题。

4.5.6.1 多变量多步自校正递推预报方法

设动态系统是带有确定性和随机输入的 MIMO 系统，可用如下带外界输入的自回归滑动平均（ARMAX）模型描写：

$$A(q)^{-1}Z(t) = B(q^{-1})U(t) + D(q^{-1})Y(t) + \varepsilon(t) \qquad (4.109)$$

式中：$Z(t)$ 为 p 维状态向量；$U(t)$ 为 r 维已知确定性输入；$Y(t)$ 为 m 维的可知测的随机输入向量；q^{-1} 为单位延迟算子，且 $A(q^{-1})$，$B(q^{-1})$ 和 $D(q^{-1})$ 为 n 阶矩阵算子多项式：$A(q^{-1}) = I - A_1 q^{-1} - \cdots - A_n q^{-n}$；$B(q^{-1}) = B_0 + B_1 q^{-1} + \cdots + B_n q^{-n}$，

$D(q^{-1}) = D_0 + D_1 q^{-1} + \cdots + D_n q^{-n}$；$I$ 是单位阵；A_n，B_n，D_n 分别为 $p \times p$，$p \times r$ 和 $p \times m$ 矩阵；$\varepsilon(t)$ 是均值为零的白噪声。

设外界随机影响 $Y(t)$ 可模拟为自回归过程：

$$\phi(q^{-1})Y(t) = e(t) \tag{4.110}$$

式中 $\phi(q^{-1}) = I - \phi_1 q^{-1} - \cdots - \phi_n q^{-n}$；$e(t)$ 均值为零，并与 $\varepsilon(t)$ 为独立的白噪声。

多步自校正预报问题是，当 MIMO 系统的参数阵，A_n，B_n，D_n 和 ϕ_n 未知时，基于时刻 t 为正的观测数据 $Z(t)$，$Z(t-1)$，$\cdots$，$Y(t)$，$Y(t-1)\cdots$ 和已知确定性输入数据 $U(t+k)$，$U(t+k-1)$，$\cdots$，$U(k)$，求将来一系列时刻系统状态 $Z(t+k)$ 的最优预报值 $\hat{Z}\left(t + \dfrac{k}{t}\right)$，$k=1$，$2$，$\cdots$。

多步自校正递推预报分两步实现。

第一步：用递推最小二乘估计模型的未知参数。

$\theta = [A_1, A_2, \cdots, A_n, B_0, B_1, \cdots, B_n, D_0, D_1, \cdots, D_n]$ 且已知的观测列向量 $X(t)$ 为 $X^T(t) = [Z^T(t-1), \cdots, Z^T(t-h), u^T(t), \cdots, u^T(t-n), Y^T(t), \cdots, Y^T(t-n)]$

则在时刻 t 的最小二乘估计值 $\theta(t)$ 为：

$$\hat{\theta}(t) = \hat{\theta}(t-1) + \left[Z(t) - \hat{\theta}(t-1)X(t)X^T(t)P(t)\right] \tag{4.111}$$

其中

$$p(t) = \frac{1}{a}\left\{ p(t-1) - \frac{[p(t-1)X(t)][p(t-1)X(t)^T]}{a + X^T(t)p(t-1)X(t)} \right\} \tag{4.112}$$

a 为遗忘因子，如果系统未知参数阵是非时变的，取 $a=1$，如果是时变的，取 $0<a<1$，得到 t 时刻模型的未知参数阵估值：

$$\hat{\theta}(t) = [\hat{A}_1(t), \cdots, \hat{A}_n(t), \hat{B}_0(t), \cdots, \hat{B}_n(t), \hat{D}_1(t), \cdots, \hat{D}_n(t)]$$

及

$$\hat{\theta}_1(t) = [\hat{\phi}_1(t), \cdots, \hat{\phi}_n(t)]$$

第二步：多变量多步自校正递推预报。

$$\hat{Z}\left(t+\frac{k}{t}\right) = \hat{A}_1(t)\hat{Z}(t+k-\frac{1}{t}) + \cdots + \hat{A}_n(t)\hat{Z}(t+k-\frac{n}{t}) + \hat{B}_n(t)u(t+k-n) + \\ \hat{D}_o(t)\hat{Y}(t+\frac{k}{t}) + \cdots + \hat{D}_n(t)Y(t+k-\frac{n}{t}) \quad (4.113)$$

其中

$$\hat{Y}\left(t+\frac{k}{t}\right) = \hat{\phi}_1(t)\hat{Y}(t+k-\frac{1}{t}) + \cdots + \hat{\phi}_n(t)\hat{Y}(t+k-\frac{n}{t}) \quad (k=1, 2, \cdots, l)$$

4.5.6.2 DQ 油田产量多步自校正递推预报

分析图 4.3 中的曲线 I，从产量构成角度研究影响产量变化的因素，建立产量预报模型，实质属于解决一类带有确定性和随机性输入的多步预报问题。措施产量为确定性输入，产水量增量属于随机性影响，而产水量增量属于不稳定的自回归（AR）过程。采用带有外界影响因素的 ARMAX 模型描述产量变化的随机过程。

$$Q_t = aQ_{t-1} + b\Delta u_t + c\Delta Q_{wt} + \varepsilon_t \quad (4.114)$$

式中：Q_t 为第 t 时刻产油量；$\Delta u_t = u_t - u_{t-1}$，为相邻两时刻措施油量的增量；$\Delta Q_{wt} = Q_{wt} - Q_{wt-1}$，为相邻两时刻产水量的增量；$a$，$b$ 和 c 为待估的时变参数；ε_t 为残差。

预报 Q_{t+k} 时须知道 ΔQ_{wt+k} 值，于是在预报时采用预报估值 $\Delta \hat{Q}_{wt+k}$ 近似代替 ΔQ_{wt+k}。对于产水量可用 AR（1）模型来描述其变化特征：

$$\begin{cases} Q_{wt} = \beta Q_{wt-1} + \varepsilon_t \\ \Delta Q_{wt} = Q_{wt} - Q_{wt-1} \end{cases} \quad (4.115)$$

式中，β 为待定的时变参数。

产油量预报模型式（4.114）可以简化为：

$$Q_t = \phi^T(t)\theta + \varepsilon_t \quad (4.116)$$

其中

$$\boldsymbol{\phi} = \begin{bmatrix} Q_{t-1} \\ \nabla u_t \\ \nabla Q_{wt} \end{bmatrix}, \quad \boldsymbol{\theta} = \begin{bmatrix} a \\ b \\ c \end{bmatrix}$$

采用加权最小二乘递推估计公式进行参数的估计：

$$\theta_{t+1} = \theta_t + A_{t+1}\left(Q_{t+1} - \phi_{t+1}^{\mathrm{T}}\theta_t\right) \qquad (4.117)$$

其中

$$A_{t+1} = \frac{p_t\phi_{t+1}}{\alpha + \phi_{t+1}^{\mathrm{T}} p_t \phi_{t+1}}$$

$$p_{t+1} = \frac{1}{\alpha}[\boldsymbol{I} - k_{t-1}\phi_{t+1}^{\mathrm{T}}]p_t$$

$$\boldsymbol{\theta}_t = \begin{bmatrix} a(t) \\ b(t) \\ c(t) \end{bmatrix}$$

式中：$\boldsymbol{\theta}_t$ 为 3×1 矩阵；$\boldsymbol{A}_{t+1}$ 为 3×1 矩阵；$\boldsymbol{\phi}_{t+1}$ 为 3×1 矩阵；I 为 3×3 单位阵；T 为转置号。

同理，式（4.115）也用式（4.117）进行参数跟踪。在计算得到 $[a(t), b(t), c(t), \beta(t)]$ 以后，可以建立产水量多步预报器和无措施条件下的多步产油量预报器。

产水量预报器：

$$Q_{\mathrm{w}t+k} = [\hat{\beta}(t)]^k Q_{\mathrm{w}t} \qquad (4.118)$$

产油量 1 步预报器：

$$Q_{t+1} = a(t)Q_t + c(t)\Delta Q_{\mathrm{w}t+1} \qquad (4.119)$$

k 步预报器：

$$Q_{t+k} = a(t)Q_{t+k-1} + c(t)\Delta Q_{\mathrm{w}t+k} \qquad (4.120)$$

误差方程：

$$e(t+k) = \frac{Q_{t+k} - \hat{\theta}_{t+k}}{Q_{t+k}} \qquad (4.121)$$

4.5.6.3 多步自校正预报实例

利用式（4.114）对产油量进行模拟和预报时，首先以 DQ 油田产量构成曲线数据为依据，以月为时间单位，1972 年 12 月作为起点（$t=0$），运用 1973 到 1979 年共 84 组 $[Q_{t-1}, \Delta u_t, \Delta Q_{wt-1}]$ 数据，递推 84 次得到最终的参数估值 $[a(t), b(t), c(t)]=[0.9936, 0.8144, 0.0989]$。第二步利用式（4.115）对产水量进行模拟和预报，初值 $\theta(0)=0$，$p(t)=10^4 I$，$\alpha=0.9$，递推 84 次的参数估值 $\hat{\theta}(84)=1.0169$。预报了 DQ 油田 1980 年的产油量和产水量，与油田实际资料对比，作为模型的后验检验，产油量最大误差 3.08%，平均误差 1.095%；产水量预报最大误差为 4.19%，平均误差为 1.33%（表 4.10）。

表 4.10 DQ 油田产量多步自校正预报

时间	1980.1	1980.2	1980.3	1980.4	1980.5	1980.6	1980.7	1980.8	1980.9	1980.10	1980.11	1980.12
产油预报误差,%	−0.718	−0.09	−0.47	−0.72	−0.53	−1.4	−1.63	−0.16	−0.7	−0.97	−0.53	−0.09
产水预报误差,%	−0.55	−0.07	0.63	0.53	0.68	0.95	1.3	−0.19	−1.57	−1.45	−2.09	−1.67
时间	1981.1	1981.2	1981.3	1981.4	1981.5	1981.6	1981.7	1981.8	1981.9	1981.10	1981.11	1981.12
产油预报误差,%	2.39	2.07	1.15	0.58	0.7	0.36	1	1.35	1.17	1.92	2.54	3.08
产水预报误差,%	−1.45	−0.74	−0.08	0.5	−0.08	−1.32	−1.7	−2.36	−2.7	−4.2	−0.4	−1.31

4.5.7 油田动态预测——T 模型 [60]

4.5.7.1 T 模型的建立

为不失一般性，假设动态系统的某一状态变量为 y，其随时间 t 的相对变化率为 D，则定义：

$$D = \frac{dy}{y dt} \tag{4.122}$$

式中，dy 是变量 y 在 dt 时间间隔内的变化量。

式（4.122）只是一个定义表达式，它没有独立预测功能。前述分析表明，油田动态的非线性决定了变化率 D 不是一个常数，而是随时间 t 的变化而变化。

依据变化率（递减率或递增率）的定义式，其等效方程可用下式表示：

$$D = \frac{dy}{y dt} = kt^n \tag{4.123}$$

式中：k 为比例常数；n 为递减或递增指数。

将式（4.123）积分得：

$$y(t) = y(0) e^{\frac{k}{n+1} t^{(n+1)}} \tag{4.124}$$

式中 $y(0)$ 是状态变量 y 在 0 时刻的值；$y(t)$ 是状态变量 y 在 t 时刻的值。

在式（4.124）中，令 $a=y(0)$，$b=\dfrac{k}{n+1}$，$c=n+1$，则式（4.124）写为：

$$y(t) = a e^{b t^c} \tag{4.125}$$

依据实际情况，为了使模型具有更广泛的适应性，将式（4.125）改写成通式：

$$y(t) = a e^{b t^c} + d \tag{4.126}$$

将式（4.126）称为 T 模型。式中 a，b，c 和 d 都是常数，其中 a 是变量 y 的初值，b 是变化（递减或递增）系数，c 是变化类型控制系数，d 是修正常数项。常数 a 和 d 与变量 y 的绝对量有关，而 b 和 c 则反映了油田地质特点和开发过程的特点，是油田动态系统的特征参数。

4.5.7.2　T 模型参数辨识

对 T 模型的待估参数 a，b，c 和 d 的求解，可根据具体情况采用不同的参数估计方法。当预测的基础数据是时间序列形式即以时间 t 为自变量时，可采用递推算法；当预测变量与其自变量各自是一时间序列而构成的有序对时，则可采用牛顿迭代法。在此只对梯度递推算法进行介绍。

对于时变系统将式（4.126）改写为：

$$y(k) = A(k) e^{B(k) t^{C(k)}} + D(k) \tag{4.127}$$

记 $\hat{\theta}(k) = (A(k), B(k), C(k), D(k))$，则有如下参数递推公式：

$$\hat{\theta}(k) = \hat{\theta}(k-1) + \frac{\delta}{\alpha_{k-1}^2 + \beta_{k-1}^2 + \gamma_{k-1}^2 + \upsilon_{k-1}^2} \begin{bmatrix} \alpha_{k-1} \\ \beta_{k-1} \\ \gamma_{k-1} \\ \upsilon_{k-1} \end{bmatrix} \left[y(k) - A(k-1)e^{B(k-1)k^{C(k-1)}} - D(k-1) \right]$$

(4.128)

其中

$$\alpha_{k-1} = \frac{\partial y}{\partial A} = e^{B(k-1)(k-1)^{C(k-1)}}$$

$$\beta_{k-1} = \frac{\partial y}{\partial B} = A(k-1)(k-1)^{C(k-1)} e^{B(k-1)(k-1)^{C(k-1)}}$$

$$\gamma_{k-1} = \frac{\partial y}{\partial C} = A(k-1)B(k-1)C(k-1)(k-1)^{C(k-1)-1} e^{B(k-1)(k-1)^{C(k-1)}}$$

$$\upsilon_{k-1} = \frac{\partial y}{\partial D} = 1$$

4.5.7.3 T模型的功能

T模型是针对一类单调递减或递增的非线性随机系统而建立的预测模型，模型的实质是多次幂指数函数，由于多次幂指数函数的特殊性，当条件改变时模型具有不同的功能，在应用时要根据状态变量的变化规律而定。

（1）产油量预测。

在油田开发的中后期，油田产量会出现单调递减的趋势，用T模型式（4.126）可以描述产量单调递减的趋势，即：

$$Q(t) = ae^{-bt^c} + d \tag{4.129}$$

式中：a 为递减初始值；b 为递减系数；c 为递减类型控制系数；d 为递减修正系数。系数 a 和 b 与产量绝对值大小有关，而 b 和 c 反映了油田的地质特点和开发水平。模型（4-128）与以往的产量递减模型相比，一个最显著的优点就是增加了递减类型控制系数 c，使得模型广泛包含了各种递减类型，避免了递减类型判断的麻烦，体现了T模型的多功能性。

(2) 累计产油量预测。

累计产油量具有单调递增规律，可用 T 模型描述。T 模型也涵盖了目前常用的累计产油量预测模型，如灰色理论模型：

$$N_p = \left(N_p^0 - \frac{u}{a_0}\right)e^{a_0 t} + \frac{u}{a_0} \qquad (4.130)$$

式中：N_p 为累计产油量；N_p^0 为初始时刻的累计产油量；t 为离散时间；μ 和 a_0 为待估系数。

令：$a = N_p^0 - \frac{u}{a_0}, b = a_0, d = \frac{u}{a_0}$，式（4.130）可书写为：

$$N_p = ae^{bt} + d \qquad (4.131)$$

若用 T 模型预测累计产油量时，将式（4.126）状态变量 y 替换为累计产油量 N_p，则有：

$$N_p = ae^{bt^c} + d \qquad (4.132)$$

比较式（4.131）和式（4.132）不难发现，式（4.132）中取当 $c=1$，便有与式（4.131）完全一样的形式。这说明所建立的灰色模型只是 T 模型的一个特例，这一点在作图过程中尤为明显。在实际油田开发过程中绘制 $\lg N_p$—t 的关系曲线时，发现某些油藏的开发过程呈直线，可以满足灰色模型的要求，这种情况必须要求整个开发过程是相对稳定的。而大多数油田开发过程则不呈直线，而是呈凸状曲线，这时灰色模型就不适应了。而 T 模型则由于有类型控制系数 c，对于不同的曲线形态，无论是直线还是曲线，都可以通过调整 c 值的大小，来达到跟踪系统的变化。

4.5.8 Weng 旋回、翁氏 Logistic 与递减、驱替曲线比较

相对于驱替曲线、递减曲线或一类统计预测模型来说，Weng 旋回和翁氏 Logistic 模型不但可以取而代之，而且较之驱替曲线、递减曲线一类统计预测模型有着更大的优越性，并且这种优越性是不可替代的。

4.5.8.1 Weng 旋回和递减曲线模型的比较

对于递减曲线来说，定义的概念是非常清楚的，只有确认已经出现递减之后方可应用。递减曲线除了局限在递减阶段之外，还受递减类型判断的限制。递减

类型的判断一是要求有一定量数据积累，二是判断递减类型虽然有一些方法，但这些方法都有一定的局限性。因为存在随机性，因此，油田产量递减的类型实际上有许多种，目前仅分为三种，这种简化虽然方便了建模，但却有可能牺牲了预测的精度。比如，同一油田相邻 2 口井的递减类型是否一样？相邻区块的递减类型是否一样？同一油田不同递减时期的递减类型是否一样？单井、井排、井组、区块、油田递减类型是否一样？如果不一样如何解释？这些既没有研究的资料，也没有可供参考资料，或许这是个没有或给不出唯一答案的问题。

Weng 旋回可以预测油田开发过程中产量上升、高峰、产量快速下降阶段和缓慢下降的全过程。Weng 旋回模型另一个特别的优势是不用判断油田产量递减的类型。这对预测来说是一个极大的进步。一个油田从产量达到最高峰又开始下降，这个高峰就是预测的拐点，也是预测的难题，能对拐点做出预测，这对油田开发决策来说是非常重要的，因为，产量高峰是个非常重要的决策信息，但这恰恰是递减曲线和驱替曲线所缺乏的预测功能。

4.5.8.2 可采储量预测中各类方法的比较

采收率与可采储量是油田开发方案设计中重要的参数，不同的开发阶段预测方法也不同。通常，在开发早期，一般先通过确定采收率，再计算可采储量，主要采用的方法有经验公式法、类比法、相渗曲线法和静态方法。在开发中、后期，一般先通过标定可采储量，再反算采收率。主要采用的方法有水驱特征曲线、数值模拟、井网密度、递减曲线、预测模型等方法。常用的方法如下：

(1) 童宪章经验法。

根据大量油田数据，拟合出水驱油田含水—采收率的关系式：

$$\lg \frac{f_w}{1-f_w} = 7.5(R - E_R) + 1.69 \tag{4.133}$$

用累计产油 N_p 和地质储量 N 可计算出采出程度 R，根据对应的含水 f_w 计算出采收率。

(2) 水驱特征曲线。

预测可采储量以及采收率公式

$$\lg(W_p + AN e^{-\frac{B}{A}}) = \lg A + \lg N + (\frac{N_p}{N} - B)/(2.3A) \tag{4.134}$$

(3) 递减曲线。

①双曲递减规律。递减期累计产量与产量的关系：

$$N_p = \frac{Q_0^n}{D_0(1-n)}\left(Q_0^{1-n} - Q^{1-n}\right) \tag{4.135}$$

②指数递减规律。产量与累计产量的关系式：

$$N_p = N_{p0} + \frac{A-Q}{B} \tag{4.136}$$

③调和递减。产量与累计产量的关系式：

$$N_p = N_{p0} + \frac{A}{B}\ln\frac{A}{Q} \tag{4.137}$$

（4）预测模型法。

比较常见的模型有 HCZ 模型、Weibull 模型、胡－陈（Hu–Chen）模型等。如：预测采收率和可采储量 Hu–Chen 模型，其基本关系式为：

$$N_p = \frac{N_R}{1+at^{-b}} \tag{4.138}$$

$$Q = \frac{abN_R t^{-(b+1)}}{(1+at^{-b})^2} \tag{4.139}$$

$$Q_{\max} = \frac{N_R(b-1)^{(b-1)/b}(b+1)^{(b+1)/b}}{4ba^{1/b}} \tag{4.140}$$

$$N_{pm} = \frac{N_R(b-1)}{2b}, \quad t_m = \left[\frac{a(b-1)}{b+1}\right]^{1/b} \tag{4.141}$$

（5）储量—产量双向平衡控制模型。

"储量—产量双向平衡控制模型最早由万吉业于 1994 年提出，他把各油气区乃至全国规划的油气产量与储量增长目标有机地联系起来，即规划期内新增可采储量为规划期内累计产量与规划期内剩余可采储量的增减量之和。产量增长规模取决于储量增长规模其模型表达式为：

$$DN_R = \frac{Q_0\left[D - D^{(T+1)}\right]}{1-D} + (Q_t\omega_t - Q_0\omega_0) \tag{4.142}$$

式中：Q_0 为规划期前一年年产量；Q_t 为某年年产量；单位均为 $10^4 t/a$ 或 $10^8 m^3/a$；D 为年递增指数；ω_0 为规划期前一年剩余可采储量的储采比；ω_t 为规划期末第 t 年年剩余可采储量的储采比。

2011年，有学者在式（4.142）模型的基础上，设计了考虑不同递减类型的新模型[60]，即当递减系数 n 取不同的值时，可以得到在不同递减模式下两者之间的关系，即在不同递减模式下储量的变化情况。

双曲递减模式下（$0<n<1$）储采比 ω 和递减系数 D 之间的关系为：

$$\omega_t = \frac{\omega_0\left[1-(1+nD_0)^{\frac{1-n}{n}}\right]-(1-\lambda)\left\{1-\left[1+nD_0(t-1)\right]^{\frac{1-n}{n}}\right\}}{\left[1+nD_0(t-1)\right]^{\frac{1-n}{n}}-(1+nD_0t)^{\frac{1-n}{n}}} \quad (4.143)$$

指数递减模式下（$n=0$）储采比 ω 和递减系数 D 之间的关系为：

$$\omega_t = \frac{\omega_0\left(1-e^{-D_0}\right)-(1-\lambda)\left(1-e^{-D_0(t-1)}\right)}{e^{-D_0t}\left(e^{-D_0}-1\right)} \quad (4.144)$$

调和递减模式下（$n=1$）储采比 ω 和递减系数 D 之间的关系为：

$$\omega_t = \frac{\omega_0\ln D_0(t+1)-\ln\left[D_0(t-1)+1\right]+\lambda\ln\left[D_0(t-1)+1\right]}{\ln D_0(t+1)-\ln\left[D_0(t-1)+1\right]} \quad (4.145)$$

上述方法的自评价是"该方法的最大优点是把产量与储量变化有机地统一起来，实质上是一种正反演结合模型，可以相互验证，避免两者脱钩而产生错误的结论，这是其他模型无法比拟的。"这个结论显然是由于预测训练较少所导致的误判。所谓"是一种正反演结合模型，可以相互验证"恰恰是方法的最大缺欠。验证要有标准，因为两者都是预测值，不是客观的、实际的可检验值，失去了检验判别标准，失去了预测原则。而"得到的储采比是可靠和唯一的，从而避免了其他方法的多解性、人为因素和实际生产数据的不稳定性影响"，更是毫无根据。

上述5类可采储量预测模型的不足：

一是不符合系统辨识的"最节省原理"，一个方程至少有2个变量，甚至是3个或更多。

二是模型看似机理清楚，实质给出的是不定方程，尽管提出采用变量替换、最小二乘法等方法求解，实际都没有根本解决多解性的问题，而是让主观判断预测替代了，导致预测方法不具可重复性，不符合预测方法的要求。

三是这类方法存在着循环论证的错误。所谓"标定"实质是一种主观预测，一个常识性的问题是，如果主观能自由而准确"标定"采收率或可采储量，预测就失去了价值。以预测模型法为例,当用该模型求累计产油 N_p 时,必须给出准确的最终可采储量 N_R,而油田的最终可采储量 N_R 也是需要预测的。结果是,预测 N_p 时需要知道 N_R,而预测 N_R 又要知道 N_p,存在着前述所谓的高斯怪圈现象、逻辑上的循环论证错误,缺乏独立预测功能。

  Weng 旋回、翁氏 Logistic 旋回模型只有一个变量时间 t,不存在多解性,更不存在循环论证的逻辑错误。

  研究《预测论基础》,目的在于实践。在下一章里将通过油田系统的预测实践说明《预测论基础》的理论意义和实践价值。

第 5 章 《预测论基础》的实践

——以油田为例

> 科学是寻求我们经验之间规律性的有条理的
> 思想，它是直接产生知识，间接产生行动。
>
> ——爱因斯坦

在这一章里，通过对油田系统各类性质预测问题的研究，给出了相应的信息预测实例。为深刻理解信息预测理论、方法的实质与应用，首先对油田体系的渗流、开发、调整以及动态特征给予了概括性介绍，对油田预测的历史、现状及所应用的各类预测方法给予了一般性介绍。与此同时，在众多的信息预测方法里选择实用性较强的、比较成熟的方法给予了重点介绍，解释其可取之处。对其他一些可供选择的方法也给予了讨论，有的可能谈得仔细些。

5.1 油藏渗流系统概述

翁文波在《石油勘探与开发》杂志创刊十周年的祝词中这样写道："我们现在科学知识的基础，很多是在百十年前由许多科学家，像拉普拉斯、傅里叶等所奠定。那时候，许多现代的概念和技术，如信息和控制的概念，快速计算的技术等都还没有诞生。所以我们有充实、修正和更新旧论点的任务。"对于油藏工程来说，"我们目前能满意地对油藏动态进行模拟，而还无法满意地描述油藏本身"（F.F. 克雷格）。《预测论基础》提出的信息理论预测方法绕过了油藏描述的不确定性和渗流边界的模糊性，是研究随机过程集合体的一种有效途径，为油藏工程各类问题的研究提供了一种定量手段。

5.1.1 油藏渗流系统及描述

石油勘探开发的特点是技术密集、高投入、高风险、高效益。勘探的目的是探测和落实地下构造位置、形态以及储层展布状况，地球物理测井是判断储层与非储层、识别油层、气层、水层，确定油、气、水界面及计算储层物性参数，着眼于油气田的发现，以提交油气探明储量为界。石油开发是如何把勘探找到的石油储量尽快地、尽可能多地动用起来、开采出来，实现油田开发经济效益最大化，为国民经济提供更多的油气商品。而要达到这样的目的，首要的、最基本的研究工作就是油藏渗流系统的研究与描述。

5.1.1.1 多孔介质的几何特性与储层参数的描述

研究油藏的结构、特性及类型称之为油田开发地质。研究储层空间分布及物性特征、储层内流体分布及其性质，称之为"油藏描述"。油藏渗流系统主要是指流体赖以存储、渗流的多孔介质体系。多孔介质的定义是一种内部含有"孔隙"的固体。而所谓"孔隙"，从直观上很清楚不用多说，但要对"孔隙"做一个具体的几何学定义将会遗憾地发现要比起初贸然一瞥不知困难多少倍[62]。又"比如生命，要下定义很难，但我们一看就知道"。人们希望能够规定一个几何标量把多孔介质中的孔隙体系特征表示出来，可惜的是，孔隙体系往往形成一套极其复杂的表面，以至于很难以几何学的方式来加以描述。在实际研究中，人们将孔隙设想成管状物，把管子的半径称作孔隙半径，用以描述、比较孔隙的大小，进而为实现油田合理开发奠定油层物理基础。

遗憾的是，一般来说多孔介质的这些孔道都不是圆形的，更糟的是就连这种孔道从来就无所谓正规的截面，因为孔道壁历来就是凸凹不平、歪歪扭扭的。所以孔隙半径也就无从谈起。至今未见到有任何资料足以说明这种几何学上的困境有任何满意的解决办法。尽管如此，但这种孔隙半径大小的假设还是有一定意义的，对于流体的渗流和分布给予了一定合理的解释，这种基本的假设一直延续到今天[62]。

油田开发理论奠基人 Morris Muskat 在 1949 年曾经说过，"困扰着石油生产的许多尚未解决的问题，除了它内在的复杂性外，莫过于油藏的非均质性"。非均质性分为层间非均质、平面非均质和层内非均质,而这些非均质都是与多孔介质有着千丝万缕的联系。

5.1.1.2 储层孔隙空间的结构、孔隙度和渗透率

储存油气的地层称作储层,是油、气、水储集的空间。油气储存在不同成因的岩石孔隙之中。岩石全部孔隙体积的总和叫做完全孔隙或绝对孔隙。除绝对孔隙以外,将相互连通的孔隙称作有效孔隙,对于含油岩石的工业评价具有很大意义的正是有效孔隙,而不是所有孔隙的总体(图5.1和图5.2)。

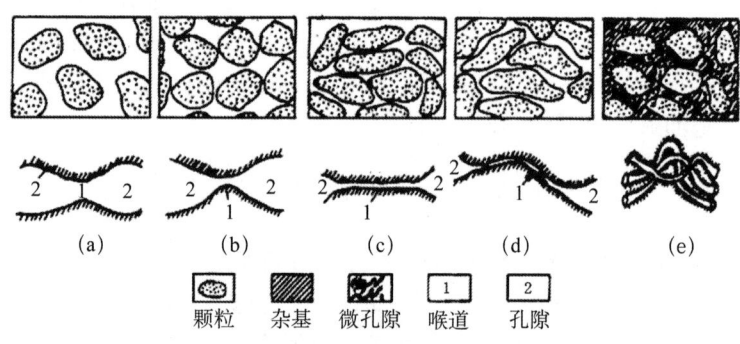

图5.1 孔隙分布与孔隙喉道类型

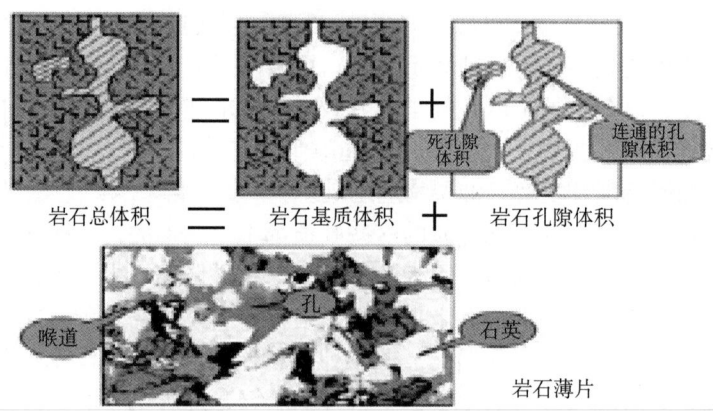

图5.2 岩石薄片观察到的孔隙形态

(源自方宏长等《开采地下石油的谋略——石油开发》)

构成储层的孔隙结构非常复杂，有的储层内还有裂缝和溶洞。描述储层孔隙结构的几个重要概念：

(1) 岩石孔隙度（ϕ）：是对岩石储存流体的储集能力的度量。

(2) 岩心流体饱和度：特定流体（油、气或水）在地层中占据孔隙体积的百分比。一般地层中含有油气水三种流体，所有流体的饱和度（油饱和度 S_o、气饱和度 S_g、水饱和度 S_w）之和是100%，$S_o+S_g+S_w=1.0$。

(3) 岩石渗透率（K）：是一个表征岩石特性、度量地层传送流体能力的参数，控制着地层中流体的流速和运动方向。

研究岩石、油、气、水的性质以及彼此间相互作用规律的学科叫油层物理学。

5.1.1.3 经典渗流规律与描述——达西定律

储层是一种非均质的多孔介质，油、气、水在储层中的渗流过程发生着各种力学、物理和化学的复杂过程。研究多孔介质中各种流体渗流规律的学科称之为渗流力学。

一切岩石都具有孔隙性，因而也具有渗透性，渗透性的大小反映了液体或气体在孔隙中的渗流能力。1859年，法国人亨利·达西（Henry Darcy）通过室内岩心驱替实验，发现流体沿着孔隙渗流量与压差呈线性规律，这一规律称之为直线渗滤的达西定律。

$$Q = K \frac{A}{L\mu} \Delta p \tag{5.1}$$

式中：Q 为通过多孔岩石流体的流速，cm^3/s；A 为流体通过的截面面积，cm^2；μ 为流体的黏度，$mPa \cdot s$；Δp 为两端的压差，Pa；L 为岩心长度，cm；比例系数 K 定义为视渗透率，单位为 D。

5.1.2 油田体系的渗流特点

(1) 砂岩油田的渗流载体属于多孔介质，多孔介质的渗流特点是渗流速度慢，需要一定的驱动压差。

(2) 油水两相渗流条件下，油水两相的渗透率变化有一定规律，即随着含水饱和度的增加，水相渗透率的增加，油相渗透率不断减少，直至降为零。

(3) 由于流体的渗流具有选择性，总是沿着渗透性好、渗流阻力小的方向运动。

(4) 依据油田动态变化的特点，可将油田的开发划分成几个不同的阶段，不同的阶段主要表现在含水规律上升的特点不同。

5.1.3 油藏动态系统的基本统计规律

20 世纪所完成的最惊人的研究结果表明，轨道概念的有效程度要比我们本来预想的有限得多，而轨道概念恰恰是油藏工程研究的理论基础。实践中，人们认识到绕开油藏描述困难所得到的油藏动态系统基本统计规律，为油田动态预测与最优控制奠定了必要的基础。

5.1.3.1 达西定律的局限性

坚实的理论与可付之应用的方法间的平衡是确定学科发展领域的关键，如果两者之间是不平衡的，那么学科研究深入发展的可能性就会受到限制。

在油藏工程研究中，"所有实用的流体流动方程都是根据两个概念——达西方程和物质平衡"，虽然它成功地阐明了多孔介质中渗流的一些方面，但也必须认识到它的局限性。在油田渗流研究中，以达西定律作为推论的基础，但达西定律只是在某种"渗滤"速度范围内才能运用，越出这一范围，就必须用更一般的渗流方程式才能确切地描述。达西定律表示，在渗滤速度 q 与压力梯度（压头）之间为线性关系，代表这一关系的直线应穿过坐标的原点。偏离这种线性的属于"非达西渗流"。对此，库提勒克（Kutilek，1969）概括了 12 种偏离直线的可能情况。这是达西定律局限性之一。

以达西定律和物质平衡原理为基础构造起来的油藏工程理论和方法，在解决宏观的油藏动态系统状态变化问题时遇到了至今难以克服的困难。对此，早在 20 世纪 60 年代就有人指出："当前我们所掌握的有关驱油机理的知识和我们所拥有的计算采油动态的各种方法，尽管在每个细节上还不够完善，但已超过了我们对油藏内流体饱和度及岩石性质在空间上的变化的描述能力"（F.F. 克雷格）。到了 80 年代："渗流力学的理论和方法是相当完整和严密的。但是在实际运用过程中，存在着的突出矛盾是对渗流介质场本身的认识及其理论模型的建立还存在某种不确定的因素，这是长期以来人们希望加以解决而尚未获得良好效果的问题"（葛家理）。不同时代得到了相同的结论，这不能简单地理解为历史的巧合，这充分说明，严密的渗流理论与其所给出的付之应用的方法间存在着严重的非平衡性。特别提请注意的是，随机性与复杂性是有区别的，复杂系统唯一的特性是，我们关于它们的知识是有限的。随着时间的推移，我们的不确定性会越来越大，而不是人们所希望的像随机系统那样不确定性越来越小。比如从稀井网到密井网，人们对油层分布类型的认识提高了，可是最关键的问题是井间油层分布类型的不确定性相对稀井网条件下则是越来越大，而不是越来越小了。油藏动态监测问题也是如此，对一次吸水剖面测试结果，人们很容易得出结论，而当测试资料多了，往往却很难从中得出结论来。

当我们应用达西定律这种轨道方程去解决油藏工程问题时，实质上是遵循经典力学中"任何事物都由初态和运动定律决定"的概念。而常识性的真理告诉我们，精确的预测要求具备初始条件的精确知识，而要得到这一知识就必须付出代价，甚至是无限的代价。对此，有人总是希望能有足够的技术办法来克服它，但我们已经看到这是办不到的。我们对某些观点存有共识，那就是："一旦能够表明对某些类型系统无限精确地确定初始条件会导致自相矛盾的过程，整个问题就会具有新的维，并将成为研究动力学的一条新途径的起点"。

5.1.3.2 油藏动态系统的基本统计规律

薛定谔在《多孔介质中的渗流物理》一书中指出：在统计力学中，把历来对每一分子行径的计算，改用它的概率动态来代替。假设渗流质点对孔隙壁的随机撞击渗流情况可以用随机漫步描述，如果质点的平均速度与达西定律相当，就可据以计算出经过时间 t 后质点的平均位置，即为某一可观测量的期望值。

规律是现象间的本质联系，而发现规律的根本方法是确定变量间的函数关系。通常所说的油藏动态系统，是一种宏观的整体性概念，而动态是指系统的状态随时间的变化。因此，所谓油藏动态基本规律就是指油藏动态系统的状态随着时间变化的统计规律性。从形式上看，这似乎是将复杂的油藏动态系统研究简单化了，其实这恰恰是从系统角度研究油藏这类复杂系统的一个途径。前述表明，油藏动态系统属于耗散结构，时间是描述系统状态变化的自变量。而在油藏动态系统中所获得的有序数据最为重要和有用的特征就是观察值之间的依赖关系或相关性，正是这种相关性表征了所论述系统的"动态"或"记忆"。油藏动态系统的时间序列数据的顺序和大小，表达了数据中所含的信息，反映了数据内部的相互联系或规律性，蕴含了产生这些数据内部的现象过程。而时间序列的波动是因为许多因素波动的综合作用的结果，如果要想把各种随机因素的影响都分离出来，并作逐个精确计算，那是不可能的，某些增产措施效果评价之所以困难，原因就在于此。如果反映油藏动态系统状态变化的随机时间序列遵循着某种统计规律性，那么利用这种统计规律就可以对油藏动态系统进行预测和控制。

研究产油量、含水率与时间的变化关系，从其开始至现在，其中一个目的是用于油藏开发阶段的划分，目的是以期遵循不同开发阶段的特点，获得理想的开发效果。但在系统理论看来，研究油藏开发阶段的划分，实质是从整体性原则出发研究油藏动态系统变化的统计规律性问题。C.A. 奥鲁德涅夫等最早提出以油藏的采油量随时间的变化作为划分开发阶段的主要准则，并将整个油藏开发过程划分为 4 个阶段，即油藏投产阶段、高产稳产阶段、产量迅速下降阶段和产量缓慢递减阶段。M.M. 依万诺娃对已处于开发结束阶段的 65 个油藏的研究也得出了同样的结论，并根据油藏条件和开采条件的差异具体地划分为 4 种类型（图 5.3）。童宪章院士研究了 20 世纪 50 年代以来国内外几个采用早期注水开发的油田全部开发过程，并把其过程划分为三个阶段，即准备阶段、稳产阶段和递减阶段，并将此三个阶段构成的整个开发过程定义为油田开采模式（图 5.4）。

对碳酸盐油藏开发阶段的划分研究也得出了相同的结论。对进入开发后期的 16 个碳酸盐油藏统计表明，水驱开发全过程也划分为三个阶段，即上升、稳产和递减阶段（图 5.5）。

单井、井组和区块的产油、产水与时间关系的统计研究也得到了与上述形态完全类似的动态曲线（图 5.6 至图 5.8）。

尽管油藏的产油量和含水率是一个与油藏地质条件、开采条件以及控制措施有关的及其复杂的函数，但其随时间的变化总体上来说产油量的变化必须要经历上升—高峰—下降，直到为零的全过程。而含水的变化必须经历上升速度慢—快—慢，直到 100% 时为止。进一步分析表明，对于资源有限的油藏动态系统来说，其产油和含水变化所表现出来的规律性与生命体系的状态变化特征有着一致性。鉴于随机量的统计特性由它的概率分布所确定，据此认为，油藏动态这类人工自然系统的基本统计规律为：一是产油量变化服从 Weng 旋回分布；二是含水率服从翁氏 Logistic 旋回分布；三是系统的累积量与时间的变化也表明了 S 型的总体规律性。

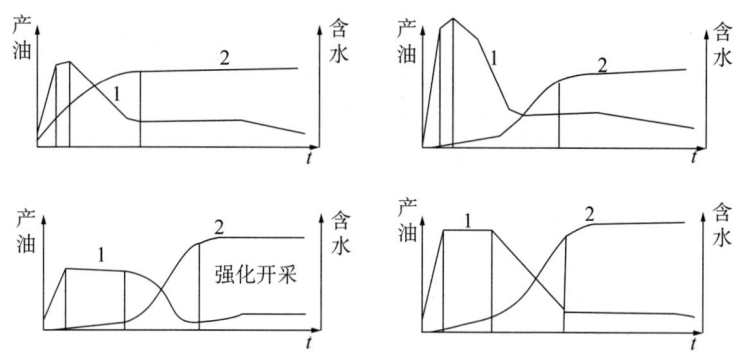

图 5.3　采油含水动态类型

1—产油量；2—含水率

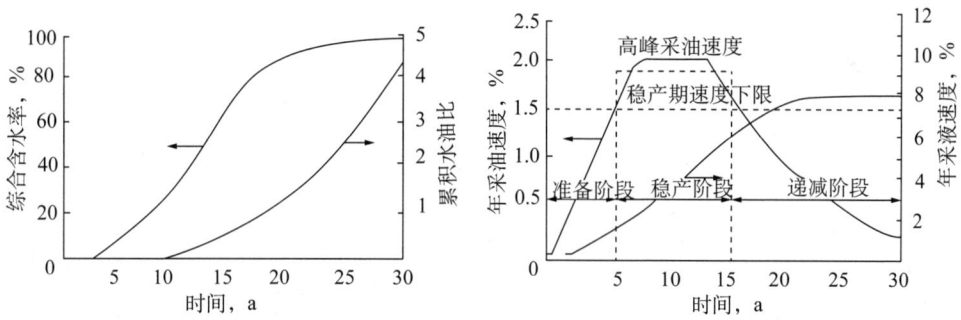

图 5.4　早期注水油田开发模式示意图

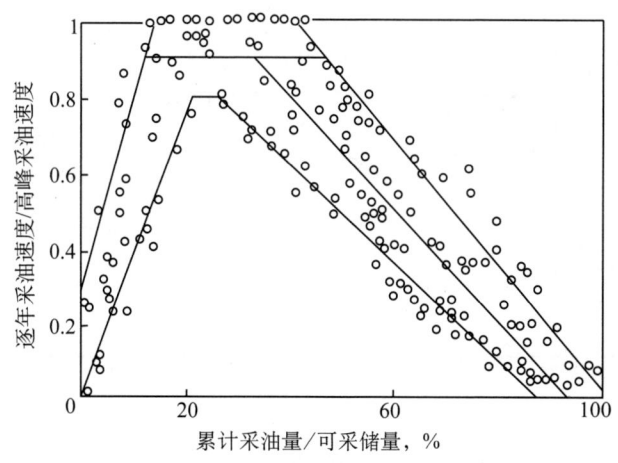

图 5.5　采油速度比工业采出程度的关系

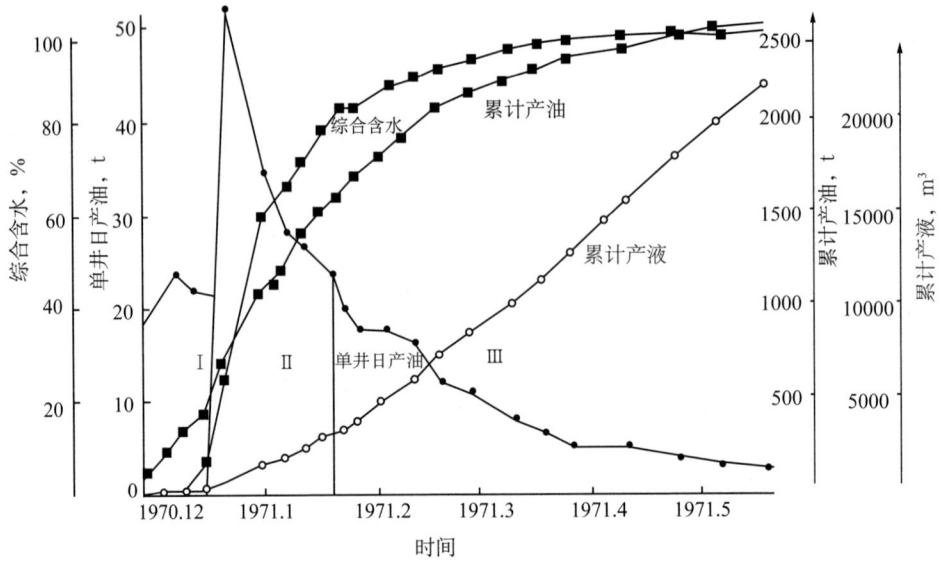

图 5.6 小井距试验区 501 井 II$_{7+8}$ 层开采曲线

Ⅰ，Ⅱ，Ⅲ—开发阶段

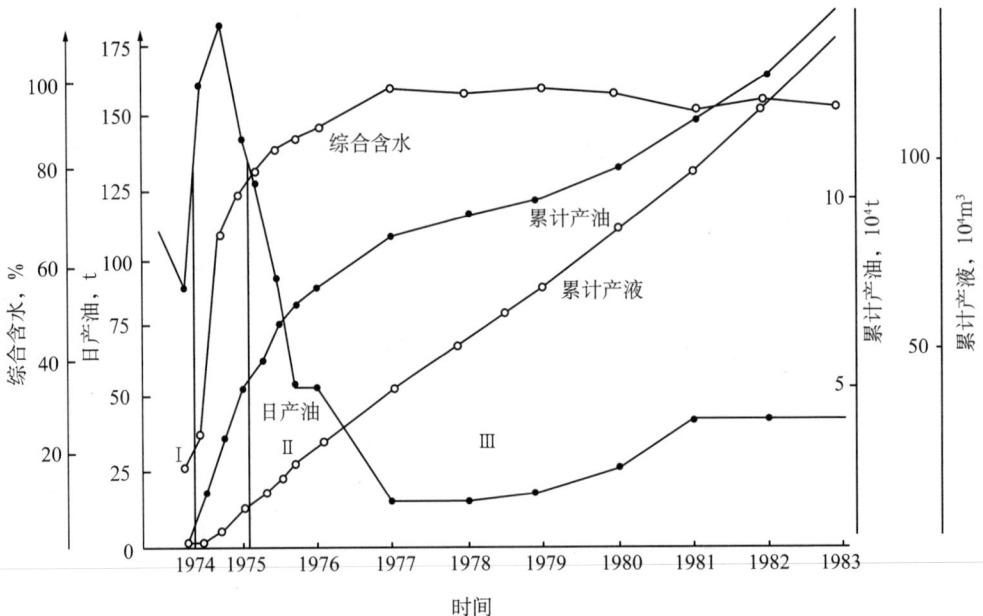

图 5.7 厚层试验区高强度井组开采曲线

Ⅰ，Ⅱ，Ⅲ—开发阶段

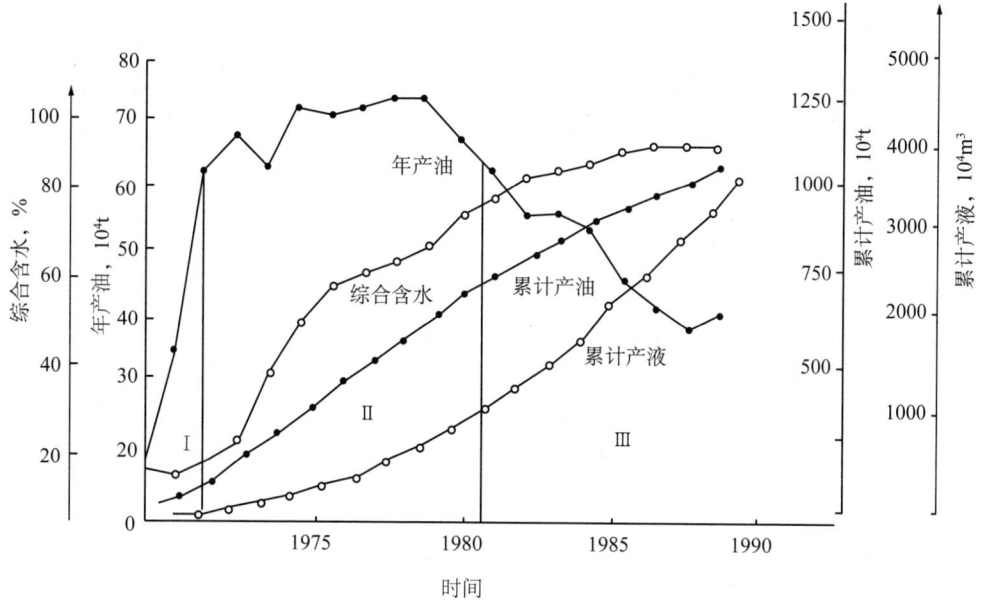

图 5.8　SB 东部过渡带开采曲线

Ⅰ，Ⅱ，Ⅲ—开发阶段

5.2　油藏工程研究的内容

一个油气田的开发往往要经过几十年或者百年以上的历程。百余年的研究与实践积累了丰富的油气田开发经验，这些经验逐渐升华为开发理论，指导着油田科学开发[63-65]。

5.2.1　油藏开发阶段与研究内容

一个油气田的开发往往要经过几十年或者百年以上的历程。油气藏深埋地下，具有极其复杂的非均质性和不确定性，实践使人们充分认识到，油气藏井位的命中率和井位控制的有效储量直接影响到投资效益的大小及其长远生产的状况。由于不同地质师、油藏工程师的知识、经验、观点以及认识不同，给出的布井方案可能相差较大或很大。因此，在油田开发过程中一直将油气藏描述作为研究的主要目标，尽量减少对油气藏认识的不确定性，不犯不可改正的错误。油田开发大体分为三个开发阶段：

(1) 油藏评价阶段。

简单地说，油藏早期评价的主要任务是：通过油藏评价部署的实施，提高评价区的勘探程度，取全取准所需要的各项原始资料，搞清流体特征，搞好油藏描述及储层空间分布预测，落实油藏地质储量，建立一个比较符合油藏实际的油藏概念模型。

(2) 油藏开发阶段。

油田投入正式开发前，需要编制油田开发概念方案、油田总体开发方案，进行技术经济评价和风险分析，研究该油田投入开发的技术经济可行性。具体来说就是以油藏工程方案为基础，根据现代油藏经营管理的原则和要求，进行技术经济分析，优化和确定单井产能、合理采油速度和总体产能规模等重要开发指标，预测所能达到的最终采收率，最终确定油田的总体开发方案。主要包括下述研究：

①油气田开发的总体方针与基本原则。主要考虑国民经济发展对石油需求、资源保护及油田开发程序。

②油气田开发方案的编制。主要内容是研究油田概况，油藏地质物理特征，储量计算及评价，油气藏地质模型与数值模拟，油藏工程设计、采油工程设计，钻井及地面工程设计，方案对钻井、完井、测井技术及动态监测的要求等。

③油气田的驱动能量与方式分析。主要是研究油气藏的特征描述，油气藏驱动模式及开采特征，油气田开发方式。

④储量评估。主要是研究储量分类、地质储量计算、可采储量计算、储量经济技术评价等。

⑤油田开发层系的划分。研究油层对比、油气藏非均质性、开发层系划分和组合原则。

⑥井网部署与注水方式。主要研究影响注水方式选择的因素，选择注水方式的原则，油田开发井网部署的原则以及井网密度研究。

⑦开发指标预测。研究油气田开发指标预测方法，预测油气田开发的主要指标及油藏最终采收率。

⑧经济评价分析。研究油气田开发方案技术经济评价的原则和方法，油气田开发方案的综合评价及优选。

(3) 油藏开发调整阶段。

不断深化对油藏的认识和描述，进行油气田开发全过程的系统优化是油藏研究的根本目的。开发方案设计时所依据的仅是少量探井和评价井的资料，考虑到油田非均质状况的复杂性和不确定性，在实施过程中很可能发现与原方案不一致的地方，因此在油田产能建设过程中要进一步深化油藏描述，开展剩余油空间分布及可采储量预测、措施与开发效果评价及经济评价等,当发现原方案部署和实际情况不符时要及时做出调整,并在这个基础上编制油田开发调整方案,以免造成更大的损失。

(4) 油藏开发综合调整阶段。

这是一个漫长的过程,在以经济效益为中心,追求合理产量最大化前提下,分阶段实施井网、层系综合调整;油水井综合利用与各种措施的综合利用。概而言之,因地制宜、因势利导,千方百计提高油藏采收率是该阶段的研究核心。

5.2.2 油田开采的一般特点

油藏开采遵循着三个基本原则:(1) 不断扩大开发面积;(2) 追求连续生产与产量稳定;(3) 追求经济效益最大。上述三个基本原则决定了油藏开采的一般特点:

5.2.2.1 油田开发与固体矿藏开采有明显不同

油气田是一种液体矿产资源,其开发不像制造业那样可以用同样的工艺重复进行。同时,由于油气藏是会流动的液体矿床,不同位置有着不同的压力系统。因此,油气田的开发和煤炭、金属等固体矿藏的开发有着明显的不同。

5.2.2.2 油田开发设计不能犯不可改正的错误

油田开发设计必须深刻理解这样两个现实或规律:一是只有相似的油田,没有一样的油田;二是油气田是一个"不能试验的系统"(F.F. 克雷格),导致油气田开发具有不可逆性。于是催生了油田开发设计的一个原则,那就是要求在进行开发设计时不能犯不可改正的错误。

5.2.2.3 开发过程中不断加深油藏认识

油气所在的储层具有十分复杂的非均质性,人们不能直接对油气层进行观察,只能依靠油井与气井的取心和测试所得到的"一孔之见"对油气层进行研究,认识自然不可避免地带有不确定性。因此,对油气藏的认识不可能一次完成,只能在整个开发的过程中不断地加深认识。

5.2.3 油藏动态系统的指标体系

预测参数的选择对于建立一个合适的预测模型是非常重要的。

油田开发含有技术性能指标和技术经济指标两类。预测指标的确定要遵循可理解、可衡量、可操作、可信并与开发总目标一致的原则。反映油田开采动态变化有关的参数和指标包括：

（1）油藏静态指标，有孔隙度、渗透率、含油气面积、有效厚度、探明地质储量；

（2）油藏动态指标，有地层压力、流动压力、年油（气）产量、产液量、综合含水率、累计产量、采出程度、采收率、剩余可采储量、波及体积、驱油效率、油水井套管损坏数。

（3）油田开发经济指标，有投资成本、吨油成本、吨水成本（污水处理）、吨聚成本等。

尽管这些信息对于解释开采过程中所发生的各种变化都是不可缺少的，但对于油田动态预测来说，人们最关心的是油田的产量、含水以及油水井的安全指标在近期、中期以及未来更长时期内将发生怎样的变化。如能比较准确地知道产油、含水以及油水井安全指标未来的变化规律，那么油田动态控制便有了可能。因此，对于油田动态指标体系来说，核心是产油、含水与油水井套管损坏。此外，累计产油量或采收率指标也是预测的核心。

5.2.4 油田系统研究的核心

M.Muskat 等于 1937 年提出了关于均质液体渗流的理论，讨论了有关油气田开采的各种水动力学问题，认为不可压缩均质液体在不可压缩均质地层中的渗流可归结为求解拉普拉斯方程问题。紧接着人们研究了多孔介质的压缩性对渗流过程的影响，认为均质液体在可压缩性多孔介质中的渗流可归结为求解一类抛物方程问题。1942 年，S.E.Buckley 和 M.C.Leverett 提出了前沿驱动理论，阐明了水驱油过程的非活塞性，在此理论指导下，人们相继提出了一些动态分析计算方法，如 F.F. 克雷格就曾在《油田注水开发工程方法》中列出几十种"预测注水开发动态的方法"。1959 年，J.J.Douglas 和 D.W.Peaceman 等有效地模拟了室内水驱油实验结果，比较成功地解决了数值解的稳定性问题，提出了油水两相数值模拟方法。

从油藏工程研究发展历程中可以清楚地看到，均质渗流理论、弹性渗流理论、前沿驱动理论和油藏数值模拟理论奠定了分析油田问题的必要基础，搞清了许多具体问题。油藏工程研究的目的在于如何控制系统的输入（如注水）以获得令人满意的输出（采出的油最多，采出的水最少）。从理论上说，预测是最优控制的基础，或者说预测是油藏研究的核心问题之一。

对油藏工程研究对象的特点稍做讨论，就不难理解这种认识的合理性。一个尚未投入开发的油田对人们来说就像一个密封的箱子，里边黑洞洞的，称之为黑箱。经过详探、试采并投入开发后，这时的油田对人们来说就像透进一线阳光的箱子，里面半明半暗，称之为灰箱。油藏工程研究的目的在于彻底揭开油田黑箱的奥秘。因此，无论在油田开发之前，开发过程中，还是在对将来发展变化的认识上，都属于对油田黑箱内部特征及其发展变化的猜测和认识，属于系统辨识、预测的问题。具体来说，油层厚度、渗透率、初始含油饱和度、初始含水饱和度等是空间的函数，属于分布参数辨识和预测问题；油田的产油量、含水率和压力等是时间的函数，属于集中参数的辨识和预测问题。特别是应该充分注意油藏工程问题研究的这样一个特点，那就是，油藏工程所研究的油田是一个"体"，而能取到的资料严格说来只能是若干个"点"。基于油田系统的特殊性，这些"点"永远不能构成连续的"线"，也不能组成清晰的"面"，更不能构成一个完整的"体"，因此，油藏工程的研究，即对油田这个"体"的研究，而这个过程的核心就是辨识和预测。

5.2.5　油田动态预测的困难

F.F. 克雷格认为，"油田开发工程是为数很少的一项科学，它所涉及的，从整体来说是一个看不见、摸不着，既不能称量，又不能计量，也不能试验的系统。即使在整个油田的每口井都取心，人能看到的样品也不到整个油藏体积的十万分之一。"显然，集中参数和分布参数的预测难度都很大，主要表现在以下几点：

(1) 信息不完全。不可能规定具体的条件进行反复的实际试验，以获得大量可靠的，具有代表性的试验数据信息。

(2) 系统内相关因素众多，而这些因素大都是随机的，有些又是不易量化的，不少还与人的行为、决策有关，有些又是强干扰性的。

(3) 油田的动态变化是非线性的。因此，如果采用线性近似方法就必然产生误差，有时误差较大，以至于导致预测失败。

(4) 根本性的困难在于油田动态系统是一个不稳定的随机过程集合体，其状态往往呈现出高度复杂性，有时还会出现突变或转折点。

可以说预测的困难在于油田动态系统是一个受到人的意志以及众多随机因素影响，并且时常受到强干扰作用的复杂系统。

5.3 油田动态预测的历史与现状

纵观油田动态预测的历史,自1905年人们开始重视动态预测以来,油藏工作者从不同角度出发,研究并建立了各种油田动态预测方法,依据方法本身固有的属性,将预测方法分为4类:统计法、外推法、因果法和模拟法。这种分类说明了油田动态预测问题的复杂性和重要性,同时,也反映了现有预测方法的各自局限性。

5.3.1 油田系统的统计预测方法

实践表明,同一油田,相同的资料,几个油藏工作者同时进行预测,其预测结果往往各不相同,甚至相差很大。既然油水运动规律在一定的时空条件下是客观存的,那么产生这种现象归结于所选择的预测方法上存在着差别是有道理的。

5.3.1.1 经验预测方法

根据油田实际资料进行统计回归,得到采收率与油层静态参数和井网密度等之间的经验统计关系式。这类预测方法影响较大的有以下几种:

(1) 阿普斯(J.J.Arps)经验公式。

美国石油学会(API)采收率委员会在阿普斯(J.J.Arps)的主持下,从1956年开始到1967年,综合分析和统计了美国、加拿大、中东等产油国和地区的312个油藏的资料。根据72个水驱砂岩油田的实际开发资料,确定出水驱砂岩油藏采收率的经验公式:

$$E_{\mathrm{R}} = 0.3225 \left[\frac{\phi(1-S_{\mathrm{ws}})}{B_{\mathrm{oi}}} \right]^{+0.0422} \times \left(\frac{K\mu_{\mathrm{wi}}}{\mu_{\mathrm{oi}}} \right)^{+0.0770} \times S_{\mathrm{ws}}^{-0.1903} \times \left(\frac{p_{\mathrm{i}}}{p_{\mathrm{a}}} \right)^{-0.2159} \quad (5.2)$$

适用条件:早期开发,水驱、溶解气驱、气顶驱、重力驱等驱动机理,岩性包括砂岩和碳酸盐岩。

(2) 童宪章经验公式。

1978年,童宪章院士根据实践经验和统计理论推导出了有关水驱曲线的关系式,并将关系式和油藏流体性质、油层物性联系起来,给出确定水驱油藏原油采收率的经验公式:

$$E_R = 0.227 + 0.133\left(\lg\frac{K_{ro}}{K_{rw}} - \lg\frac{\mu_o}{\mu_w}\right) \tag{5.3}$$

(3) Guthric 和 Greenberger 公式。

Guthric 和 Greenberger 等给出了以下采收率预测公式：

$$E_R = 0.2179\lg K + 0.25569 S_{wi} - 0.1355\lg\mu_o - 1.538\phi - 0.0003488h + 0.11403 \tag{5.4}$$

(4) 经验公式。

根据油水相对渗透率曲线，用下列公式计算采收率：

$$E_R = 1 - \frac{B_{oi}(1 - \overline{S}_w)}{B_o(1 - S_{wi})} \tag{5.5}$$

上式中的 S_{wi} 可由岩心分析或测井解释结果得到，而 $\overline{S}_w$ 可根据含水率曲线求得。考虑到地层的垂向非均质性，乘以经验的校正系数 C，于是采收率为：

$$E_R' = C\left[1 - \frac{B_{oi}(1 - \overline{S}_w)}{B_o(1 - S_{wi})}\right] \tag{5.6}$$

上式中的 C 值可由式 (5.7) 求得：

$$C = \frac{1 - V_k^2}{M} \tag{5.7}$$

其中

$$M = \frac{\mu_o K_{rw}}{\mu_w K_{ro}}$$

对于五点面积注水系统而言，见水时的面积波及系数可确定为：

$$E_{A5} = 0.718\sqrt{\frac{1+M}{2M}} \quad M = \frac{\mu_o}{\mu_w K_{ro}(S_{wi})}\left[K_{rw}(\overline{S})\right] \tag{5.8}$$

(5) 储量规范经验公式。

全国储委油气专委 1985 年利用 200 多个水驱程度大于 60% 的砂岩油田资料，统计分析得出采收率与流度有关的公式：

$$E_R = 0.214289\left(\frac{K}{\mu_o}\right)^{0.1316} \tag{5.9}$$

以上各式中：E_R 为采收率；K 为平均绝对渗透率，mD；S_{wi} 为地层束缚水饱和度；ϕ 为有效孔隙度；h 为有效厚度，m；B_{oi} 为原始地层压力下的原油体积系数；μ_{wi} 为原始条件下地层水黏度，mPa·s；μ_{oi} 为原始条件下原油黏度，mPa·s；p_i 为原始油层压力，MPa；p_a 为油藏废弃时压力，MPa；K_{ro} 为油的相对渗透率；K_{rw} 为水的相对渗透率；μ_r 为地层油水黏度比；V_k 为突进系数；$\overline{S_l}$ 为在预定的极限含水率（f_w=98%）下水淹区的平均含水饱和度；M 为流度比。

5.3.1.2 水动力学经验公式类

基于渗流理论建立油田动态预测模型，这类方法较多，从 Stiles 等的活塞流，巴利索夫的等值渗流阻力法，到以 Buckley–Leveret 方程为基础的非活塞流管法等都有较多的计算公式。这类方法的特点是机理比较清楚，但过于理想化，与实际差别较大。

从因果关系中考虑建立系统状态的预测模型，通常是人们最先想到的一种方法。把经验与渗流力学方程相结合，从而推导出具有完全确定性的油田动态预测模型，这种传统的动态预测方法是大家熟知的。

20 世纪 70 年代，美国对二次和三次采油进行了具有历史意义的总结性研究。对于油田预测研究，正如 F.F. 克雷格所指出的那样："粗略一看就可发现，列举的各种预测方法没有一个能成长到今天"。尽管如此，F.F. 克雷格还是推荐了一种注水动态的预测方法。在他对这种预测方法的实际应用效果进行分析之后，又得出了这样令人困惑的结论："更常见的是，实测与预测的不同要归咎于油藏表述不确切"。

从预测论观点来看，因果模型对变量及随机扰动项的假定条件很严格，也就是说只有原因清楚，预测结果才能准确。因此，因果类预测模型必须遵守这样一个原则，即自变量的预测值必须比因变量的预测值精确或容易获得，如果自变量的预测值实际上很难求得，甚至根本没有办法求得，只能靠经验判断，那么模型的精确性就无法保证了。

将数理统计与开发经验相结合的预测方法，特点是机理概念清楚、公式形式简单、易于被人们理解和接受。属于这一类的方法比较多，例如以 1942 年 M.M.Muskat 提出的采油指数概念为理论依据，建立的采油指数递减预测模型：

$$Q_{iold} = 365 N_i \eta_{oi} \Delta p_i \tag{5.10}$$

$$\eta_{oi} = a + b\overline{f}_{wi} + c\overline{f}_{wi} \tag{5.11}$$

$$\overline{f}_{wi} = \overline{f}_{wi-1} + f'_{wi}v_{oi} \tag{5.12}$$

$$f_{wi} = \frac{2.3v_{oi}}{2B} f_{wi-1}\left(1 - f_{w_{i-1}}\right) \tag{5.13}$$

$$\Delta p_1 = p_{ti} - p_{ci} \tag{5.14}$$

其中

$$p_{ci} = p_{ci-1} + A\Delta f_{wi}$$
$$p_{ti} = p_{ti-1} + \Delta p_{ti}$$
$$v_{oi} = \frac{Q_{iold}}{N_0}$$

式中：Q_{iold} 为第 i 年老井自然递减后年产油量，t；N_i 为第 i 年老油井开井数，口；η_{oi} 为第 i 年采油指数，t/(MPa·d)；Δp_i 为第 i 年生产压差，MPa；$\overline{f}_{wi}$ 为第 i 年平均含水，%；a，b 和 c 为待估计的参数，非时变的；f'_{wi} 为第 i 年含水上升率，%；v_{oi} 为第 i 年采油速度，%；B 为水驱特征曲线的斜率；$\overline{f}_{wi-1}$ 为上年年末的综合含水率，%；p_{it} 为第 i 年地层压力，MPa；p_{ci} 为第 i 年流动压力，MPa；p_{ci-1} 为上年的流动压力，MPa；$\Delta \overline{f}_{wi}$ 为第 i 年含水增值，%；A 为待估计参数；Δp_{ti} 为第 i 年地层压力增减值，MPa；N_0 为地质储量，10^4t。

不难看出，这是一个采用多模型组合起来完成产量预测的方法。从形式上看，机理清楚、结构严密、描述是完整的，但从本质上看却属于经验判断，原因是模型中有的参数，并且是关键的参数往往也是需要预测的，或必须由经验来确定；此外，模型越多，误差就会增大，特别是在经验判断上，不同人经验不同，这就难以保证结果的唯一性。当然，如果预测人员的经验丰富，判断准确，用于短期预测也是可获得比较理想的预测结果的。

5.3.1.3 物质平衡方程类

物质平衡方程由美国学者薛尔绍斯在 1941 年按体积平衡推导出来的，是以地下产量表示的地面累计产量等于油藏中因压力下降引起的流体膨胀量，最简单的物质平衡方程式：

$$dV = cV\Delta p \tag{5.15}$$

式中：dV 为累计采出量；c 为压力系数；V 是总孔隙体积；Δp 为压降。主要用于描述罐模型，一般为代数方程，有时也用常微分方程描述即零维模型。在忽略油层非均质性和压力分布差别的情况下可以使用，一般用于弹性驱动、溶解气驱动和水驱油田的宏观的开发指标变化趋势的预测或开发机理研究。这类方法机理比较明确，计算简单，但不能给出非均质油层的精准预测。

5.3.1.4 IPR 曲线法

油气井流入动态是指在一定的油气层压力下，流体（油、气、水）产量与相应井底流动压力的关系，它反映了油藏向该井供油、气的能力。表示产量与流压关系的曲线称为流入动态曲线（Inflow Performance Relationship Curve），简称 IPR 曲线，又称指示曲线（Index Curve）。根据达西定律，在地层压力大于饱和压力的前提下，有如下单相流公式：

$$q_o = J_o(\bar{p}_R - p_{wf}) \tag{5.16}$$

式中：q_o 为油井的产油量，$\bar{p}_R$ 为平均地层压力；p_{wf} 为井底流压；J_o 为渗流能力综合系数，即采油指数。

采油指数与油层的渗透率、厚度、原油的黏度等有关，对定压边界圆形油层中心一口井有：

$$J_o = \frac{2\pi Kh}{\mu_o B_o(\ln \frac{r_e}{r_w} - \frac{1}{2} + S)} \tag{5.17}$$

式中：K 为油层的有效渗透率；h 为油层有效厚度；μ_o 为地层油的黏度，$mPa \cdot s$；

在引入 Vogel 系数的基础上，有人提出了适应不同井底完善程度和不同阶段的无量纲 IPR 曲线形式：

$$\frac{q_o}{q_{max}} = (2-V)R(\frac{\Delta p}{\bar{p}_R}) - (1-V)R^2(\frac{\Delta p}{\bar{p}_R})^2 \tag{5.18}$$

$$\Delta p = \bar{p}_R - p_{wf} \tag{5.19}$$

$$R = \frac{\overline{p}_R - p'_{wf}}{\overline{p}_R - p_{wf}} \tag{5.20}$$

$$p'_{wf} = p_{wf} + \Delta p_{skin} \tag{5.21}$$

式中：R 为流动系数；p_{wf} 为完善井底流压；Δp_{skin} 为井底不完善引起的压力损失。

5.3.1.5 产量递减曲线

产量递减分析，关键在于分析某一初始产量和随后某一时间产量的关系，并由此推导出产量递减方程。实践证明这是一个经久不衰、实用的预测方法，但对机理还存在着相当模糊认识的方法，故多做一些解释。

（1）产量递减曲线概述。

1908 年，美国人 Arnold 和 Anderson 首次发表了油田产量指数递减的数学推导和解释。1918 年，Lewis 和 Beal 指出，产量递减曲线通常遵循双曲递减规律。1924 年，Cutler 指出常数或指数递减曲线并不适用于所有油田。经对 14 个国家 149 个油田的产量拟合分析发现，双曲递减比指数递减曲线效果更好。

1945 年，Arps 将递减曲线分成指数、双曲和调和递减等 3 种类型，使递减曲线预测方法逐渐成熟起来。1972 年，Gentler 研究了每一种递减类型的特点，获得了两种无量纲方程，并详细讨论了递减指数 N。1982 年，有人研究了用图版法确定计算公式的常数问题，1983 年又进一步研究了产量递减类型的判别方法，较之采用透明图法和图解法不但简单而且迅速，使递减类型判别问题有了较大进展。

2015 年，Steven W.Poston Bobby D.PoeJr 又对递减曲线的应用与进展进行了系统性的总结与分析[66]。同时指出，Arps 方程真正适用的范围仅限于递减指数 $0 \leqslant N < 1$。而调和递减曲线并不符合该定义，这是由于调和递减向前外推预测会导致出现无限大的累计产量等。

（2）产量递减方程。

Aprs 和 Fetkovich 的开创性研究为采用递减曲线进行生产历史分析奠定了基础。产量递减方程是通过对实际生产历史数据进行曲线拟合，假设未来的生产具有相同的变化趋势，然后进行产量预测的一种时间序列分析方法。产量递减曲线分为指数、调和、双曲 3 种类型，相应的描述方程：

$$q_i(t) = q_o e^{-d_i t} \tag{5.22}$$

$$q_i(t) = \frac{q_o}{1+nd_i t} \tag{5.23}$$

$$q_i(t) = \frac{q_o}{(1+nd_i t)^n} \tag{5.24}$$

式中：$q_i(t)$ 为随时间变化的产油量；q_o 为初期产油量；d_i 和 n 分别为初始递减率和递减指数，常数。

实践表明，在不考虑或不发生重大措施条件下，产量递减方程仅依据产量变化历史数据分析产量的变化规律，是一种预测产油量操作简单、方便且有效的方法。

递减曲线分析的应用状况，正如 H.C. 斯利德所说"递减曲线分析可能是最被滥用的方法之一。而同时又是最受忽视的油藏工程方法之一"，因为"比较偏向于理论的石油工程师可能不欣赏递减曲线分析，并没有利用它去加强或者辅助自己的理论观测，而另一些工程师则以油田产量还没有出现递减为由不重视这一方法"。

（3）递减曲线方法优势。

递减曲线分析方法的优势在于：①建模方便。油田普遍有大量可用的生产历史数据，通过实际生产历史的拟合，确定产量递减曲线方程，可对产量、时间或累计产量即油藏未来的生产动态做出预测。②模型简单，时间 t 是模型的自变量，符合建模的"最小维实现原理"。③方法应用方便、成本低、耗时短。④方法实用性强，应用条件相对宽泛。复杂的数学模型预测时考虑了流体和岩石性质的变化、压力变化以及储层参数空间变化的影响。虽然可以计算出不同井网和开发方式下油藏一维、二维或三维的结果，但这些模型需要有相当的基础资料支持，往往是很难满足或者根本不可能满足要求的。

（4）递减曲线分析方法的局限性。

递减曲线分析方法的局限性体现在：一是递减曲线方法应用条件是油田出现递减之后，这是铁律。二是递减曲线方法虽然考虑了系统的整体性、动态性和统计规律性，但是它未能考虑系统的时变性。建模时没有注意到递减指数 N 和递减率 D 是两个时变或弱时变参数。三是体系的不稳定性导致递减类型判断的复杂性。针对生产制度的改变，通常会改变递减曲线的形态问题，虽然提出了一些改进的方法，但却未能从根本上改变应用的局限性。

（5）递减曲线分析的最新进展。

Steven W.Poston 等认为，"递减曲线分析通常被看作是一种定性的分析方法，这是由于人们认为利用数学公式拟合实际生产曲线并不能为动态指标预测提供充足的理论依据,其根本原因在于实际生产数据往往质量较差。基于这些数据拟合曲线的公式将导致错误的解释结果"。进而认为"总体上,对油气藏基础地质资料、储层流体组成以及常规生产特征具有一定的认识,是准确开展递减规律分析的前提条件"[66]。

基于上述的普遍性认识,几十年来追求提高递减曲线拟合精度的研究从未间断过,坚信"对递减曲线分析理论的基本假设以及油田或油藏的生产特征的充分认识,能够为动态指标预测提供可靠的基础"。认为"在传统的递减曲线分析基础上所取得的技术进步提高了产量递减动态数据的分析质量"。在 1945 年,Arps 率先指出递减指数 n 能反映油藏特征之后,研究的新进展概括如下:

① 1987 年,Fetkovich 将产量递减曲线划分为不稳定流动段和边界控制流动段,并提供了"一系列典型曲线"以进行递减分析。

② 1993 年,Palacio 和 Blasingame 证明,利用拟生产时间函数的 Horner 近似形式,可将"产量变化井的产量递减动态校正成传统产量递减分析适用的形态"。

③ 1995 年,Doublet 和 Blasingame 根据相应拟稳态解析压力的不稳定求解方法,为井产量递减分析中不稳定流动段与边界控制段的耦合奠定了理论基础,得到"一种复合递减曲线图版"。其中包括无限导流垂直裂缝直井、水平井和外边界有确定水体的无裂缝直井产量递减曲线图版。

④ 1999 年,Agarwal 等在产量递减分析方法中应用上述两个理论,形成了可用于递减曲线分析、边界控制流动段分析和特定流动段的分析方法。

⑤提出了"产量递减函数的积分和导数形式",从而降低了产量递减曲线图版分析结果的不确定性。"积分和导数函数与标准产量递减方程结合",能够更好地确定油气井生产过程中的不稳定产量递减阶段。

(6) 对"递减曲线分析最新进展"的分析。

递减曲线需要改进的理由有三点[66]:①认为产量递减曲线可用,但缺乏油田开发机理解释。"利用数学公式拟合实际生产曲线并不能为动态指标预测提供充足的理论依据"。②"递减曲线分析适用于压力衰竭开发油藏和重力驱油。因为固定递减率生产压差(静压与流压之差)直接控制着该类油藏产量的高低"。因此都存在应用条件问题。③"根本原因在于实际生产数据往往质量较差"。因此,认为"基于这些数据拟合曲线的公式将导致错误的解释结果"。主张改进的途径是将递减曲线分析与油藏渗流机理结合。直到 2015 年,Steven W.Poston 依然从还原论角度出发考虑复杂的油藏问题,认为递减曲线缺乏机理,递减曲线只有与油田的渗流机理结合起来,才能对递减曲线应用给出理论解释。

研究将递减曲线和油田渗流相结合,实质是把简单问题复杂化了。实践将证明这是一道没有解的命题。必须清楚,储层渗流机理与产量时间序列分析是两个根本不同的预测途径与研究方法,储层渗流机理研究要求必须知道影响产量变化的所有因素,而产量递减曲线分析中的时间变量 t 包含了所有的影响因素,根本不再需要知道影响产量的所有原因。因此,从理论上讲,设想"递减曲线和油田渗流相结合"的模型或方法中,既要含有影响产量的各种地质、工程等因素,同时又要含有时间因素是不可能的。此外,递减类型的划分是基于理想条件下的一种描述。开发后的油田体系具有随机性和时变性。严格来讲,实际的油田产量变化并不存在或遵循某一固定的所谓指数递减、双曲递减或调和递减类型,而是不断变化的。同一油田、不同区块、不同井组的递减类型都可能不同。所谓进展是将递减曲线尽量与开发机理联系起来,用典型递减曲线分析方法研究确定储层参数、压力变化、井筒伤害等,此类进展除了使简单问题徒增加复杂性外,实际意义并不大。

Steven W.Poston 在"产量递减曲线分析"中论述了"复合产量递减曲线分析模型"。认为一口井的产量递减特征受多个参数控制,受油藏本身的性质和完井效率影响。包括有效渗透率、孔隙度、流体饱和度、流体和岩石性质。影响早期非稳态流动动态的完井效率参数包括系统特征长度 (L_c)、储层打开程度、近井地带改善或伤害、完井措施的有效性(如射孔和砾石充填)。于是提出了曲线耦合的理论,认为封闭油藏内任意类型井(如无裂缝、垂直裂缝直井或水平井)到达完全边界控制流阶段的无量纲不稳定产量与无量纲时间的关系为:

$$q_{wd}(t_d) = \frac{1}{S} \exp\left(\frac{-2\pi t_{DA}}{S}\right) \tag{5.25}$$

其中

$$t_{DA}(t) = \frac{t_D(t)}{A_D}$$

$$A_D = \frac{A}{L_C^2}$$

对于不同的完井性质、油藏性质和井位情况,式(5.25)中的系数镜像函数 S 不同。由式(5.25)可以看出,无量纲产量递减分析中使用的递减产量是无量纲单井产量和系统镜像函数 S 的乘积。式(5.26)给出了 $X_{eD}Y_{eD}$ 的封闭矩形油藏内位于 ($X_{WD}Y_{WD}$) 一口无裂缝、完全射开直井的镜像函数。

$$\hat{s} = 2\pi \frac{Y_{eD}}{X_{eD}} \left(\frac{1}{3} - \frac{Y_D}{Y_{eD}} + \frac{Y_D^2 + Y_{WD}^2}{2Y_{eD}^2} \right) + 2\sum_{m=1}^{\infty} \frac{1}{m} \cos\left(\frac{m\pi X_{WD}}{X_{eD}}\right) \cos\left(\frac{m\pi X_D}{X_{eD}}\right)$$

$$\frac{\cosh\left[\dfrac{m\pi\left(Y_{eD} - |Y_D - Y_{WD}|\right)}{X_{eD}}\right] + \cosh\left[\dfrac{m\pi\left(Y_{eD} - |Y_D + Y_{WD}|\right)}{X_{eD}}\right]}{\sinh\left(\dfrac{m\pi Y_{eD}}{X_{eD}}\right)} \tag{5.26}$$

式中，无量纲空间参数（X_D，Y_D，X_{WD}，Y_{WD}，X_{eD}和Y_{eD}）定义为对应的有量纲空间参数（X，Y，X_w，Y_w，X_e和Y_e）和系数特征长度（$L_e=r_w$）的比值。类似上述复杂的镜像函数有16种之多，这样完善递减曲线分析，看似考虑因素全面，或许对拟合精度有所提高，但对预测的精度提高实在是意义不大。因为公式中参数获取是件非常困难的事，使得原本简单实用的预测方法变得异常复杂。从复杂科学角度来看，油田动态属于耗散结构体系，时间是描述体系的自变量，耗散结构特别强调的是"时间的不可逆性就是创造性"是体系状态变化的原因，就是时间序列分析方法的机理，也就是递减曲线长期应用不衰的根本原因。而实现递减曲线准确拟合的最好途径就是调整递减曲线的模型结构，使之具有时变性，具有一定的跟踪能力，进而提高预测的精度。

5.3.1.6 油田水驱特征曲线

根据油田实际开采资料做出的水驱特征曲线，是B.B.伊萨依契夫于1957年在乌拉尔—伏尔加地区的很多油藏上研究总结出来的。

（1）水驱特征曲线原理。

当天然水驱或人工水驱的油藏全面投入开发并进入稳定生产后，含水达到一定程度并逐步上升时，在单对数坐标纸上以累计产水量的对数为纵坐标，以累计产油量（或采出程度）为横坐标，二者的关系是一条直线，该曲线称为水驱特征曲线。

（2）水驱特征曲线直线段形成条件。

经验表明，一般含水变化范围为50%~60%，才会出现有代表性的水驱曲线直线段，才可用于有关的预测。而当含水达到一定高度，一般在95%左右时，部分水驱特征曲线的直线段发生上翘，水驱特征规律被破坏了。因此，不宜将含水极限定为98%。上述无论哪种情况出现，驱替特征曲线都会受到限制，说明了驱替特征曲线应用的局限性。

(3) 水驱特征曲线类型。

驱替曲线最为常用的有如下 3 种形式：

甲型曲线

$$\lg W_p = a + bN_p \tag{5.27}$$

甲型曲线是根据累计产油量与累计产水量关系来推断可采储量。

乙型曲线

$$\lg WOR = a + bN_p \tag{5.28}$$

乙型曲线是根据累计产油量与水油比关系来推断可采储量。

丙型曲线

$$\frac{L_p}{N_p} = a + bL_p \tag{5.29}$$

丙型曲线是根据累计产液与累计产水量关系来推断可采储量。

式中：N_p，W_p 和 L_p 分别为累计产油、累计产水和累计产液，10^4t；WOR 为水油比；a 和 b 为待估计常系数。

(4) 水驱特征曲线功能。

驱替曲线最初是用来评价开发过程中各种调整、改造措施效果的好坏，并不涉及动态的预测。目前，通过在标定可采储量或标定采收率前提下，水驱特征曲线可以用来预测采收率或可采储量。

将水驱特征曲线用于油田动态预测主要是基于斜率 B 值恒定的假设。多年来，这一饱含经验性的假设不但被人们普遍接受，而且还给予了"理论上的推导与证明"。事实上，油田开发过程中所具有的随机特征，决定了水驱特征曲线斜率 B 值的时变性，保持 B 值的恒定要有严格的前提条件，但客观上往往离假设的条件相差甚远，因此保持 B 值的恒定几乎是不可能的。

在应用过程中，人们把精力主要放在斜率 B 值的确定上，希望通过 B 值确定方法的改进能够带来理想的预测结果。确定驱替曲线斜率 B 值的方法主要有 4 种：一是驱替曲线的直接外延；二是标定出油田最终可采储量，将其作为已知值，然后再确定斜率 B 的大小；三是取连续不小于 3 年的数据，利用平滑、回归方法确定斜率 B 值；四是提出了 B 值的校正问题。

四种斜率 B 值的确定方法分析：第一种方法的实际应用是有限的，只有在理想条件下才能发挥作用。第二种方法预测精度高低完全取决于标定的最终可采储量的准确程度。第三种方法的本身就是对驱替曲线所要揭示的线性规律的一个否定,从给出的比较成功的预测结果中可明显地看到这一点,见表5.1。第四种方法的提出充分说明用于预测的困难。例如,利用驱替曲线方法测算最终可采储量通常采用下述公式:

$$N_p = D_1 B_1 \lg \frac{21.3 B_1}{A} \tag{5.30}$$

式中:N_p 为可采储量,$10^4 t$;A 为曲线截距;B_1 为曲线斜率的倒数,$B_1 = \frac{1}{B}$;D 为修正系数,$D=0.94$。

驱替曲线的引入对于促进油田动态预测研究起到了积极的推动作用,但正如美国学者 C. 巴尔登(Bardn)指出的,"油水相对渗透率比值与含水饱和度值在半对数坐标上不尽是一条直线"。加之油田开发过程中的各种随机因素影响,B 值的恒定性是很难保证的。因此,用于中长期外推预测的可能性很小,用于外推一步是可以的。

表5.1 SZ油田水驱可采储量预测结果表

计算区间	含水 %	油井数 口	水井数 口	B_1	可采储量 $10^4 t$	采收率 %
1979—1981年	67.5	1066	490	13344.16	32387.7	26.385
1980—1982年	70.6	1119	488	13636.46	32893.4	26.797
1981—1983年	72.5	1193	478	14206.65	33842.8	27.571
1982—1984年	71.9	1381	502	15611.81	36134.5	29.437
1983—1985年	69.5	1646	549	18697.13	41137.2	33.513
1984—1986年	69.5	1874	622	22460.32	47294.2	38.528
1985—1987年	72.2	2191	689	24956.54	51391.7	41.867
1986—1988年	73.6	2413	797	25924.98	52961.5	43.146
1987—1989年	75.0	2662	938	26833.26	54409.1	44.325

已有的资料表明,目前国内外学者提出并改进形成了70多种类型水驱特征曲线,虽然适用条件和预测精度各有千秋,但也说明了方法的不稳定性。

5.3.2 油藏数值模拟方法

霍根(John Horgan)说,"我们所受到的限制是清楚的,我们永远也不能获得这个普适公式所需要的全部事实，虽然在原则上我们可以使用这个普适公式去重建过去和预言未来，但在实际上这是不可能的"。这为我们如何应用数值模拟指明了方向，也为避免误用和滥用提了个醒或敲响了警钟。

在这一节里，我们将用较大的篇幅针对数值模拟的建模理论与应用价值进行分析。这是因为数值模拟是一种最具代表性的因果模型，人们极力想把各种影响因素、各种状态的微观动力学方程明确地表达出来，结果导致数学上以及形式上复杂得无以复加，但仍未能解决应用上的多解性。"预测论基础"只字未提油藏数值模拟，原因是比较复杂的。因此，客观看待、正确使用油藏数值模拟模型目前仍是一个比较现实的问题。

油藏数值模拟自 20 世纪 60 年代诞生以来，对其应用的价值一直是议论不断，没有得到完全统一的认识，分析原因之一在于议论或多或少都缺乏一定的客观性。虽然这种"剪不断理还乱"的现象一直延续到今天，但议论归议论，应用归应用。通过剖析与总结，希望能结束争论，给出一个都能接受的、客观的、比较科学的结论。

在油藏工程研究中，人们理所当然地希望所用的预测方法都具有严格的理论基础，所追求的油田开发动态预测的理想方法，应该包括所有的渗流情况，井网和非均质性的影响。"这样的预测方法，由于它模拟了注水时的各种影响。所以预测与实际动态之间或许能够一致。但是一个理想完善的预测方法同样要有储层解剖的详尽信息，而此类信息也许要比我们今天对任何储层所能掌握的要多得多"。这就意味着或者说我们永远也满足不了这类预测方法对信息的要求。基于油藏数值模拟模型在油藏工程研究中的地位和作用，本章将对数值模拟给予比较详尽的介绍与讨论。

W.G. 费希尔认为，"三维模型是估算油藏过去动态并预测其未来动态的最后一招，因为它在一个模型内综合了平面上和纵向上的波及情况以及重力的效应，而模型研究中的错误结论，常常可以追溯到不正确的油藏描述上去。因此，一旦有了合理的油藏描述，三维模型已被证实是在不同开采方法下预测油藏动态的一种很可靠的手段"。于是，把完善油藏数值模拟模型的途径、希望寄托于储层三维地质模型的建模及其精确性上。所以，介绍油藏数值模拟也必须从地质模型谈起。

5.3.2.1 油藏三维地质模型

在这一节里，将通过三维地质模型的发展历程、建模方法和油藏三维地质模型的功能与局限性来阐述三维地质模型的技术及其在油藏三维数值模拟模型中的地位与应用价值。

(1) 油藏三维地质模型发展历程。

现代石油工业从1859年美国宾夕法尼亚州钻探了第一口油井算起，迄今已有150余年的历史。在20世纪50年代以金矿探测为目的发展起来的克里金技术以及20世纪60年代提出的地质统计学基础上，逐步发展出一套利用计算机存储和显示的三维地质建模技术。斯伦贝谢公司在20世纪70年代推出了一套油藏描述服务软件，虽然只是一套以测井为主体的油藏描述技术，但开创了三维地质建模的先河。20世纪80年代，随着油藏评价和油田开发的需求，储层地质研究进入快速发展阶段。进入20世纪90年代，随着油气勘探开发难度的不断增加，储层研究面临着新的挑战。地表条件复杂的边远地区勘探、建模理论和技术的发展起到了促进作用。但必须清楚的是，虽然随机模拟技术为解决数据不全的问题提供了一种研究方法，但并没有从根本上解决这个问题。

我国的油藏描述自20世纪80年代后期开始兴旺起来，强调数量化、追求精细化成为该阶段的一个重要特征，热点问题一直是油藏精细描述。尽管随着研究对象越来越复杂，定量描述的困难越来越大，但令人感到诧异的是油藏描述的尺度却精细到了厘米、纳米、微纳米级。例如某《××特低孔渗储层表征技术》研究，"首先利用激光共聚焦对孔隙微光图像表征储层的微孔隙特征，再利用CT对储层的孔隙结构进行三维表征。对更小的纳米级孔采用环扫描电镜表征其二维特征，再利用核磁共振技术、微孔吸附等多参数技术对实验手段难以观察到的微纳米尺度的孔隙结构进行研究"。任何事情做到合适就是好，精细描述并不是无限度的。油藏的研究精细到如此程度，显然与数值模拟的粗化不能自然融合。对这类研究究竟如何利用，又提不出具体的匹配性的建议。"复杂性科学研究要求要重新评价定性的研究方法，反对在复杂性研究中片面地追求精确化、数量化，而且这样的呼声也越来越强烈"。对于油藏系统，不适当地要求精细、要求准确是不现实的，只能追求模糊可靠性和概率可靠性，这也是三维地质模型应用的一个基本原则。因此，重视、避免实践上缺乏实用性与检验性的经院式研究是当前一个必须认真对待的问题。

(2) 油藏空间分布不确定性的特点。

油藏的空间分布存在着大量的不确定性，这些不确定性并非以易于理解的形式传递给油藏研究。随机体系的不确定性主要分为不同性质的三类：概率型不确定性、模糊型不确定性以及多逻辑冲突型不确定性[67]。

概率型不确定性，如油藏系统表征渗流特征参数的不确定性属于"概率型不确定性"，其特征是具有频率的稳定性和渐近性。

模糊型不确定性是一种基于主观复杂性的不确定性。产生机理：一是概念模式认知不同，如不同研究人员对河流类型认识不同导致砂体分布的不确定性。二是定性描述导致的不确定性，如河道砂体"较长""较宽"等定性描述导致的不确定性。对储层分布特征进行研究，不同的人对同一信息往往有着不同的看法，会得出不同的结论。因此，研究者对他人（专家）隶属函数认识的不确定性即构成了模糊型不确定性。这种模糊型不确定性的主要特征是具有双重主观性。

多逻辑冲突型不确定性是指复杂系统中因多种力量的相互矛盾和制约作用所产生的不确定性。一般可分为博弈型和非博弈型多逻辑冲突型不确定性。博弈型多逻辑冲突型不确定性即是贝叶斯统计性，如储层物性参数服从统计规律性。非博弈型多逻辑冲突型不确定性，就是突变性。如不同岩性交界处、沉积间断处就存在着突变性。上述三种不确定性在油藏的空间分布中均有存在。

(3) 油藏三维地质模型建模方法。

三维地质建模的方法分为两大类，确定性建模和随机性建模。

确定性建模是对井间未知区域试图从具有确定性资料的控制点出发，推测出井间确定的、唯一的储层地质特征。常用确定性建模方法：①地震属性的地质变换，地震属性对储层性质的响应是储层建模的基础，频率、波形等对岩性的响应以及速度、波阻抗对孔隙度的响应可进行地质变换用于建立确定性模型。②地质模式预测法，是在层次划分的基础上，通过预知对象的分布规律和模式，再结合井的信息建立确定性模型。③数理统计插值方法。局部插值法是每个插值点只影响其周围的局部区域，包括三角网插值法和距离反比加权法。整体插值法则基于整体插值点，一般要求解一个线性方程组，任一插值点改变就会改变整个插值曲面，包括多重网格逼近法、离散光滑插值法等。④克里金插值方法，应用变差函数模型所提供的空间结构信息，通过求解克里金方程组计算局部估计的加权因子，然后进行加权线性估计的插值方法。

随机建模是指以已知的信息为基础，应用随机函数理论产生可选的、等概率的储层模型方法。采用随机建模方法所建立的储层模型不是一个，而是多个。针对同一地区，应用同一资料、同一随机模拟方法可得到多个模拟实现，即所谓可选的储层模型。用以满足油田开发决策在一定风险范围内的正确性。根据研究对象不同，可分为基于目标的方法和基于像元的方法。根据变量性质不同，可分为离散型变量随机模拟和连续型随机变量模拟。常用随机性建模方法：①布尔模拟，按照空间几何物体的分布统计规律，产生这些物体中心点的空间分布，并通过多个随机函数的联合分布，确定中心点处物体的几何形状、大小和方向等，即用各参数分布及其组合迭代，直到最终获得满意的图像。②示性点过程，将物体性质，如几何形状、大小、方向等标注于各点之上，通过随机模拟产生这些空间点的属性信息，并与已知条件信息进行匹配。示性点过程模拟即模拟物体点及其性质在三维空间的联合分布。③模拟退火，对于一个初始的图像连续地进行扰动，直到它与一些预先定义的、包含在目标函数内的特征相符。模拟退火把模型需满足的原数据点的单元及多元统计关系、变异函数关系以及地质认识等因素作为一个组合优化问题。④序贯模拟，沿着随机路径序贯的求取各节点的累积条件分布函数（CCDF），从CCDF中提取的条件数据不仅包括原始的样品点，也包括已模拟过的点。序贯模拟的目的是充分利用更多的条件数据来恢复变量的空间相关性。能够估计局部条件概率分布，是一种灵活而广泛应用的方法。⑤截断高斯模拟，通过一系列门槛值及截断规则，对三维连续变量进行截断而建立各种类型变量的三维分布。在此过程中可应用地质趋势，模拟几何形态复杂类型变量的分布。

从理论上讲，无论是确定性建模还是随机性建模，都必须清楚定性描述是定量描述的基础，若定性认识不正确，不论定量描述多么精确漂亮，都没有用，甚至会把认识引向歧途。如果油藏只有定性描述，则对系统特性的把握难以深入准确。只有借助定量描述才能使定性描述深刻化、精确化。因此，定性描述与定量描述相结合，是复杂系统研究的基本方法论之一，也是解决信息不完全的有效途径。模拟的成功与否常常取决于模拟者所控制的诸因素。模拟者的经验技巧和知识对模拟的成功起着重要的作用，因为提供给模拟者的许多方案要由他判断进行选择。D.C.Swanson认为在三维地质体计算模拟过程中，地质解释是三维模拟的一个重要方面，需要考虑下述几个问题：一是如何确定等时地层的问题；二是要考虑趋势即地质变量的方向性或沉积方向；三是地质边界问题，因为岩性的边界对模拟会产生较大影响；四是断层问题。因为断层影响对比，所以应对一些主要断层加以模拟（关春林、陈汉顺译自D.C.Swanson论文）。因此，必须以定性的地质概念为指导去伪存真。必须把地质认识、地质资料有机结合，以便得到客观存在的沉积分布的最可能的特征。

5.3.2.2 油藏三维地质模型的可靠性与功能

油藏数值模拟应用的前提是必须有合理的油藏描述。然而，现实的问题是如何才能得到一个油藏的合理描述，这是人们一直在努力研究但却是迄今尚未得到满意解决的一个难题。

（1）储层三维地质模型的可靠性。

在油藏数值模拟中，"用什么办法才能找出剩余油呢？……除进行精细油藏描述和精细油藏数值模拟之外，可以说没有更好的其他途径"。这是一个"非常现代"的观点，也是一个具有相当诱惑力的观点，但却是一个地地道道的伪命题。问题是有了"精细油藏描述"，油藏数值模拟是否不需反演而直接对油藏的未来进行预测？答案是不可能的。

储层三维地质模型是否可靠，关键在于建模的方法或途径的可靠性。储层空间分布的预测往往不具有简单的正确答案，这是因为储层的产状无论在纵向上还是横向上都极为复杂[68]。例如，确定储层平面分布历史上经历了三个阶段：①油层对比，采用取值一半的方法确定参数值，描述储层延伸长度与范围。②沉积相研究试图准确确定储层的分布范围及延伸长短，但却仍然是由人主观判断来确定储层延伸的边界。③精细油藏描述技术，虽然穿上了更现代的数学地质外衣，但其实质并未脱离古典地质学的躯体，人的主观判断仍在起作用，甚至是关键的作用。而对于上述三种方法的比较研究目前尚未见到，也没有资料证明精度孰高孰低。

而对于物性参数分布规律的研究，目前较为流行的随机插值方法，即分形地质统计学，是在各种平滑内插的基础上，叠加分形变化特征。人们同样发现，不同方法如重标极差分析（R/S 分析）、变异函数分析、频谱分析、克里格方法等获得的分形指数并不完全一致，甚至差别很大，最终只能是在经验的控制下给出储层三维地质模型。例如，通过井点的泥岩空间展布研究储层三维地质模型，具体做法是"通过对泥岩厚度的经验分布得到该泥岩的厚度……。泥岩的长度将从长度经验分布中抽样得到，而长度经验分布由沉积环境知识和其他资料来推断。若剖面泥岩产生完毕，可将该剖面扩展成三维油藏区域，此时要利用泥岩长和宽的统计关系。对于模型的检验准则是随机模型所得到的剖面上的泥岩的比例等于来自真实井位统计出的泥岩比例"[69]。对于这种随机模拟所得到的三维地质模型的可靠性，油藏 3D 地质建模专家王家华教授给予了这样的解释，"由于泥岩是随机的产生，因而并不能期望泥岩的空间分布完全与真正的分布相一致。随机模拟所产生的实现，仅是一种可能，并不完全代表现实的油藏，因而过分依赖随机模型会影响精确地预测不连续砂体或高渗透带的位置"[69]。

(2) 储层三维地质模型的功能。

与传统的储层研究相比，储层地质建模是利用已获得的、有限的井点参数来推断油藏整体特征的研究。通常采用随机模拟技术，分布参数估计方法和以状态空间为研究领域的区域化变量理论，尽可能给出任一位置参数的无偏估计值，给出具有可靠感的储层描述结果，并在此基础上逐步发展形成了 3D 地质模型研究技术。这在解决油藏描述不确定性的道路上前进了一大步。三维地质模型主要有以下几方面的作用：

①以三维地质模型数据体为基础，利用计算机实现油藏的三维空间展示。可以展示油藏的构造形态，甚至微幅度构造；展示断层发育及形态；展示储层发育及分布。

②以储层空间分布数据为基础，绘制油层各种剖面、平面分布图，如平面连通图，厚度、渗透率等平面分布图。

③各种油藏地质静态参数的统计，如含油气孔隙体积、地质储量、储层平均砂泥比，平均厚度、孔隙度等。

④为油藏数值模拟提供三位地质数据体，即油藏初始条件。但地质模型的网格精细程度是油藏数值模拟望尘莫及的，所以地质模型在输入数值模拟器之前需要经过一个网格粗化过程，在网格粗化过程中，如何保留住小尺度地质特征对流体的渗流影响是至关重要的，否则三维建模人员认为准确的劳动成果就会失真。

⑤特别是在资料很少的情况下，三维地质模型对于油田勘探阶段的勘探目标选择、勘探井位确定；在油田开发初期阶段，对于开发方案设计、不同方案对比、优选；在油田开发阶段，对于渗流机理研究、新开发技术原理、各种措施效果对比、调整方案研究等，三维地质模型都是不可缺少的地质基础。但由于地质体的复杂性，三维地质模型中的不确定性是固有的，不可回避的，如果把三维地质模型直接应用于生产（如井点的泥岩空间展布研究储层三维地质模型），又是远远不够的[68]。因此，在实际应用时可结合动态资料，综合分析，辅助应用。

5.3.2.3 油藏数值模拟建模思路

在油藏工程研究中，多少年来人们一直在研究、寻找提高油田开发指标预测精度的方法，但绝大多数的努力都是在传统分析方法和拆零技术指导下进行的，油藏数值模拟的研究也不例外[70-73]。在假设机理完全清楚的前提下，经过必要的简化处理，给出了集油藏工程、地质工程于一体，全面反映渗流原理的一个数学表达式。模型实质是基于质点渗流机理所建立的一种微观解析模型，模型结构的特点本质上属于因果关系类。

微分方程本身只是对同类物理现象所做的一般性描述。任何一个微分方程都可能有无穷个解，而每一个解代表着这种现象的某一具体特殊情况。为保证解的唯一性，所以必须给出求解条件，具体边界条件包括：（1）描述所研究系统的自变量的初始状况，即初始值问题；（2）发生这个物理现象的区域的几何形状，即边值问题；（3）影响这个物理现象的物理参数和系数。

对于油藏体系来说，构成数值模拟模型主要含有三个基本方程：一是状态方程；二是流动方程；三是物质平衡方程。状态方程包括两部分：一部分是岩石物性的状态方程，比如相对渗透率、毛细管压力与饱和度的关系，岩石压缩系数与孔隙压力变化的关系；另一部分是储层流体的状态方程，比如描述原油高压物性与孔隙压力的关系，原油的黏度与温度的关系，油、气、水的压缩系数与孔隙压力变化的关系等。这些方程基本上是根据油气藏实验建立起来的。二是流动方程——多孔介质中运动的基本定律——达西定律。三是物质平衡方程，物质平衡方程是表述所有流入、流出和保留在油藏中的物质间的关系，最简单的体积表达形式可以写为：原始体积 = 剩余体积 + 移走的体积。

设想油藏可以通过一个有限的网格来表示，于是只要把已知量和被确定了的各种不同的物理参数，根据它们的状态填入每个网格上，则流动方程就能将质点流体在所假设的渗透率条件下由一个网格向另一个网格的流动状态反映出来。

5.3.2.4　油藏数值模拟基本原理

基于上述思维方法，用于油田动态历史拟合及预测的数值模拟模型是一偏微分方程组和适当的一组定解条件的总体，其中各个方程在概念上都是很平凡的，在一定意义上它是特定物质的质量守恒或能量守恒的简单数学表达式。

以最常见的黑油模型为例，首先根据质量守恒建立的三维单相流体流动的连续性方程：

$$-\frac{\partial}{\partial x}(\rho v_x) - \frac{\partial}{\partial y}(\rho v_y) - \frac{\partial}{\partial z}(\rho v_z) = \frac{\partial}{\partial t}(\rho \phi) \tag{5.31}$$

式中：ρ 为流体密度，kg/m³；v 为流体在三维的流度，m/s；t 为时间；ϕ 为孔隙度。然后再考虑重力作用下，根据达西定律建立流速与作用力的关系，即：

$$v_x = -\frac{K}{\mu}\left(\frac{\partial p}{\partial x} - \rho g \frac{\partial D}{\partial x}\right) \tag{5.32}$$

$$v_y = -\frac{K}{\mu}\left(\frac{\partial p}{\partial y} - \rho g \frac{\partial D}{\partial y}\right) \tag{5.33}$$

$$v_z = -\frac{K}{\mu}\left(\frac{\partial p}{\partial z} - \rho g \frac{\partial D}{\partial z}\right) \tag{5.34}$$

式中：μ 为流体黏度，mPa·s；K 为岩石绝对渗透率，D；D 为标高，基准面垂直方向深度（海拔），m；p 为压力，Pa；g 为重力加速度，m/s²。

将式（5.32）、式（5.33）和式（5.34）带入式（5.31）中，当考虑注入（或采出）时，在地层条件下单位油藏体积重注入或采出流体的质量流量为 q，注入为 +，采出为 −，用微分算子 ∇，可得：

$$\nabla\left(\frac{\rho K}{\mu}\nabla p\right) + q = \frac{\partial}{\partial t}(\rho\varphi) \tag{5.35}$$

式中的体积和密度都是地下状态下的值，如用地面值还需换算。

对于常见的油水相相流，上式中的油水渗透率 K 用 KK_o 和 KK_w 表示，K_o 和 K_w 为相对比例；孔隙体积 φ 用 φS_o 和 φS_w 表示，S_o 和 S_w 为含油和含水饱和度。则有：

$$\nabla\left(\frac{\rho_o K \cdot K_{ro}}{\mu}\nabla p_o\right) + q_0 = \frac{\partial}{\partial t}(\rho_o\varphi S_o) \tag{5.36}$$

$$\nabla\left(\frac{\rho_w K K_{rw}}{\mu}\nabla p_w\right) + q_w = \frac{\partial}{\partial t}(\rho_w\varphi S_w) \tag{5.37}$$

式（5.36）和式（5.37）就是油水两相流的偏微分方程。式中隐含有如下函数关系：$\rho = f(p)$；$K_r = f(S_w)$；$K = f(x,y,z)$；$\phi = f(x,y,z)$；$p = f(x,y,z,t)$；$S = f(x,y,z,t)$。

尽管流体的渗流偏微分方程非常完美，而且有严格的假设条件、合理的边界条件和充足的初始条件，但由于得不到渗透率 K、孔隙度 ϕ、压力 p 和饱和度 S 的显性函数表达式，数学模型根本得不到解析解，或者说无解。于是工程师们想到用差分离散的方法，把十分复杂的偏微分方程简化为离散的线性方程，采用迭代的方式求得方程的数值解，于是就有了油藏数值模拟。

差分的方法也很多，以压力为例，基本原理是：

$$\frac{\partial p}{\partial x} = \frac{p_{i+1} - p_i}{\Delta x} \tag{5.38}$$

$$\frac{\partial^2 p}{\partial x^2} = \frac{p_{i+1} - 2p_i + p_{i-1}}{\Delta x^2} \tag{5.39}$$

为了实现差分求解，首先必须对油层进行网格化处理，并给予各网格的初始条件，即渗透率 K、孔隙度 ϕ、压力 p 和饱和度 S 等的初始值，但由于渗透率解释的误差和方向性决定了真正表达油层的初始条件是不可能的。

5.3.2.5 油藏数值模拟的步骤

通过差分建立起来的线性方程组的多少取决网格的多少，目前可达到百万以上，求解时可先求解压力然后求解饱和度，也可联立求解，总之求解工作量是非常庞大的，除了要求快速收敛的迭代法外，还要有高速容量大的计算机。数值模拟的思路如图 5.9 所示。

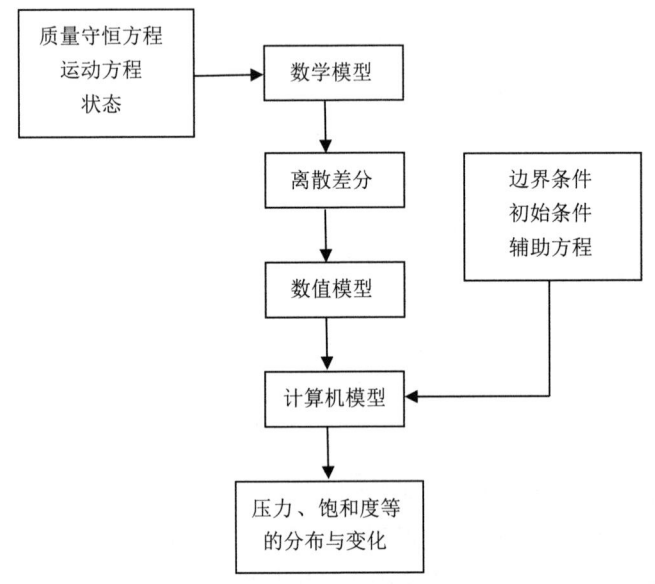

图 5.9　数值模拟的思路图

随着计算机的发展和人们对数值模拟的热衷，从早期的黑油模型逐步发展建立了各种驱替方式的模型：黑油模型，适应于油质比较重的油藏类型，如普通稠油及中质油的油气藏。组分模型，适用于油质比较轻、气体组分比较高的油气藏，如挥发性油藏（轻质油）或凝析气藏。组分模型充分考虑了油气碳氢组分在开采过程中相态的变化，而黑油模型是不考虑油气相态在不同压力和温度条件下所发生的变化的。

根据一些特殊开采方式的需要，还有其他类型的数值模拟模型，如热采模型、聚合物驱油模型、二元复合驱驱油模型、三元复合驱驱油模型、CO_2 驱油数值模拟模型、裂缝型油藏数值模拟模型等，这些模型都是以黑油模型或组分模型为基础演变而来的，只不过在编程过程中加入了一些与特殊开采相应的条件与方程。数值模拟的步骤如图 5.10 所示。

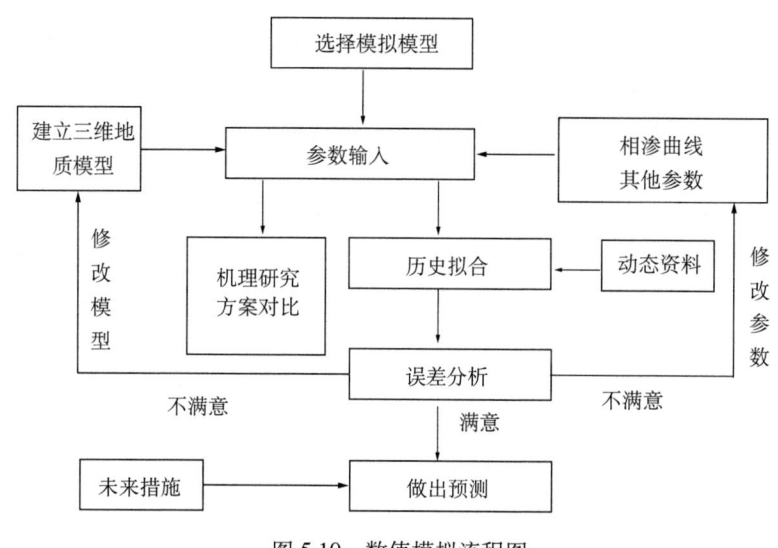

图 5.10　数值模拟流程图

5.3.2.6　油藏数值模拟历史拟合方法

基于模型是以机理为基础建立的，是比较科学的，而已发生的油田动态结果又是确定的，所以设想利用已知的油田动态数据通过历史拟合，从而把油藏描述的高度不确定性能够用数学模型加以定量化、精确化，于是形成了油藏工程中的反问题——历史拟合。

数值模拟反复强调这样一点，"要做出可信的历史拟合，地质师、油藏工程师和数值模拟人员应该共同讨论及决断对油藏描述应该做些什么样的调整，使其既能仍然与地质概念相一致，而又与多孔介质的渗流原理相吻合"。事实上，这类原则性的指导对于实际问题的解决意义并不大，它只是说明了历史拟合的困难，预示了数值模拟预测的有限性。

5.3.2.6.1　油藏数值模拟参数分类

历史拟合是通过修正油藏数值模拟模型的参数，使得动态参数的计算值与实际值一致的模拟计算。在历史拟合中选择调节哪些油藏参数并没有绝对的原则，合理的参数选择依赖于具体情况。在不同的研究中，历史拟合参数的调节范围也不同，数据的变化范围在整个油田中也不能一致。为了尽可能避免修改参数的随意性，首先将参数分为两大类。

(1) 不确定性参数：渗透率、传导率、垂向与水平渗透率之比、相对渗透率曲线、砂体连通关系性等。

①渗透率：渗透率来源于岩心分析、测井解释或者试井资料，但解释成果差异较大。储层三维地质建模时主要靠测井解释结果，渗透率的变化范围很大，即使是同一个相别内也存在很大差异，因此，渗透率可以修改的范围为 ±5 倍，甚至更多。

②相对渗透率曲线：相对渗透率曲线一般来源于实验室的岩心驱替实验，但由于岩心的局限性以及油藏的非均质性，相对渗透率曲线不一定能代表整个油藏的真实流动状态，所以在尽量保证等渗点不变的情况下，可以修改曲线的形状，对于化学驱开发可修改端点值。

③砂体连通：砂体连通状况一般来自人工绘制沉积相带图或者随机模拟，存在一定的不确定性，可以进行修改。

(2) 确定性参数：孔隙度、地层厚度、有效厚度、构造、毛细管力、参考压力、油水界面等。

①孔隙度参数：孔隙度一般靠岩心分析和测井解释资料获得，一般为确定性参数，由于该参数本身的变化范围较小，在同一相别内变化更小，一般不做修改，如果修改，允许修改的范围为 ±10%。

②有效厚度：有效厚度或者净毛比（NTG）一般来自测井解释数据，为确定性参数。一般只在储量拟合过程中允许调整，可调范围为 ±30%，一旦储量拟合完成，则一般不作修改。

③岩石和流体的压缩系数：岩石和流体的压缩系数是实验室测定的，流体压缩系数变化范围小，为确定性参数。油田的开发过程中，注入流体在多孔介质中渗流会产生一定的弹性作用，所以岩石的压缩系数的可调范围为 ±1 倍。

④初始压力和流体分布：初始压力和流体分布一般为确定性参数，一般不做调整。

⑤流体属性：流体的 PVT 参数、黏度等参数一般通过实验室测得，可以进行小幅度的修改，可调范围为 ±20%。

5.3.2.6.2 单层注入量和采出液量的劈分

由于测试手段的限制，目前还不能监测到单层的注入量和采出量，而历史拟合必须告知单层的注入和采出历史情况，在实际工作中只能根据实测资料劈分到单层，常见的劈分方法有：

①经验法。由经验丰富的开发动态分析人员根据对单井单层生产动态的掌握

程度进行人为劈分，虽然也具有较高的准确率，但这样的高手较少，而且耗时较长，难以推广。

②地层系数法。根据单层的地层系数进行劈分，简单快捷，但精度难以保证。有三个原因：一是由于启动压力的不同和层间干扰的存在，并不是所有的层都吸水、产液；二是渗透率解释本身就存在较大误差，以此为依据来进行劈分产生的误差会更大；三是油水的渗透能力是随S_w的变化而变化的，重要的是在高含水期水相的渗流阻力急剧下降，如按地层系数法劈分误差会越来越大。

单层注入量和采出液量的劈分还有一个难点，在长期开发过程中，注采井都实施过大量的生产措施，这些措施改造的具体部位和改造的程度很难分析清楚，使得劈分工作更加一筹莫展。

5.3.2.6.3 油藏数值模拟模型粗化

从网格的划分来看，目前油藏储层三维建模已经可以做到很精细，这是油藏数值模拟望尘莫及的，因此在进行数值模拟前不得不进行模型粗化。模型粗化分为构造粗化和属性粗化。

算术平均，适用于可相加的储层参数，如孔隙度和净毛比等，粗化过程中可指定权系数得到更为合理的粗化结果。

$$P_A = \frac{\sum_n W_n P_n}{\sum_n W_n} \tag{5.40}$$

式中：W_n为权值；P_n为参数值；P_A为粗化值。

几何平均，适用于空间相关性不明显且成对数正态分布的渗透率属性，该方法对低值敏感。

$$P_A = \exp\frac{\sum_n W_n \lg P_n}{\sum_n W_n} \tag{5.41}$$

式中：W_n为权值；P_n为参数值；P_A为粗化值。

调和平均，适用于各垂向网格层渗透率为常数且整体呈对数正态分布的渗透率属性，该方法对低值敏感。

$$P_A = \left(\frac{\sum_n W_n P_n^{-1}}{\sum_n W_n}\right)^{-1} \tag{5.42}$$

式中：W_n 为权值；P_n 为参数值；P_A 为粗化值。

平方根平均，该方法对高值敏感。

$$P_A = \left(\frac{\sum_{i=1}^{n} P_i^2}{n} \right)^{\frac{1}{2}} \tag{5.43}$$

式中：P_n 为参数值；P_A 为粗化值。

但不管怎么粗化，都会使原本认为精准的三维地质模型变得或多或少地失真。

5.3.2.7 油藏数值模拟的可靠性与功能

人们之所以对油藏数值模拟感兴趣，一个最重要的原因就在于数值模拟模型几乎涵盖了人们关于油藏的所有知识与经验，因此对油藏数值模拟的期望也非常大。但不能忽略这样一点，即结构的复杂不一定能够导致结构功能的完善。结构的复杂与结构功能的完善是两个完全不同的概念，单纯的结构复杂化，对结构的完善和功能的提高毫无意义。对于无法进行全面观察和实验的油藏动态系统来说，采用结构复杂的数值模拟方法进行研究，为探索油藏动态系统发展变化的规律性提供了可能，但这并不意味着油藏数值模拟模型的所有功能都是有效的、可靠的。

这一节通过油藏数值模拟的可靠性讨论，进而说明油藏数值模拟的功能。

5.3.2.7.1 油藏数值模拟的可靠性

基于目前的认识和数学处理上的困难，现有的油藏数值模拟模型还不能穷尽和容纳油田动态系统中许多不可度量的因素，而这些因素对于取得满意的预测结果常常又是不可缺少的。因此，如果研究的问题是想获得一个比较可靠的预测结果，那么这种预测结果的可靠性则完全取决于实现拟合的假设与途径。

解决"数据信息不完全"，普遍采取的办法是历史拟合。但几十年的研究与实践，至今尚缺少一种有条理的、可重复的、有效的方法来调整输入参数以得到可接受的输出结果，或通知我们不可能做出满意的调整。由于经验技巧上的差异，导致输入参数的修改是多方面的。例如"为了模拟单井压力和产量动态，曾对原来的孔隙度和渗透率分布做了很小的调整，调整工作包括增大烃孔隙体积和水平方向的导流系数。为了能拟合油藏压力响应，将边缘注水井的总的有效注入量减少到总注水量的 15%～20%，油藏模型中各层垂向渗流是通过调节各层间的导流系数来控制的，其目的并不是准确地评价实际的垂向渗透率，而是为了获得一个令人满意的油藏动态预测模型"。"当相对渗透率函数未能准确定出时，经常要设法压缩这种数据的不确定性对油藏动态和对最终采收率的影响"。此外，还可修改地层系数，适当减少层数，扩大模拟范围，采用混合工作制度等。显然，在历史拟合中选择调节哪些油藏参数并没有绝对的原则，历史拟合参数的调节范围也不同，数据的变化范围在整个油田中也不能一致。目前，普遍认为历史拟合是修改初始条件的有效方法，但这种修改实际存在多解性。由于历史拟合没有统一的操作标准，因此，第一，若将 5 个数值模拟专家放在同一房间内对同一个油田进行拟合预测，一样的数据可能会给出 6 种不同的、甚至相差较大的结果。原因在于，他们是从不同的、未经阐述的假设来探讨问题的，每个人都有自己的经验与拟合研究方式的结果，这说明油藏数值模拟不具有可重复性。第二，修改的结果也许与事实是背道而驰的。尽管建模的理论是严格的，但应用中又需经验和技巧，用以帮助人们确定一些主观意向性的因素在模型中的作用，特别是修改不同的输入参数或修改量的大小比例不同都可能实现拟合，但修改的随意性或者说使用中的经验与技巧在相当大的程度上影响了模型的严谨性、科学性和结果的可靠性。

　　总结和归纳油藏数值模拟的应用实践，油藏数值模拟结果的可靠性主要受下述方面的限制：一是地质建模数据信息不完全。地质建模依据的资料主要是测井资料和地震资料，测井资料仅能反应井筒内及井筒周围 1.0m 左右的储层特征，而地震资料虽然可以反映井间储层特征，但垂向分辨率低且具多解性，结果仍是不能准确反映井间储层的属性。二是受到储层非均质性如何准确表征的限制。任何一个地质体，其在空间上任何一个方向都有着非均质性。有些参数如含油饱和度、毛细管压力等，至今人们还不能充分认识其内在规律。因此，从理论上讲，如果采用清晰的确定性模型来描述黑箱或灰箱一类的系统，往往可能是一筹莫展，即使勉强建立了模型，那么模拟模型给出的结果也一定是不完全真实或不完整的。三是受小层动态资料准确劈分的限制。通过历史拟合试图矫正初始参数，遗憾的是，拟合用到的动态数据并不完整和准确。由于不可能监测到各小层的注入量和采出量，为满足历史拟合的需要往往根据地层系数（也有其他方法）进行劈分。目前，所有测试手段的精度还远远不能满足要求，由于单层劈分误差的短板使得精确预测剩余油有自欺欺人之嫌。因此，严格来说，使用数值模型方法对油藏研究所得到的结果充其量只能说是相对的。

　　由于简化与假设，油藏数值模拟所给出的拟合预测结果只能在趋势上是重要的、可靠的。在实际工作中，经常看到有人断言利用油藏数值模拟模型的预测结果已经验证了某些预测方法预测结果的可靠性，这说明对数值模拟结果的可靠性存在模糊认识。

5.3.2.7.2 油藏数值模拟模型的功能

自从 1959 年，J.Douglas 对室内水驱油实验的数值模拟工作取得成功以来，随着电子计算机与计算数学的发展，油藏数值模拟技术很快达到了商品化应用程度。对我国石油科学技术研究来说，油藏数值模拟技术的引进与发展，开拓了油藏工程研究的新领域，推动了油藏工程研究与发展。实践证明了无论过去还是未来，油藏数值模拟对油田开发研究都是不可或缺的重要方法与技术。

从预测理论上讲，油藏数值模拟属于情景描述模型，它为预测人员提供了一个充分发表主观见解、处理不确定性问题的场地。它所能回答的问题是：若 A 发生，B 将如何？从系统发展变化的连续性来说，它的预测趋势是可信的，但其预测的绝对值是不可对之进行严格矿场检验的。而这也决定了油藏数值模拟的功能主要是机理与方案等研究。

纵观油藏数值模拟几十年的研究与应用实践可以明显看出，数值模拟的优势在于机理性的研究和全过程趋势预测。油藏数值模拟可以考虑油层非均质性和复杂的边界条件，能够考虑黏滞力、重力和毛细管力的综合影响，能够给出油层各处的饱和度分布和压力分布及各井的开采指标。但模型的确定性结构特点决定了它的主要功能在于研究油藏的开采机理、模拟各种方案政策、勾画政策的响应形式，指出油田开发系统中起决定作用的一些关键因素，如新油田开发方案对比、指标预测、老油田最佳调整方案的选择、开发新技术如三次采油机理研究及效果预测等，这些都是其他任何预测模型所不能替代的。

H.C. 斯利德在《实用油藏工程学》中这样写道："不相信目前已经设计出了一种拥有应对任何油藏预测问题的所有预防措施和细节的计算机油藏模型和程序"。这话至今仍未过时。要正确认识和应用数值模拟，不可误用更不可滥用。对此，有人信心满满地认为"油藏数值模拟在今后油田开发指标预测体系中仍然占有重要地位，对于水驱黑油模型，继续开展与完善并行算法研究，增加计算速度和扩大模拟节点数，从而实现精细模拟和精细预测也将是油田开发指标预测技术的一个重要发展方面"。从认识论的角度来看，追求大容量超百万节点的数值模拟是无济于事的，因为无论硬件如何改善，或软件上如何先进，都不能改变数值模拟信息不完全这个根本性的、先天性不足的问题，时间与实践将证明这是徒劳的，不会有奇迹发生。

5.4 油藏系统功能模拟的可行性

综观油田开发过程中的预测历史,可以明显看出主要采用了统计预测,下面论述油藏动态功能模拟预测的有关研究及功能模拟的可行性。

5.4.1 油藏动态系统的一般特点 [74]

注水开发砂岩油田的动态预测核心是产油量和产水量的变化规律,尽管人们对它进行了百余年的研究,但影响产油、产水的诸种因素的关系仍不完全清楚,有些还难于进行定量的描述。

事实上,油田未投入开发之前,它是一个油、气、水(束缚水、底水或层间水)和岩石的集合体,并处于"静平衡"状态。当油田投入开发后,它是一个油、气、水(主要是注入水等)运动过程的集合体,并在注水保持注采平衡的前提下处于"动平衡"的状态。

一般来说,油田具有统一的水动力系统,这表明了油田动态系统的整体特征。而在开发过程中,各种可控与不可控制的因素综合起来影响或支配着油田的开采动态。可控因素主要是指按计划生产、各种稳产调整措施(如钻新井、压裂、抽油、堵水、电泵等)的数量、注水量的多少、测试次数、生产井的修理作业、抽油机井的调参次数、特高含水井关井井数、注水井的洗井周期、自喷生产井的油嘴大小、油井管理中的清蜡、热洗以及操作人员的变化等;不可控制的因素主要指油田构造特征、油层的非均质性、油层内流体性质以及驱油机理等。可控与不可控因素中,任何单一因素或某些因素的结合发生变化,都能使油田开采动态发生变化。从另一方面来看,油田注水后,油层中液体质点的运动实际上是在极其复杂的多孔介质中,在驱动力、重力、毛细管力、黏滞力以及油水和岩石间的物理化学作用力等同时作用下进行的,这些力相互间的变化与作用和地面上的各种随机影响又相互联系,使油田动态系统带有明显的随机特征。

上述分析表明,注水开发后的油田是一个随机过程的集合体。系统的瞬时状态表明了系统瞬时输入的影响,而系统的输入与输出关系在时间上是一种循序关系,具有确定的过去—未来的秩序,因此,只有考察研究油田动态系统的过程才能揭示出系统的规律性。具体来说,由于产油量和产水量的随机性和时变性实质是表明了各种因素综合影响的结果,它们本身载有关于油田动态系统的功能特性以及油田内部结构等方面的大量信息,其统计规律反映了油田动态系统的内在规律性,因而成为认识油田动态特征的依据。

尽管上述分析与描述是极为概括的，但这种骨架式的描述也足以使人们清楚地看到油田动态体系具有整体性、统计规律性，并且是具有时变特点的非平稳随机过程的集合体。

5.4.2 油藏动态系统的结构特点 [75]

在油田开发研究中，采用结构思想分析和研究油田中的各种问题是比较普遍的，如研究地质结构特点、油层结构特点、孔隙结构特点、油层沉积模式、油水分布模式等。把油田动态看作一个系统，这个系统应该具有一定的结构。在注水开发过程中，系统的结构由于组成部分的相互作用，必然要产生运动、发展和变化，而开发动态指标的变化则是系统结构变化的外在表现。

油田在未投入开发之前处于静平衡状态。油层中的油、气、水（指边底水）的分布特征是一个有序的结构体系，是一种死的结构体系。当投入注水开发后，油田变成了一个油、气、水（指注入水）的动态过程集合体，油田体系的结构发生了变化，注入水成了油田动态体系结构的重要组成部分，并通过注水等与外界环境发生物质的和能量的交换，此时的油田动态系统属于开放系统。

油田注水开发，保持注采平衡是其根本性原则，但因开发过程中各种随机因素的影响，注采平衡是不可能真正实现的，而在动态系统的内部，油层中液体质点的运动由于各种因素相互作用的复杂性，各要素间的相互关系也很难用线性方程来描述。

油田开发实践表明，地层压力的变化说明了油层开采的过程。在开发过程中，油层中的能量将不断地消耗，同时又通过不同的途径（如注水等）进行补充，或者说从油层中不断采出液体，同时又不断将水注入油层中去，因此油层压力的变化规律反映了地下能量补充和消耗的状况。在这个过程中，一旦注入水推进到了油井，即油井见水后，描述系统动态变化的参量——产水量或含水率达到某一阈值时，油田动态系统中就出现在时间上油水同时存在、空间上油水同时分布、功能上油水比例呈现出有规律的变化，从而结束刚投入开发时所造成的无序混乱状态，形成一种新的稳定有序结构，即耗散结构，它要靠不断地注水才能保持住这种结构的稳定和有序，并且外界的微小扰动不能破坏这种规律性。

油田的每项开发指标描述着以自然的、工艺—技术和经济政策作为影响条件的动态特征，有着概率的特征，耗散结构理论认为，时间的不可逆性原理决定了时间的创造性与建设性。因此，时间变量是与体系内部的发展变化有关的自变量，不再是与体系状态无关的几何变量。1905年人们就开始利用产油量和时间的关系，建立了递减曲线分析预测方法，但没有从理论上说明以时间为自变量的原因。水驱替特征曲线，建立了两个累积输出量间的统计关系，而累积的概念隐含着时间的因素，反映了油田动态和时间的不可逆性及系统的有序性。

5.4.3 油田动态系统的能观性与能控性

研究系统的"能观性与能控性"对于寻求系统动态指标的预测、系统的最优控制是极其重要的[76]。油藏动态系统具有"能控性"是无须多加说明的。比如水驱油藏追求注采平衡并基本实现了注采平衡；采取一定的工艺措施和增产措施控制了含水上升速度，实现了高含水期的稳产目标，也说明了系统的"能控性"。

对于油藏动态系统的"能观性"，一直存在着较大的、甚至是本质上差别。以往的油藏工程研究方法不是从系统的角度分析问题，而是采用分析相加程序，这种拆零方法实质上是将系统的"能观性"问题复杂化了，认识上也必然是模糊不清。近百年的研究结论仍然是"注水开发后的油藏动态千变万化，极其复杂"。

为了研究、分析、预测和控制产能的变化，基于达西经验公式与物质平衡关系式，建立了数十个因果关系方程。实践表明，当用这些关系式说明过去与现在的产能变化时，往往由于某些自变量与因变量或者在时间上、或者在空间上缺乏对应性而不得不以资料不全而停止；当用其说明未来时，某些关系式本身又难以给出自变量在未来时空中的准确值，甚至基本就无法给出，得出的结论必然是油藏动态系统的"能观性"很差。

注水后的油藏具有同一水动力场，作为一个整体，它的功能和属性是由各部分、各要素间的相互作用产生的。这一整体的功能和属性只有在它作为整体存在时才存在，而把它分解为各部分之后，整体的功能和属性也就不复存在了。因此，研究油藏动态这样复杂的系统，鉴于目前的认识手段，将着眼点落实到系统的行为（指系统输入的变化所引起系统输出的变化）和功能（指系统把输入变成输出的本领）上是十分重要的。

依据系统的输入和输出来研究油藏动态系统的能观性，结论必然是系统具有较好的能观性。研究系统的能观与能控，关键在于研究描述系统状态变量的能观与能控。油田动态系统是一个人工自然体系，用于描述这个系统状态变化的量很多，如产油量 Q_o、含水率 f_w、剩余可采储量 V_o、采油速度 u_o、油层压力 p_t 等。严格来讲，油藏动态系统的输出变量只有产液量 $Q_1(t)$ 和油层压力 $p(t)$ 具有能观性与能控性。即在目前的计量与测试技术条件下，人们很容易唯一地确定其状态变量在某一瞬时的值。除此，采取其他状态变量所建立的状态方程不可能是最小维实现，都会给预测与控制带来困难。

从整体性原则出发，油藏动态系统具有能控性与能观性，并且在任何瞬时都只能有一个可以分辨出来的确定标志，称之为输入可辨状态和输出可辨状态。这种输入和输出的可辨状态又处于不断的运动中，于是这种随时间推移的状态变化组成了各自不可逆的时间序列。该序列在整体上，历史地反映了系统状态变化的规律性。

5.4.4　油田动态功能模拟的可行性 [77]

油田动态体系是一个非平稳随机过程集合体，在注水开发过程中，通过物质与能量的交换形成一种耗散结构体系。对于这种体系来说，其状态的变化：一是遵循着"时间单向性原理"；二是油田动态体系是一个复杂的有机联系的整体，系统内各要素间存在着相互依存、相互制约的关系，所以系统遵循着"不可简化性原理"；三是油田动态体系是一个可控系统，系统输入的变化必将导致系统输出的变化，两者紧密联系在一起，遵循着"不可分性原理"；四是一个油田的开发总是遵循着某种固定的原则，而这些原则与油田动态变化又是息息相关的，例如连续生产、注采平衡、追求稳产等原则。

功能模拟模型建立的原则有三个：一是把一个复杂的油田动态系统如实地视为一个复杂系统，从考察系统的输入与输出关系入手，建立系统状态描述方程。二是强调系统的输出载有关于系统内部结构及其功能的全部信息，也载有系统外界各种随机影响的结果，进而通过对其历史运动轨迹的研究来预测其未来状态。三是理论上，功能模拟对于一个具有自调节特征的反馈控制系统有着较强的适应能力。而注水开发油田的动态系统就是这样一个具有自组织能力的反馈控制系统。地层中流体始终沿着渗流阻力小的方向运动，不同开发阶段油水比例按着自己固有的规律变化，都是具有自组织能力的证明。翁文波在《预测论基础》中给出了石油产量、天然气产量、水油比、含水率及采收率的基值预测，"1984年，我预测世界石油年产量至今已经10年了，回过头来看，结果得到的数值和实际产量比较接近"。

5.5　信息预测理论与方法应用实践

信息预测理论与方法的应用前提是要有一定量的历史数据（所谓纵断面），而且数据应具有稳定性、真实性与可靠性。

5.5.1 信息预测模型一览表

20 世纪 80 年代以来，学习、研究、实践《预测论基础》，预测涉及的体系包括：稳定体系、复合体系、动态体系、不定体系、模糊体系等，预测涉及的指标还有：油田注水量、产油量、产水量、含水率、累计产油（水、液）量、水油比、采油速度、采出程度、采收率等，计量体系涉及油田经济数学模型、油田开发规划最优控制模型等；灾变体系预测涉及油田套管损坏数量及损坏百分比等。涉及的信息预测模型见表 5.2。

表 5.2 信息预测模型一览表

建模分类	预测模型名称	参数辨识方法	预测范围
第一基本规律	Weng 旋回预测模型（Ⅰ） $Q_t = A + Bt^n e^{-t}$	LS GREA	产油量
第一基本规律	Weng 旋回预测模型（Ⅱ） $Q_t = At^B e^{Ct^D}$	LS NMR GREA	产油量
第二基本规律	翁氏 Lougistic 预测模型 $F_w(t) = \dfrac{1}{A + Be^{Ct}}$	GREA	含水率，累计产油量，采出程度
第三基本规律	$y(t) = ae^{bt^c} + d$	LS NMR GREA	产油量，累计产油量
第三基本规律	累计产油量预测模型 $CQ_o(t) = A(1 - e^{-Bt^C})$	LS NMR GREA	累计产油量
第三基本规律	累计产水量预测模型 $CQ_w(t) = A + Be^{-Ct^D}$	LS NMR GREA	累计产水量
控制预测	多变量多步自校正预测模型（ARMAX） $Q(k) = A(p^{-1})Q(k) + B(q^{-1})U(k) + \varepsilon(k)$	RLS	产油量，产水量
控制预测	加性噪声指数预测模型 $Y(k) = \prod_{j=1}^{m} x_j^{\theta_j} + \varepsilon(k)$	RLS	累计产油量，产水量
控制预测	多变量多步自校正模型（ARMA） $Q(k) = Q(k-1)e^{-D^{x(k)}} + B_o U_o(k) + \varepsilon_o(k)$	LS RLS	产油量，产水量
其他功能模拟	多层递阶预报模型 $Q(k) = \alpha(k) + \beta(k)k^{\chi(k)}$	GREA	产油量，产水量

续表

建模分类	预测模型名称	参数辨识方法	预测范围
其他功能模拟	灰色理论预测模型 $\sum Q(k)=A+Be^{Ck}$	LS	产油量，产水量
灾变预测模型	可公度性方法 $\hat{x}_{k+1}^{(i)}=\sum_{j\subset e}I_ix_i$	加减法	突发事件如套管损坏

具体应用上述模型方法时提请注意的是，加性噪声指数预测模型、自适应模型和油田动态控制预测模型都属于控制预测模型，当未来的控制措施已知时，这些模型能预测油田动态将发生怎样的变化。油田动态控制预测模型有三个功能：一是预测自然产能；二是在给定措施工作量下对年产油量、产水量和地层压力进行预测；三是在给定某一控制目标前提下，能对措施工作量进行最优预测与安排。

5.5.2 信息预测时变、非时变模型预测精度对比

这是一个值得注意的问题，也是一个长期被忽视的问题。考查动态系统的特点对于建立信息预测模型是很重要的。如果体系随机性较强，尽可能选用时变参数预测模型，因为它较之非时变模型预测的精度更高些。

分析研究 DQ 油田 1972 年至 1979 年产油时间序列 $\{Q_o(t)\}$ 变化规律，按非时变系统处理建立油田产量多层递阶预报模型：

$$Q_o(k+l)=7.9495-0.5920(k+l)^{0.5414} \tag{5.44}$$

按时变系统处理模型为：

$$Q_o(k+l)=7.9693-\left[0.1744+(-0.00009)l^{\frac{1}{0.9}}\right](k+l)^{[0.4883+0.00081]} \tag{5.45}$$

式中：$Q_o(k+1)$ 为第 ($k+1$) 时刻的预测产量；k 为建模所用数据个数，$k=29$；l 为预测时间步长，$l=1, 2, \cdots, N$。

产油量预测与实际检验结果见表 5.3 和表 5.4。检验结果表明，将油田动态系统按非时变系统处理，5 年（20 步）预测平均相对误差为 10.29%（表 5.3），而按时变系统考虑平均相对误差 7.74%。

表 5.3 产油量预测与实际检验结果

时间		1年(4)	2年(8)	3年(12)	4年(16)	5年(20)
平均相对误差，%	预测（非时变）	0.135	0.952	3.468	6.241	10.29
	预测（时变）	0.607	0.666	2.503	4.564	7.74

注："1年(4)"中"(4)"指4步预测，依此类推。

表 5.4 产油量预测与实际检验结果

	时间	1980.3	1980.6	1980.9	1980.12	1981.3	1981.6	1981.9	1981.12	1982.3	1982.6
	实际值, 10^4t	4.2146	4.1288	4.0812	4.0610	3.9336	3.8177	3.7263	3.6951	3.5536	3.3126
非时变	预测值 10^4t	4.2155	4.1486	4.0827	4.0178	3.9537	3.8905	3.3281	3.7665	3.7056	3.6455
	误差, %	−0.02	−0.48	0.04	0.01	−0.51	−1.90	2.73	−1.93	−4.30	−10.00
时变	预测值 10^4t	4.20894	4.13564	4.06309	3.99123	3.92003	3.84946	3.77947	3.71004	3.64114	3.57274
	误差, %	0.13	−0.16	0.44	1.70	0.30	−0.80	1.40	−0.04	−2.40	−7.80
	时间	1982.9	1982.12	1983.3	1983.6	1983.9	1983.12	1984.3	1984.6	1984.9	1984.12
	实际值, 10^4t	3.14080	3.33710	3.22000	2.98660	2.81498	2.81321	2.68086	2.54860	2.40780	2.36695
非时变	预测值 10^4t	3.5861	3.5274	3.4693	3.4119	3.3550	3.2988	3.2431	3.1880	3.1334	3.0793
	误差, %	−14.10	−5.70	−7.74	−14.20	−19.10	−17.20	−20.90	−25.10	−30.10	−30.00
时变	预测值 10^4t	3.50482	3.43734	3.37029	3.30365	3.23740	0.17157	3.10598	3.04077	2.97680	2.91130
	误差, %	−11.50	−3.00	−4.66	−10.61	−15.00	−12.73	−15.85	−19.36	−23.36	−22.99

5.5.3 信息预测模型间的耦合性分析

水驱开采过程中，不同的状态参数有着不同的演变规律，但由于各参数间存在着相互依赖的关系，因此，某一项状态参数完全可由其他两项或更多项参数换算出来。所谓耦合性分析，就是分析各个单输出模型预测结果间的吻合程度。

用信息预测方法，采用时间序列分别建立各项指标的预测模型，当得到各项指标的预测值之后，依据油田开发、渗流原理，通过这些预测指标之间的换算给出了新的开发指标数值，这样得到的结果可靠程度如何？通过耦合性分析研究可以看到结果是比较理想的，说明时序分析方法独立预测功能较强，方法的自洽性很强。

萨北开发区自 1964 年投产以来积累了大量丰富而准确的资料，采用改进了的 Weng 旋回及翁氏 Logistic 旋回模型分别建立了产油、产水、产液和含水的状态预测模型做了 9 年预测，预测结果见表 5.5。

表 5.5 单输出模型预测结果间吻合程度表

	时间	1987年	1988年	1989年	1990年	1991年	1992年	1993年	1994年	1995年
预测	产油，10^4t	745.11	697.18	650.12	603.98	559.02	515.55	473.83	434.07	396.40
	产水，10^4t	3399.69	3698.31	3689.52	4262.85	4510.58	4726.42	4905.24	5042.98	5136.59
	产液，10^4t	4152.79	4393.90	4624.10	4838.68	5034.10	5027.42	5356.19	5478.37	5572.33
	含水，%	81.9	84.5	86.7	88.6	90.2	91.6	92.8	93.7	94.5
折算产油	产油量，10^4t	748.02	695.59	634.59	575.83	523.52	480.99	450.95	435.39	435.74
	相对误差 %	−1.07	0.228	2.39	4.659	6.35	6.70	4.82	−0.30	−9.92
折算产水	产水量，10^4t	3407.68	3696.72	3973.98	4234.71	4475.08	4691.87	4882.36	5044.31	5175.93
	相对误差 %	−2.024	0.04	0.389	0.66	0.787	0.731	0.466	−0.026	−0.77
折算产液	产液量，10^4t	4144.80	4398.49	4639.64	4866.83	5069.9	5241.97	5379.08	5477.04	5532.99
	相对误差 %	0.192	−0.036	−0.336	−0.581	−0.705	−0.66	−0.43	0.024	0.706
折算含水	含水，%	82.48	83.56	85.05	85.96	85.63	85.58	85.93	86.52	86.69
	相对误差 %	0.037	1.12	1.94	3.07	5.33	7.03	7.99	8.29	9.0

依据开发原理或指标的定义，表 5.5 中折算产油量由预测产液与预测含水求得，折算产水量由预测产液与预测产油量求得，折算产液量由预测产油量与预测产水量求得，折算含水由预测产水与预测产液量求得。从表中的各开发动态指标间的相对误差可看出，9 年预测总的趋势是随着预测时间的增长，其预测误差相对增大，其中产水量和产液量相对误差较小，平均相对误差小于 1%，产油量和含水相对误差较大些，产油量和含水平均相对误差分别为 4.05% 和 4.86%。5 年相对误差产油为 2.94%，含水为 2.294%，

从油藏工程所要求的预测精度来看，将油田这个多输出系统作一族单输出系统处理，并分别建立其随机过程预测模型，各模型预测结果间的耦合性反映了该

油田开发动态指标的变化规律性。

5.5.4 信息预测理论与方法预测实践（Ⅰ）

5.5.4.1 Weng 旋回模型（1）

据罗马什金（ромашкиц）油田自 1952 年至 1979 年 28 个年度的产油量实际数据，用其前 22 个数据作为建模之用，用后 6 个数据作为模型的预报精度检验，数据见表 5.6 和表 5.7。采用 Weng 旋回模型，有：

$$\begin{cases} Q(k) = A + Bk^n e^{-k} + V(k) \\ k = \dfrac{j - j_0}{c} \end{cases} \quad (5.46)$$

式中：$Q(k)$ 为待预测的年产油量，当 $Q(k) \gg A$ 时，式（5.46）可作为式（3.20）的近似；k 为离散时间，$k \neq 0$；j_0 为产油前一年的年份；j 为待预测的产油年份；A，B 和 n 为待估参数（时变或非时变）；c 为常数；$V(k)$ 为白噪声。

用递推梯度法估计参数时，先将模型式（5.46）线性化，用最小二乘（LS）法得出的参数值作为递推初值。取 $\delta = 0.95$，式（5.46）中常数 c 用 LS 方法首先确定出来。预报模型为：

$$\begin{aligned} Q(k) &= -3303.51568 + 3980 k^{3.08304} e^{-k} \\ k &= \dfrac{j - 1959}{9} \quad (j = 1974, \cdots) \end{aligned} \quad (5.47)$$

表 5.6 和表 5.7 还列举了用 LS 方法的拟合结果。由表 5.6 和表 5.7 看出，模型的拟合精度及后验预测精度都是令人满意的。

表 5.6 预报精度检验数据

时间	实际值，10^4t	拟合值，10^4t		相对误差，%	
		LS 方法	本文方法	LS 方法	本文方法
1952 年	200	267	297.3	+33.5	+48.65
1953 年	300	354	307.9	+18.0	+2.63
1954 年	500	550	465.7	+10.0	−6.86
1955 年	100	865	1034.5	−13.5	+3.45

续表

时间	实际值，10⁴t	拟合值，10⁴t		相对误差，%	
		LS 方法	本文方法	LS 方法	本文方法
1956 年	1400	1285	1482.2	−8.21	+5.87
1957 年	1900	1805	1899.8	−5.0	−0.01
1958 年	2400	2390	2480.4	−0.42	+3.35
1959 年	3050	3018	3050.2	−1.05	+0.01
1960 年	3800	3666	3799.3	−3.53	−0.02
1961 年	4400	4321	4404.6	−2.0	+0.11
1962 年	500	4936	5001.9	−1.28	+0.04
1963 年	5600	5524	5600.2	−1.36	+0.0
1964 年	6040	6062	6043.9	+0.36	+0.06
1965 年	6600	6543	6598.9	−0.86	−0.02
1966 年	6800	6959	6808.1	+2.34	+0.12
1967 年	7000	7308	7004.0	+4.4	+0.06
1968 年	7600	7589	7601.6	−0.14	+0.02
1969 年	7900	7802	7898.8	−1.16	−0.02
1970 年	8150	7950	8148.7	−2.45	−0.02
1971 年	8000	8035	8008.6	+0.44	+0.11
1972 年	8000	8062	8008.8	+0.77	+0.01
1973 年	8000	8037	7999.5	+0.46	−0.01

表 5.7 预报精度检验数据

时间	实际值，10⁴t	LS 拟合		验证预报	
		拟合值，10⁴t	相对误差，%	拟合值，10⁴t	相对误差，%
1974 年	8000	7963	−0.46	7926.3	−0.92
1975 年	8000	7847	−1.91	7810.9	−2.36
1976 年	7775	7694	−1.04	7658.6	−1.49

续表

时间	实际值，10⁴t	LS 拟合		验证预报	
		拟合值，10⁴t	相对误差，%	拟合值，10⁴t	相对误差，%
1977 年	7500	7508	+0.11	7474.9	−0.33
1978 年	7230	7296	+0.19	7264.6	+0.48
1979 年	6800	7063	+0.87	7032.6	+3.42

5.5.4.2　Weng 旋回模型预测（2）

采用我国 DQ 油田自 1960 年至 1985 年的 26 个年度的产油量实际数据，用 Weng 旋回模型拟合结果见表 5.8。产油量预报模型为：

$$\begin{cases} Q(k) = -3303.51568 + 3980 k^{3.08304} e^{-k} \\ k = \dfrac{j-1959}{9} \end{cases} \quad (j=1986, \cdots) \quad (5.48)$$

用式（5.48）模型对 DQ 油田产油量做了无验证预报，见表 5.8。由表 5.8 看出，最大产油量将出现在 1987 年。表 5.9 中也列举了用 LS 方法拟合的结果，可以看出，递推梯度算法较 LS 方法具有较好的精度。

表 5.8　无验证预报数据

时间	1986 年	1987 年	1988 年	1989 年	1990 年
预报值 10⁴t	5558.36	5564.29	5547.17	5508.73	5450.79
时间	1991 年	1992 年	1993 年	1994 年	1995 年
预报值 10⁴t	5375.17	5283.68	5178.13	5060.24	4934.68

表 5.9　拟合结果

时间	实际值 10⁴t	拟合值，10⁴t		相对误差，%	
		递推梯度算法	LS 方法	递推梯度算法	LS 方法
1960 年	97.06	122.22	126.96	+25.92	+30.81

续表

时间	实际值 10^4t	拟合值, 10^4t		相对误差, %	
		递推梯度算法	LS 方法	递推梯度算法	LS 方法
1961 年	274.34	158.96	158.24	−42.05	−42.32
1962 年	355.49	452.00	231.6	+27.15	−34.85
1963 年	439.34	478.22	354.77	+8.85	−19.25
1964 年	625.06	628.24	528.91	+0.51	−15.38
1965 年	834.23	834.86	751.26	+0.08	−9.95
1966 年	1060.89	1061.80	1016.21	−0.08	−4.21
1967 年	1032.00	1209.09	1316.46	+17.16	+27.56
1968 年	1150.95	1169.82	1643.89	+1.64	+42.83
1969 年	1580.99	1583.69	1990.14	+0.17	+25.88
1970 年	2118.37	2118.01	2347.02	−0.02	+10.79
1971 年	2669.13	2669.03	2706.93	−0.00	+1.42
1972 年	3051.25	3060.49	3062.91	+0.30	+0.08
1973 年	3365.07	3375.66	3400.87	+0.31	+1.06
1974 年	4105.65	4108.57	3739.59	+0.07	−8.92
1975 年	4625.96	4626.12	4050.72	+0.00	−12.44
1976 年	5030.31	5033.48	4338.81	+0.06	−13.75
1977 年	5031.4	5059.11	4601.20	+0.55	−8.55
1978 年	5037.53	5058.59	4836.00	+0.42	−4.00
1979 年	5075.31	5087.61	5041.99	+0.24	−0.66
1980 年	5150.11	5156.22	5218.57	+0.12	+1.33
1981 年	5175.27	5181.19	5365.64	+0.11	+3.68
1982 年	5194.15	5198.34	5483.59	+0.08	+5.57
1983 年	5235.45	5237.31	5573.16	+0.04	+6.45
1984 年	5356.41	5355.71	5635.42	−0.01	+5.21
1985 年	5528.88	5527.7	5671.65	−0.02	+2.58

5.5.4.3 翁氏 Logistic 模型预测巴夫雷油田含水率

通常，当含水值达到 98% 时，认为油田开采已接近经济极限。据此，将翁氏 Logistic 旋回作为综合含水预测模型：

$$\begin{cases} F_w(k) = \dfrac{1}{0.01 + ae^{-bk}} + V(k) \\ k = j - j_0 \end{cases} \tag{5.49}$$

式中：$F_w(k)$ 为待预测的综合含水率；k 为离散时间；j_0 为起始年份；j 为待预测的年份；$V(k)$ 为白噪声；a 和 b 为待估参数。

依据巴夫雷（вавлцн）油田 $п_1$ 油层年度的综合含水率实际数据，从 1956 年开始到 1975 年，共有 20 个数据，用递推递度法对式（5.49）模型的参数进行估计时，取 $\delta=1.0$，所得预测模型为：

$$\begin{cases} F_w(k) = \dfrac{1}{0.01 + 0.0175e^{-0.0922k}} + V(k) \\ k = j - 1955 \end{cases} \quad (j=1976, \cdots) \tag{5.50}$$

该模型的拟合结果是令人满意的，见表 5.10。为了验证模型的预测精度，用 1956—1972 年 17 个数据建模，用后 1973—1975 年 3 个数据作为后验预测精度检验。结果表明，1973—1975 年的后验预测相对误差分别为 +0.02%，+0.09% 和 +0.01%，可见模型的可靠性良好。

表 5.10 拟合精度数据表

时间	实际值，10^4t	拟合值，10^4t		相对误差，%	
		LS 方法	本文方法	LS 方法	本文方法
1956 年	3.0	6.2	23.18	+106.7	+672.65
1957 年	3.7	7.5	12.89	+102.7	+248.28
1958 年	4.8	9.1	7.99	+89.6	+66.60
1959 年	6.1	11	6.45	+80.3	+5.77
1960 年	9.6	13.2	11.02	+37.5	+14.8
1961 年	14.1	15.8	14.62	+12.01	+3.71
1962 年	18.5	18.7	19.06	+1.08	+3.02
1963 年	22.0	22	22.14	0	+0.66

续表

时间	实际值,10⁴t	拟合值,10⁴t		相对误差,%	
		LS 方法	本文方法	LS 方法	本文方法
1964 年	25.0	25.8	25.09	+3.2	+0.35
1965 年	33.1	29.9	34.51	−9.67	+4.26
1966 年	38.3	34.3	38.38	−10.44	+0.21
1967 年	41.2	39.1	41.21	−5.09	+0.03
1968 年	44.0	43.9	44.01	−0.23	+0.02
1969 年	48.0	48.9	48.05	+1.87	+0.11
1970 年	51.4	53.8	51.42	+4.67	+0.04
1971 年	62.0	58.6	62.8	−5.48	+1.33
1972 年	69.9	63.2	70.14	−9.58	+0.35
1973 年	70.6	67.5	70.62	−4.39	+0.02
1974 年	75.5	71.4	75.57	−5.43	+0.09
1975 年	78.3	74.9	78.31	−4.34	+0.01

5.5.4.4 翁氏 Logistic 模型预测 DQ 油田含水率

用 DQ 油田自 1961 年至 1985 年 25 个年度的综合含水实际数据,综合含水率翁氏 Logistic 预测模型为:

$$\begin{cases} F_w(k) = \dfrac{1}{0.01 + 0.0365 e^{-0.0922k}} + V(k) \\ k = j - 1960 \end{cases} \quad (j=1986,\cdots) \quad (5.51)$$

对 DQ 油田综合含水率做了无验证预测,结果见表 5.11。由表 5.11 可知,最大产油量年的综合含水将是 76.65%,即 77% 左右。

表 5.11 DQ 油田综合含水率无验证预报结果

时间	1986 年	1987 年	1988 年	1989 年	1990 年
预报值,%	74.96	76.65	78.26	79.78	81.23
时间	1991 年	1992 年	1993 年	1994 年	1995 年
预报值,%	82.59	83.87	85.08	86.21	87.27

5.5.4.5 T模型预测DQ油田日产油

用T模型对DQ油田季度平均日产量进行了拟合和预测,其计算结果见表 5.12。其中 1972 年 12 月到 1980 年 3 月的数据用来建模,1980 年 6 月到 1982 年 3 月的数据用来检验模型的预测精度。模型的参数估计结果为:$a=94810.875$,$b = 0.08393$,$c = 0.650$,$d=-2648.165$。预测模型为:

$$Q(t) = 94810.075\exp\left(-0.08393t^{0.65}\right) - 2648.465 \tag{5.52}$$

拟合方差为 1092.25,平均误差为 1.83%,平均预测误差小于 3%。

表 5.12 DQ 油田产量递减规律拟合及预测结果

时间	累计油量	计算值,t	绝对误差,t	相对误差,%
1972.12	83132	84529.875	−2397.875	2920
1973.3	79983	80463.180	−475.180	0.594
1973.6	78352	77227.141	1124.859	1.436
1973.9	75707	74460.836	1246.164	1.646
1973.12	71885	72013.141	−128.141	0.178
1974.3	72419	69802.180	2616.820	3.613
1974.6	70512	67777.195	2734.805	3.278
1974.9	66692	65903.891	788.109	1.182
1974.12	63542	64157.707	−615.707	0.969
1975.3	61462	56250.254	−1058.254	1.722
1975.6	60142	60977.328	−835.328	1.389
1975.9	58701	59517.637	−816.637	1.391
1975.12	56392	58132.027	−1740.027	3.086
1976.3	55924	56812.934	−888.934	1.590
1976.6	55494	55554.020	−60.020	0.108
1976.9	55612	54349.906	1262.094	2.269
1976.12	52531	53195.980	−664.980	1.266
1977.3	51347	52088.242	−741.242	1.444
1977.6	50347	51023.191	−676.191	1.343

续表

时间	累计油量	计算值,t	绝对误差,t	相对误差,%
1977.9	49265	49997.750	−732.750	1.487
1977.12	49090	49009.195	80.805	0.165
1978.3	48340	43055.094	284.906	0.589
1978.6	46825	47133.266	−308.266	0.658
1978.9	45952	46241.746	−289.746	−0.631
1978.12	45638	45378.762	259.238	0.568
1979.3	44651	44542.695	108.305	0.243
1979.6	43600	43732.078	132.078	0.303
1979.9	43633	42945.559	687.441	1.576
1979.12	42841	42181.906	659.094	1.538
1980.3	42146	41439.977	706.023	1.675
1980.6	41288	40718.723	569.277	1.379
1980.9	40182	40017.050	794.950	1.947
1980.12	40610	39334.290	1275.700	3.14
1981.3	39336	38669.490	666.500	1.690
1981.6	38177	38021.870	155.130	0.406
1981.9	37263	37390.700	−127.000	0.34
1981.12	36951	36775.290	175.700	0.475
1982.3	35536	36174.99	639	1.798

5.5.4.6 T 模型预测 DQ 油田累计采油量

在 T 模型中定义状态变量 y 为累计产油量 N_p,则有:

$$N_p = a\exp(bt^c) + d \tag{5.53}$$

用 T 模型对 DQ 油田南二区和南三区葡一组油层,行列井网累计产油量的拟合及预测的结果见表 5.13。用 1975 年至 1984 年的数据建模,然后进行预测,并用 1985 年和 1986 年两年的实际资料对预测的误差检验，拟合结果为：$a=5139.2$，$b=-28.04$，$c=-1.21055$，$d=27.763$。预测模型为：

$$N_\mathrm{p}(t) = 5139.2\exp\left(-28.04 t^{-1.212055}\right) + 27.753 \tag{5.54}$$

或

$$\ln\left[N_\mathrm{p}(t) - 27.753\right] = 8.545 - 28.04 t^{-1.212055}$$

拟合方差为 5.963，平均相对误差为 0.33%，预测误差小于 2%。

表 5.13 累计产油量拟合及预测结果

时间	累计油量，t	计算值，t	绝对误差，t	相对误差，%
1975 年	1134.490	1130.914	3.576	0.315
1976 年	1314.630	1314.363	0.267	0.02
1977 年	1486.350	1489.897	−3.547	0.239
1978 年	1649.540	1656.417	−6.877	0.417
1979 年	1810.660	1813.499	−2.839	0.157
1980 年	1962.160	1961.148	1.012	0.052
1981 年	2105.630	2099.629	8.000	0.38
1982 年	2237.830	2229.359	8.461	0.378
1983 年	2354.080	2350.833	3.247	0.138
1984 年	2453.280	2464.579	−11.299	0.461
1985 年	2543.220	2578.130	−27.910	1.097
1986 年	2623.120	2671.000	47.880	1.825

由于 T 模型在预测累计产油量时是一个递增模型，其常数 c 和 b 的取值必须同号。

5.5.4.7 油田产水量多层递阶预报

分析油田 1973 年 9 月到 1980 年 12 月的月平均日产水量序列 $\{Q_\mathrm{w}(t)\}$ 变化规律，建立了产水量的多层递阶预报模型，并按时变系统考虑：

$$Q_\mathrm{w}(k+l) = 2.86069 + [0.303659 + 0.0015l](k+l)^{(1.2326+0.0001l)} \tag{5.55}$$

式中：$Q_w(k+1)$ 为第 $(k+1)$ 时刻的预测值；k 为建模所用数据个数，$k=30$；l 为预测的时间步长，$l=1$，2，3，…，N。

预测与实际资料检验结果见表 5.14。4 年（16 步）平均相对误差 2.0%。

表 5.14 产水量预测与实际值检验表

时间		1981.3	1981.6	1981.9	1981.12	1982.3	1982.6	1982.9	1982.12	1983.3
产水量 10^4t	实际值	24.4510	25.8809	26.6377	27.7107	29.9342	29.8448	30.3875	33.2408	33.6528
	预测值	23.9601	24.9872	26.0373	27.1106	28.2074	29.3278	30.4723	31.6412	32.8346
误差，%		2.00	3.45	2.25	2.16	5.76	1.73	−0.28	1.86	2.35
时间		1983.6	1983.9	1983.12	1984.3	1984.6	1984.9	1984.12	1985.3	1985.6
产水量 10^4t	实际值	34.0775	34.3434	36.7729	38.4262	39.2619	39.6203	40.4106	—	—
	预测值	34.0523	35.2964	30.5655	37.8604	39.1815	40.5291	41.9036	43.3052	44.7343
误差，%，		0.072	−1.880	0.564	1.470	0.204	−2.290	−3.690		

5.5.4.8 自回归滑动平均模型预测产油量

采用含外部影响因素的自回归滑动平均（ARMAX）模型（也称多变量多步自校正模型）描写油田产油量时间序列的随机特征。其模型为：

$$Q_t = aQ_{t-1} + b\Delta u_t + c\Delta Q_{wt} + V_t \tag{5.56}$$

$$\begin{cases} Q_{wt} = \beta Q_{wt-1} + \varepsilon_t \\ \Delta Q_{wt} = Q_{wt} - Q_{wt-1} \end{cases} \tag{5.57}$$

具体以月为时间单位步长，应用 1973—1980 年共 96 组数据，用自适应参数加权最小二乘法递推估计器进行参数估计，建立了下述模型：

$$Q(96+k) = 0.994666 Q(96+k-1) + 0.059355\Delta Q_w(96+k) \tag{5.58}$$

$$Q_w(96+k) = 1.01718^k Q_w(96) \tag{5.59}$$

$$\Delta Q_w(96+k) = Q_w(96+k) - Q_w(96+k-1) \tag{5.60}$$

应用模型[式（5.58）至式（5.60）]对DQ油田的产油量进行5年预测（共60步），用1981—1984年的实际资料验证预测结果见表5.15，从表中可以看到多步自校正预测结果也是比较符合实际的，最大预测误差8.69%，4年预测平均相对误差3.911%。

表5.15 多步自校正产油量预测结果验证表

时间		1981.3	1981.6	1981.9	1981.12	1982.3	1982.6	1982.9	1982.12	1983.3
产油量 10^4t	实际值	13.056	12.6714	12.368	12.2646	13.4335	12.5225	11.8731	12.6152	13.2485
	预测值	13.337	13.2010	13.071	12.947	12.8302	12.7192	12.614	12.5176	12.4266
误差，%		−2.15	−4.179	−5.68	−5.56	4.49	−1.57	−6.24	−0.766	6.203
时间		1983.6	1983.9	1983.12	1984.3	1984.6	1984.9	1984.12	1985.3	1985.6
产油量 10^4t	实际值	12.2881	11.5819	11.5746	13.1911	12.5314	11.8478	11.6465	—	—
	预测值	12.2801	12.189	12.1128	12.044	11.983	11.920	11.883	11.846	11.816
误差，%		0.065	−5.24	−4.46	8.69	4.376	0.685	−2.03		

5.5.5 信息预测理论与方法预测实践（Ⅱ）

这是应用各种信息预测模型，系统性地对DQ油田开采指标预测的实践，模型应用具有代表性，模型之间具有可对比性。

5.5.5.1 Weng旋回预测模型（1）

以LSX油田、LMD油田、SB油田、SZ油田、SN油田、XB油田、XN油田、GTZ油田和TB油田的实际产油量数据，用1988年以前数据进行参数辨识，然后在假设以后的资料未知的情况下，预测了1988年、1989年、1990年和1991年的产油量（表5.16），除TB油田外，平均相对误差为0.331%～1.146%，最大为3.357%。

表5.16 产油量预测结果检验表

时间	油田 项目	LSX	SZ	SN	SB	XB	XN	GTZ	TB	LMD
1988年	实际值，10^4t	5209.07	1406.68	1014.38	695.58	816.258	—	—		1001
	预测值，10^4t	5223.52	1408.51	1021.45	698.28	809.338	—	—		992.36

续表

时间 \ 项目 \ 油田		LSX	SZ	SN	SB	XB	XN	GTZ	TB	LMD
1988年	相对误差%	−0.277	−0.130	−0.697	−0.389	0.848	—	—	—	0.864
1989年	实际值，10⁴t	5169.38	1452.34	1038.41	646.01	827.72	286.15	50.02	28.91	919.2
	预测值，10⁴t	5195.83	1445.91	1040.34	652.07	826.54	288.66	49.81	29.00	927.18
	相对误差%	−0.503	0.443	−0.186	−0.939	0.143	−0.877	0.424	−0.317	−0.868
1990年	实际值，10⁴t	5145.39	1480.18	1059.68	601.67	834.59	311.44	46.55	27.21	857.82
	预测值，10⁴t	5146.38	1476.93	1056.69	607.80	837.81	307.11	46.49	24.71	863.87
	相对误差%	−0.019	0.220	0.282	−1.018	−0.386	1.389	0.122	9.195	−0.706
1991年	实际值，10⁴t	(5105.86)	(1493.12)	(1061.22)	(569.96)	(834.70)	(326.52)	(43.94)	(25.3)	(819.94)
	预测值，10⁴t	5079.1	1503.61	1070.97	564.88	845.24	329.79	42.47	20.97	802.33
	相对误差%	0.524	−0.702	−0.918	0.892	−1.262	−0.999	3.357	17.115	2.147
平均相对误差，%		0.331	0.374	0.5216	0.809	0.660	1.088	1.301	8.875	1.146

注："( )"中数据表示折算年产油量。折算方法：年中产油量 ×2。

5.5.5.2 Weng 旋回预测模型（2）

以 DQ 油田、LSX 油田、LMD 油田、SB 油田、SZ 油田和 XB 油田的实际产油量数据，用 1987 年以前为数据进行建模，在假设以后的资料未知情况下，预测了 1987 年、1988 年和 1989 年的产油量（表 5.17），平均相对误差为 0.374% ~ 0.924%，最大相对误差为 1.254%。

表5.17 产油量预测模型预测结果检验表

时间 \ 项目 \ 油田		DQ	LSX	LMD	SB	SZ	XB
1987年	实际值，10⁴t	—	—	1070.1	—	—	—
	预测值，10⁴t	—	—	1056.54	—	—	—
	相对误差，%			1.267			

续表

时间	项目 油田	DQ	LSX	LMD	SB	SZ	XB
1988年	实际值，10⁴t	5570.29	5209.07	1001.00	695.58	1406.68	816.25
	预测值，10⁴t	5566.27	5202.16	988.44	698.73	1403.24	808.44
	相对误差，%	0.027	0.133	1.254	−0.453	0.245	0.957
1989年	实际值，10⁴t	5555.56	5169.83	919.20	646.01	1452.34	827.72
	预测值，10⁴t	5567.66	5181.29	921.50	647.91	1466.70	827.42
	相对误差，%	−0.218	−0.222	−0.25	−0.294	−0.989	0.037

5.5.5.3 翁氏 Logistic 模型预测油田含水率

以 LSX 油田、LMD 油田、SB 油田、SZ 油田、SN 油田、XB 油田、XN 油田、GTZ 油田和 TB 油田的实际含水率数据，用 1988 年以前为数据进行建模，在假设以后的资料未知情况下，预测了 1988 年、1989 年、1990 年和 1991 年的含水率（表 5.18），平均相对误差为 0.362% ~ 1.158%，最大为 −2.482%。

表 5.18 翁氏 Logistic 旋回模型预测含水率检验结果

单位：%

时间	项目 油田	LSX	SZ	SN	SB	XB	XN	GTZ	TB	LMD
1988年	实际值	78.7	73.7	75.1	83.6	74.2	—	—	—	84.4
	预测值	78.7	73.9	75	84	74.2	—	—	—	84.8
	相对误差	0.033	−0.248	0.171	−0.484	−0.047	—	—	—	−0.474
1989年	实际值	79.4	75.0	75.4	85.0	74.5	74.0	53.6	71.5	86.1
	预测值	80.1	75.4	76.0	85.2	75.2	73.6	53.5	71.1	86.4
	相对误差	−0.923	−0.653	−0.748	−0.294	−0.947	0.583	0.174	0.578	−0.384
1990年	实际值	80.23	76.3	75.98	85.96	74.55	74.2	59.62	73.64	87.5
	预测值	81.6	77.0	77.1	86.30	76.4	75.4	60.0	74.8	87.7
	相对误差	−1.708	−0.917	−1.474	−0.396	−2.482	−1.617	−0.637	−1.575	0.229
1991年	实际值	—	—	—	—	—	—	—	—	—
	预测值	83.0	78.4	78.2	87.2	77.6	77.6	63.5	77.8	88.8

续表

时间 \ 项目 \ 油田		LSX	SZ	SN	SB	XB	XN	GTZ	TB	LMD
1991年	相对误差	—	—	—	—	—	—	—	—	—
	平均相对误差	0.888	0.606	0.798	0.391	1.158	1.099	0.405	1.077	0.362

5.5.5.4 T 模型预测油田累计采油量

以 DQ 油田、LSX 油田、LMD 油田、SB 油田、SZ 油田、SN 油田、XB 油田、XN 油田和 PTH 油田的实际累计产油量数据，用 1985 年以前为数据进行参数辨识，在假设以后的资料来知情况下，预测了 1985 年、1986 年、1987 年、1988 年和 1989 五年的累计产油量（表 5.19），平均相对误差从 0.181% ~ 2.938%，最大为 5.65%。

表 5.19 累计产油量模型预测检验结果

时间 \ 项目 \ 油田		DQ	LSX	LMD	SB	SZ	SN	XB	XN	PTH
1985年	实际值，10^4t	79200.60	77773.71	13928.58	11906.24	20640.59	15527.22	11199.45	4571.63	947.46
	预测值，10^4t	79174.03	77869.60	13901.89	11901.79	20520.03	15656.66	11181.50	4581.79	951.75
	相对误差，%	0.034	−0.123	0.192	0.037	0.584	−0.834	0.160	−0.222	−0.453
1986年	实际值，10^4t	84755.93	83014.02	—	12702.96	21892.46	16551.83	11928.27	4884.62	1115.89
	预测值，10^4t	84687.23	83181.32	14985.77	12705.80	21561.45	16598.62	11866.99	4911.58	1129.97
	相对误差，%	0.081	−0.202	0.453	−0.022	1.512	−0.283	0.514	−0.552	−1.253
1987年	实际值，10^4t	90311.25	88229.95	16123.98	13450.98	23238.01	17549.23	12701.62	5166.13	1289.38
	预测值，10^4t	90184.28	88455.44	16022.35	13488.69	22593.76	17501.77	12520.28	5230.03	1309.57
	相对误差，%	0.141	−0.256	0.630	−0.280	2.772	0.271	1.408	−1.237	−1.566
1988年	实际值，10^4t	95881.54	93439.02	17124.98	1416.56	24644.69	18563.63	13517.87	5441.31	1462.86
	预测值，10^4t	95641.02	93667.51	17008.90	14244.80	23615.02	18360.26	13138.44	5535.70	1488.91
	相对误差，%	0.251	−0.245	0.678	−0.695	4.178	1.005	2.807	−1.735	−1.781
1989年	实际值，10^4t	101437.10	98608.85	18044.18	14792.57	26097.03	19602.02	14345.59	5727.46	1640.51
	预测值，10^4t	101034.69	98794.74	17943.64	14969.08	24623.41	19160.28	13719.32	5827.40	1666.61
	相对误差，%	0.397	−0.189	0.557	−1.193	5.647	2.208	4.366	−1.745	−1.591
平均相对误差，%		0.181	0.203	0.502	0.445	2.938	0.902	1.855	1.098	1.328

5.5.5.5　T模型预测油田累计产水量

以DQ油田、LSX油田、LMD油田、SB油田、SZ油田、SN油田、XB油田、XN油田和PTH油田实际累计产水量数据，用1985年以前为数据进行参数辨识，在假设以后的资料未知情况下，预测了1985年、1986年、1987年、1988年和1989年五年的累计产水量（表5.20），平均相对误差从1.61%～3.5%，最大为7.66%。

表5.20　累计产水量模型预测结果检验

时间	油田 项目	DQ	LSX	LMD	SB	SZ	XB	XN	PTH
1985年	实际值，10⁴t	87126.12	86751.03	17632.8	14649.87	22965.79	10925.47	4055.30	254.66
	预测值，10⁴t	86433.72	86109.24	17605.62	14559.63	23187.95	10682.43	3936.52	246.04
	相对误差，%	0.795	0.740	0.154	0.616	−0.967	2.225	2.929	3.384
1986年	实际值，10⁴t	103336.87	102827.38	21706.16	17772.51	25870.73	13265.40	5016.99	314.75
	预测值，10⁴t	102412.06	102011.40	21822.07	17521.86	26522.26	12863.45	4761.44	309.81
	相对误差，%	0.895	0.794	−0.534	1.41	−2.518	3.030	5.094	1.569
1987年	实际值，10⁴t	121145.75	120479.14	26479.88	21149.14	29185.24	15601.65	5937.19	377.96
	预测值，10⁴t	120665.01	120176.44	26711.37	20941.75	30207.68	15364.60	5701.17	381.09
	相对误差，%	0.397	0.251	−0.874	0.981	−3.503	1.519	3.975	−0.827
1988年	实际值，10⁴t	140299.48	139453.92	31646.21	24701.28	33032.69	18001.34	6859.96	442.12
	预测值，10⁴t	141429.92	140839.83	32337.32	24870.76	34269.56	18217.51	6765.15	460.04
	相对误差，%	−0.805	−0.994	−2.184	−0.686	−3.744	−1.201	1.382	−4.053
1989年	实际值，10⁴t	160250.48	159202.41	37036.66	28287.23	37300.39	20380.78	7728.89	507.92
	预测值，10⁴t	164956.39	164253.38	38766.26	29364.36	38734.41	21455.75	7963.21	546.86
	相对误差，%	−2.937	−3.173	−4.670	−3.808	−3.845	−5.274	−3.032	−7.666
平均相对误差，%		1.166	1.19	1.683	1.5	2.915	2.649	3.282	3.499

5.5.5.6　多层递阶（多功能）模型

以LSX油田的实际年产油量数据，用1989年以前为数据进行参数辨识，预测了1989年的年产油量，一步相对误差为0.213%。以LSX油田的实际年产水量数据，用1989年以前为数据进行参数辨识，预测了1989年的年产油量，一步相对误差为 0.213%。以 LSX 油田和 SB 油田的实际累计产油量数据，用 1988 年以前为数据进行参数辨识，预测了 1988，1989 两年的累计产油量，平均相对误差分别为 0.0743% 和 0.092%。以 LSX 油田和 SB 油田的实际累计产水量数据，用 1988 年以前为数据进行参数辨识，预测了 1988，1989 两年的累计产油量，平均相对误差分别为 0.094% 和 0.411%。以 LSX 油田、SB 油田的实际综合含水率数据，用 1988 年以前为数据进行参数辨识，预测了 1988，1989 两年的累计产油量（表 5.21），平均相对误差分别为 0.275% 和 0.069%。

表 5.21 多层递阶模型预测结果检验表

时间	项目	参数	年产油 10^4t	年产水 10^4m³	累计产油 10^4t		累计产水 10^4m³		综合含水 %	
			LMD 油田	LMD 油田	LMD 油田	SB 油田	LMD 油田	SB 油田	LMD 油田	SB 油田
1988 年	实际值		—	—	—	12761.58	26861.23	22997.20	87.54	86.16
	预测值				12775.3	26864.78	22991.92	87.82	86.15
	相对误差, %				−0.108	−0.013	0.023	−0.320	0.013
1989 年	实际值		522.71	4056.76	15119.99	13218.32	30917.99	26131.60	89.22	87.61
	预测值		523.83	4020.25	15108.87	13228.40	30972.21	26340.02	89.42	87.50
	相对误差, %		−0.213	0.900	0.074	−0.076	−0.175	−0.798	−0.229	0.126
平均相对误差, %			0.213	0.900	0.074	0.092	0.094	0.411	0.275	0.069

5.5.5.7 自适应预测模型

以 DQ 油田、LSX 油田、LMD 油田、SB 油田、SZ 油田、SN 油田、XB 油田和 XN 油田的实际年产油量数据，控制项选用老井措施合计和新井措施两项措施，用 1988 年以前为数据进行建模，在假设以后的资料未知情况下，预测了 1988 年和 1989 两年的年产油量，见表 5.22。平均相对误差为 0.56% ~ 2.94%，最大为 4.33%。

表 5.22 自适应预测模型年产油预测结果检验表

时间	项目	油田 DQ	LSX	SB	SZ	SN	XB	XN
1988 年	实际值, 10^4t	5570.29	5209.07	695.57	1408.87	1003.36	815.24	285.02
	预测值, 10^4t	5562.22	5242.01	706.31	1413.91	995.26	812.38	282.59

续表

时间	项目 油田	D	LSX	SB	SZ	SN	XB	XN
1988年	相对误差，%	0.145	−0.632	−1.543	−0.358	0.808	0.352	0.854
1989年	实际值，10⁴t	5555.56	5169.83	646.01	1454.01	1029.04	827.00	294.57
1989年	预测值，10⁴t	5607.43	5236.28	673.97	1459.55	1055.84	839.47	293.64
1989年	相对误差，%	−0.934	−1.285	−4.328	−0.381	−2.605	−1.508	0.314
平均相对误差，%		0.5395	0.9585	2.935	0.3695	1.7065	0.93	0.584

5.5.5.8 多功能递减曲线模型预测

5.5.5.8.1 DQ 油田日产油量预测

DQ 油田日产油量从 1972 年 12 月的 82132t 降到 1982 年 12 月的 33371t，用 1977 年 12 月到 1978 年 12 月共 25 个数据建立预测模型，用 1979 年 3 月到 1982 年 12 月共 16 个数据做后验预报，见表 5.23。

参数估计结果：$\hat{D}_{25}=0.039681$，$\Delta\hat{D}=0.0006$，$\hat{N}_{25}=1.587$。

预报模型：

$$Q(t)=8.2132\{1+1.587[0.039681+0.0006(k-25)]k\}^{-\frac{1}{1.587}} \quad (k=26,\cdots) \quad (5.61)$$

预测结果，除 1982 年 9 月预报误差为 7.6% 之外，其余均在 5% 以内，预报 16 步平均相对误差为 2.84%。

表 5.23 DQ 油田日产油量预报表（递减模型）

时间	1972.12	1973.3	1973.6	1973.9	1973.12	1974.3	1974.6	1974.9	1974.12	1975.3	1975.6
实际值 10⁴t	8.2132	7.9988	7.8352	7.5707	7.1885	7.2419	7.0512	6.6692	6.3542	6.1462	6.0142
预测值 10⁴t	8.225443	8.0297	7.84734	7.590618	7.224416	7.2289	7.0556	6.7039	6.3816	6.1568	6.0146
时间	1975.9	1975.12	1976.3	1976.6	1976.9	1976.12	1977.3	1977.6	1977.9	1977.12	1978.3
实际值 10⁴t	5.8701	5.6392	5.5924	5.5494	5.5612	5.2531	5.1347	5.0347	4.9256	4.909	4.834
预测值 10⁴t	5.8716	5.6521	5.5871	5.5431	5.5519	5.2804	5.1401	5.0361	4.9279	4.9034	4.8329

续表

时间	1978.6	1978.9	1978.12	1979.3	1979.6	1979.9	1979.12	1980.3	1980.6	1980.9	1980.12
实际值 10^4t	4.6825	4.5952	4.5638	4.4651	4.36	4.3633	4.2841	4.2146	4.1288	4.0812	4.061
预测值 10^4t	4.691	4.5975	4.5263	4.4317	4.3402	4.2516	4.1659	4.0828	4.0024	3.92451	3.84912
时间	1981.3	1981.6	1981.9	1981.12	1982.3	1982.6	1982.9	1982.12	—	—	—
实际值 10^4t	3.9336	3.8177	3.7263	6.6951	3.5536	3.3126	3.1408	3.3371	—	—	—
预测值 10^4t	3.77585	3.7049	3.6362	3.5694	3.5047	3.4418	3.3809	3.3217	—	—	—

5.5.5.8.2　DQ 油田日产水量预测

DQ 油田日产水量从 1973 年 9 月的 29003m³ 上升到 1982 年 9 月 303875m³，选用 1978 年 6 月以前 19 个数据建立模型，以后数据供后验预报（表 5.24）。

参数估计结果：

$\hat{D}_{19} = 0.078723$，$\Delta \hat{D} = -0.00103$，$\hat{N}_{19} = 0.056091$，$\Delta \hat{N} = -0.00008$。

预报模型：

$$Q_w(t) = 2.9003\{1 - [0.056091 + 0.00008(k-19)][0.078723 - 0.00103(k-19)]k\}^{\frac{-1}{0.056091 - 0.00008(k-19)}} \quad (k=20, 21, \cdots) \quad (5.62)$$

表 5.24　DQ 油田日产水量预报表（递增模型）

时间	1978.6	1978.9	1978.12	1979.3	1979.6	1979.9	1979.12	1980.3	1980.6
实际值，10^4m³	14.1393	15.0113	15.5056	16.5389	17.1345	18.0335	19.2313	20.8478	21.3264
预测值，10^4m³	13.8637	14.73892	15.67218	16.6299	17.6093	18.6069	19.6189	20.6416	21.6702
时间	1980.9	1980.12	1981.3	1981.6	1981.9	1981.12	1982.3	1982.6	1982.9
实际值，10^4m³	22.0735	22.9587	24.451	25.8809	26.6377	27.7107	29.9342	29.8448	30.3875
预测值，10^4m³	22.7003	23.7269	24.7448	25.7486	26.7327	27.6916	28.6196	29.511	30.3601

表中的最大后验预报误差为 4.39%，预报 18 步平均相对误差为 1.66%。

5.5.5.9 加性噪声指数模型

以 DQ 油田、LSX 油田、LMD 油田、SB 油田、SZ 油田、SN 油田和 XB 油田的实际累计产油量和累计产液量数据，用 1985 年以前为数据进行参数辨识，在假设以后的资料未知情况下，预测了 1985 年、1986 年、1987 年、1988 年和 1989 五年的累计产油量和累计产水量。累计产油量预测平均相对误差从 0.173%～0.968%，最大为 2.65%。累计产液量预测平均相对误差从 0.111%～2.039%，最大为 5.884%。见表 5.25。

表 5.25 加性噪声指数模型累计产油量预测结果检验表

时间	油田 项目	DQ	LSX	LMD	SB	SZ	SN	XB
1985 年	实际值，10^4t	79200.60	77773.71	—	11906.24	20640.59	15527.22	11199.45
	预测值，10^4t	86433.72	86109.24	17605.62	14559.63	23187.95	10682.43	3936.52
	相对误差，%	0.795	0.740	0.154	0.616	−0.967	2.225	2.929
1986 年	实际值，10^4t	103336.87	102827.38	21706.16	17772.51	25870.73	13265.40	5016.99
	预测值，10^4t	102412.06	102011.40	21822.07	17521.86	26522.26	12863.45	4761.44
	相对误差，%	0.895	0.794	−0.534	1.41	−2.518	3.030	5.094
1987 年	实际值，10^4t	121145.75	120479.14	26479.88	21149.14	29185.24	15601.65	5937.19
	预测值，10^4t	120665.01	120176.44	26711.37	20941.75	30207.68	15364.60	5701.17
	相对误差，%	0.397	0.251	−0.874	0.981	−3.503	1.519	3.975
1988 年	实际值，10^4t	140299.48	139453.92	31646.21	24701.28	33032.69	18001.34	6859.96
	预测值，10^4t	141429.92	140839.83	32337.32	24870.76	34269.56	18217.51	6765.15
	相对误差，%	−0.805	−0.994	−2.184	−0.686	−3.744	−1.201	1.382
1989 年	实际值，10^4t	160250.48	159202.41	37036.66	28287.23	37300.39	20380.78	7728.89
	预测值，10^4t	164956.39	164253.38	38766.26	29364.36	38734.41	21455.75	7963.21
	相对误差，%	−2.937	−3.173	−4.670	−3.808	−3.845	−5.274	−3.032
平均相对误差，%		1.166	1.19	1.683	1.5	2.915	2.649	3.282

5.5.5.10 灰色预测模型

以 DQ 油田、LSX 油田、LMD 油田、SB 油田、SZ 油田、SN 油田、XB 油田和 XN 油田的实际年产油量数据，用 1989 年以前为数据进行建模，预测了

1989 年的产油量一步相对误差为 0.1% ~ 5.14%，最大为 5.14%。见表 5.26。

表 5.26　灰色模型 GM（1，1）产油量预测结果检验

时间	油田 项目	DQ	LSX	LMD	SB	SZ	SN
1989 年	实际值，10^4t	5555.56	5169.83	919.20	646.01	1452.34	1038.41
	预测值，10^4t	5672.54	5237.96	947.11	664.42	1526.96	1039.47
	相对误差，%	−2.11	−1.32	−3.04	−2.85	−5.14	−0.10

5.5.5.11　油田初始产量预测——蒙特卡洛法[78]

油田开发方案一般是在已知资料比较少甚至很少的情况下编制的。而油田初始产能是编制油田开发方案的最基本、最主要的依据。它的大小直接影响层系、井网和注水方式的确定。同时，又直接影响着油田基本建设的规模和投资大小。

为数不多的探井、资料井的试油资料给出的初始产能具有较大的随机性。随机模拟技术——蒙特卡洛法（Monte Carlo）是用于研究和处理有限随机变量统计分布问题的一种数学方法。统计量 h 是 n 个随机变量样本值 x_i 的函数，x_i 具有母体密度函数 $f(x_i)$，于是问题就化为计算 n 重积分：

$$P_\gamma\{h \leqslant H\} = \iint \cdots \int \prod_{i=1}^{n} f(x_i) \prod_{i=1}^{n} \mathrm{d}x_i \tag{5.63}$$

用蒙特卡洛法计算上述积分，就是产生大量的 x_1, x_2, $\cdots$, x_n 的子样，对每个子样计算统计量 h，把统计量 $h \leqslant H$ 所占的比例作为上述积分的近似值。

对油田的产能预测来说，统计量 Q 表示为：

$$Q = \Delta pHJ \tag{5.64}$$

式中：Q 为某井产油量，t/d；Δp 为该井生产压差，atm；H 为该井平均有效厚度，m；J 为该井单位厚度采油指数，t/（d·atm·m）。

从式（5.64）可知，统计量 Q 有三个随机变量 Δp，H 和 J，油田开发的实践表明，它们的母体密度函数可以认为是三角形分布。而样本子样，借助电子计算机采用尾随机数发生器进行随机抽样产生，在随机数为 R 时，子样 x 如下：

当 $R \leqslant \dfrac{x_2 - x_1}{x_3 - x_1}$ 时，有：

$$x = x_1 + (x_3 - x_1)\sqrt{R\frac{x_2 - x_1}{x_3 - x_1}} \tag{5.65}$$

当 $R > \dfrac{x_2 - x_1}{x_3 - x_1}$ 时,有:

$$x = x_1 + (x_3 - x_1)\left[1 - \sqrt{(1-R)\left(1 - \frac{x_2 - x_1}{x_3 - x_1}\right)}\right] \tag{5.66}$$

式中:x_1 为最小值;x_2 为最可能值(出现次数多的);x_3 为最大值。

对式(5.64)来说,每产生一个随机数,可产生一个子样 Δp_i,H_i,J_i,依据这些子样可求得一个统计量 Q_i。若抽样次数为 $N(N>300$ 次),依据抽样结果最终可以计算 Q 的概率 $P_y[Q=Q_k]=P_k$,期望值可用下式计算:

$$E(Q) = \sum_{k=1}^{n} Q_k P_k \tag{5.67}$$

有限方差为:

$$\sigma^2 = \sum_{k=1}^{n}\left[Q_k - E(Q)P_k\right]^2 \tag{5.68}$$

当 N 充分大时,模拟结果的误差为:

$$|E_x - E(Q)| < \varepsilon \tag{5.69}$$

式中,E_x 为真实期望值。

若取置信水平为 95.5%,则:

$$\varepsilon = 2\sigma/\sqrt{N} \tag{5.70}$$

采用模拟技术对 PN 油田的产能进行了计算。编制开发方案时该油田试油井层数共有 21 个,从中确定初始参数(表 5.27)。

表 5.27 PN 油田开发方案初始参数

初始参数	最小值	最可能值	最大值
H	3.0	5.5	10.2
J	0.003	0.1	0.43
Δp	9.35	26	33.1

依据表 5.27 中参数计算了单井产油量的概率分布（表 5.28），产能期望值 $E(Q)$=24.06t/d，方差 σ=3.31。根据油田投产初期 63 口自喷井产能统计，平均单井产油 24t/d，可见两者是极为接近的。

表 5.28 PN 油田随机模拟产能分布

产能 Q_k	0.00	4.19	8.37	12.56	16.74	20.94	25.71	29.30	33.48	37.67
概率 P_k	1.00	0.96	0.86	0.75	0.64	0.50	0.38	0.30	0.22	0.16
产能 Q_k	41.86	46.04	50.23	54.01	58.6	62.78	66.97	71.16	75.34	79.53
概率 P_k	0.13	0.11	0.08	0.06	0.05	0.03	0.02	0.02	0.00	0.00

随机模拟技术——蒙特卡洛法本身考虑了参数的随机变化过程，经验分布中的最大值和最小值限定了它的变化范围，因此，它不再受其样品位置的影响。在资料较少的情况下，用蒙特卡洛法进行油田初产能估计是一种可行的方法。

5.5.5.12 油田开发规划经济数学模型[59]

油田的产油量如不采取任何增产措施会自然递降，产水量是逐年递增。为保证原油产量在近期内稳定在一定的水平上，必须采取各种增产措施。油田规划的目的，就是在产油量和产水量的限制条件下，逐年确定今后几年的稳产措施工作量。

5.5.5.12.1 油田动态规划模型的建立

以 $X_1(k)$ 和 $X_2(k)$ 分别表示油田在第 k 年度的产油量和产水量，则二维向量 $X(k)=[X_1(k), X_2(k)]^T$ 称为油田的状态，它是油田开发情况变化的主要特征。用 $u(k)$ 表示对油田采取的将在第 $(k+1)$ 年度发生作用的各种增产措施井数组成的向量，它的维数是 M，M 随着采取的增产措施的内容多少而有所不同。例如，油田上经常采用的增产措施有：投产新井、自喷井转电泵井、自喷井转为抽油井、油井压裂和见水井堵水等 5 项，则 M=5，$u(k)=[u_1(k), u_2(k), u_3(k), u_4(k), u_5(k)]^T$。

分析油田的产油构成，第 $(k+1)$ 年的状态（产油和产水）与第 k 年的状态有关、和采取的措施井数有关，进而建立产量变化的状态方程：

$$x(k+1) = A(k)X(k) + B(k)u(k) \tag{5.71}$$

式中，$A(k)$ 成为状态转移阵。在这里 $A(k)=\begin{pmatrix} A_1(k) & 0 \\ 0 & A_2(k) \end{pmatrix}$ 是个 2×2 的方阵，$A_1(k)$

代表了油田产油量的年递减余率，$A_2(k)$ 代表了油田产水量的年递增系数。$B(k)$ 称为控制作用矩阵，在这里

$$B(k) = \begin{pmatrix} B_{11}(k), & B_{12}(k), & B_{13}(k), & B_{14}(k), & B_{15}(k) \\ B_{21}(k), & B_{22}(k), & B_{23}(k), & B_{24}(k), & B_{25}(k) \end{pmatrix} \tag{5.72}$$

为 2×5 的矩阵，其中第一行各元素分别代表 5 种增产措施单井增产的油量；第二行代表 5 种增产措施单井增产的水量。

不难看出，状态方程的物理意义为：第 ($k+1$) 年的产量（包括产油量和产水量），等于第 k 年的产量递减（或递增）后与措施增产量之和。依据油田产量的变化趋势和国家对原油产量的要求，可以提出希望的状态变化轨线（如年产油量不低于某一水平，产水量不超过某一水平），有：

$$\eta(k) = \{X_0, \eta(1), \eta(2), \eta(3) \ldots \eta(k_{t-1}), \eta(k_f)\} \tag{5.73}$$

式中，X_0 为已知初始状态；k_f 为规划年限。

要求制订一个使油田状态向量尽可能按上述希望规律变化并且消耗尽可能少（原油成本最低）的油田开发规划，这样的问题完全可以用最优控制理论和方法来解决。其目标函数：

$$J = \frac{1}{2} \|X(k_f) - \eta(k_f)\|_S^2 + \frac{1}{2} \sum_{k=0}^{k_{f-1}} \left\{ \|X(k) - \eta(k)\|_Q^2 + \|u(k)\|_R^2 \right\} \tag{5.74}$$

式中：S 和 Q 为非负定的对称矩阵；R 为正定的对称矩阵。

在求解最优开发规划时，我们应用了一种较简捷的一步优化方法，先根据第 k 年和第 $k+1$ 年的状态 $X(k)$，$X(k+1)$ 及指标 $\eta(14)$，$\eta(k+1)$ 写出目标函数，再求目标函数的极小值，从而解出 $u(k)$ 来。一步优化的目标函数：

$$J = \frac{1}{2} \|X(1) - \eta(1)\|_S^2 + \frac{1}{2} \|X(0) - \eta(0)\|_Q^2 + \frac{1}{2} u(0)^\mathrm{T} R(0) u(0) \tag{5.75}$$

将式（5.71）代入式（5.75），得：

$$J = \frac{1}{2} \|A(0)X(0) + B(0)u(0) - \eta(1)\|_S^2 + \frac{1}{2} \|X(0) - \eta(0)\|_Q^2 + \frac{1}{2} u(0)^\mathrm{T} R(0) u(0) \tag{5.76}$$

求导数，其 $S=I$，有：

$$\frac{\partial J}{\partial u} = \boldsymbol{B}(0)^{\mathrm{T}}\left[\boldsymbol{A}(0)X(0) + \boldsymbol{B}(0)u(0) - \eta(1)\right] + \boldsymbol{R}(0)u(0) = 0 \tag{5.77}$$

从而解出最优控制策略：

$$U(0) = \left[\boldsymbol{B}(0)^{\mathrm{T}}\boldsymbol{B}(0) + \boldsymbol{R}(0)\right]^{-1}\left[\boldsymbol{B}^{\mathrm{T}}(0)\eta(1) - \boldsymbol{B}^{\mathrm{T}}(0)\boldsymbol{A}(0)X(0)\right] \tag{5.78}$$

代入式 (5.71)，得：$X(1) = \boldsymbol{A}(0)X(0) + \boldsymbol{B}(0)u(0)$

当求出 $X(1)$ 后，可以根据 $X(1)$ 和 $X(2)$ 及 $\eta(1)$ 和 $\eta(2)$ 写出目标函数，重复上述步骤，以此类推，求出每一步的 $U(k)$ 来。

5.5.5.12.2　DQ 油田开发规划经济数学模型

利用动态规划的优化模型，求解最优控制策略，需要给出以下参数：希望的状态变化轨线、$A(k)$ 阵、$B(k)$ 阵、$R(k)$ 阵、初始条件和约束条件。下面以 DQ 油田为例，说明参数的给法和选优结果。

(1) 希望的状态变化轨线，按国家要求，DQ 油田 1981—1985 年产量不低于 5000×10^4t，油田综合含水不超过 75%，年含水上升不超过 3%，用日产油和日产水表示的 5 年希望状态变化轨线为：

$$\eta(k) = \begin{pmatrix} 13.97 & 13.97 & 13.97 & 13.97 & 13.97 \\ 26.4 & 30.1 & 34.5 & 39.9 & 46.6 \end{pmatrix} \tag{5.79}$$

日产油量单位为 10^4t，日产水量单位为 $10^4 \mathrm{m}^3$。

(2) $A(k)$ 阵，应用预报模型可以得出，今后若干年的产油量和产水量，从而求出产油量的年递减余率和产水量递增率，1981—1985 年逐年值为：

$$A(1) = \begin{pmatrix} 0.9675 & 0 \\ 0 & 1.0919 \end{pmatrix}$$

$$A(2) = \begin{pmatrix} 0.9668 & 0 \\ 0 & 1.1727 \end{pmatrix}$$

$$A(3) = \begin{pmatrix} 0.966 & 0 \\ 0 & 1.1627 \end{pmatrix}$$

$$A(4) = \begin{pmatrix} 0.9649 & 0 \\ 0 & 1.1492 \end{pmatrix}$$

$$A(5) = \begin{pmatrix} 0.9636 & 0 \\ 0 & 1.1492 \end{pmatrix}$$

(3) $B(k)$ 阵，通过油田开发分析得出，在 DQ 油田采用的 5 种增产措施，每口井增产的油量和水量，由于在不同时期采用的相同措施增产效果不同，所以 $B(k)$ 阵中的各元素是随着时间 k 而变化的。1981—1985 年逐年值为：

$$B(1) = \begin{pmatrix} 4.17 & 10.23 & 3.33 & 0 & 6.2 \\ 8.07 & 19.8 & 6.44 & -13.3 & 1.8 \end{pmatrix}$$

$$B(2) = \begin{pmatrix} 3.37 & 8.33 & 3.83 & 0 & 6.2 \\ 7.68 & 19.0 & 8.73 & -13.3 & 1.8 \end{pmatrix}$$

$$B(3) = \begin{pmatrix} 3.33 & 8.33 & 4.07 & 0 & 6.2 \\ 8.79 & 21.99 & 10.77 & -13.3 & 1.8 \end{pmatrix}$$

$$B(4) = \begin{pmatrix} 3.0 & 9.63 & 4.07 & 0 & 6.2 \\ 9.18 & 25.5 & 12.75 & -13.3 & 1.8 \end{pmatrix}$$

$$B(5) = \begin{pmatrix} 2.7 & 8.43 & 3.27 & 0 & 6.2 \\ 9.5 & 29.6 & 11.5 & -13.3 & 1.8 \end{pmatrix}$$

以上 5 组矩阵，行表示日增油量和日增水量，列表示 5 种措施按压裂、电泵、抽油、堵水、投产新井顺序排列。由于措施在当年只有 1/3 的时间起作用，故上述 $B(k)$ 阵中的各元素，均按实际单井增产效果的 1/3 取值。

(4) $R(k)$ 阵，数值上表示 5 种增产措施增产油量的单位原油成本，由于原油成本的数值要涉及许多因素，取值比较复杂，通过 DQ 油田的开发分析和经济分析，给出了粗略的数据，其中除新井及堵水外，其余三项的原油成本都随时间 k 而变化。

R_{11}=15.65, 17.41, 19.46, 21.6, 24.16

R_{22}=19.14, 22.3, 25.42, 24.74, 27.9

$$R_{33}=24.96,23.79,24.26,25.71,30.1$$

$$R_{44}=14.52（五年相同）$$

$$R_{55}=24（五年相同）$$

$R(k)$ 阵是 5×5 的对角阵，对角线上的各元素为 5 种增产措施的单位原油成本。例如第一年：

$$R(1)=\begin{bmatrix} 15.65 & 0 & 0 & 0 & 0 \\ 0 & 19.14 & 0 & 0 & 0 \\ 0 & 0 & 24.96 & 0 & 0 \\ 0 & 0 & 0 & 14.52 & 0 \\ 0 & 0 & 0 & 0 & 24 \end{bmatrix}$$

（5）初始条件：$X(0)=[X_1(0)，X_2(0)]^T$；$X_1(0)=13.7616$ 为 1980 年 12 月的日产油量；$X_2(0)=23.429$ 为 1980 年 12 月的日产水量。

依照以上给定的参数，利用式（5.71）和式（5.75），可以计算无约束条件下（即各种增产措施的井数没有限制），使原油成本保持最低水平的各种增产措施井数的组合。这组措施组合，被称作最优控制策略。无约束条件下选优结果发现，各种增产措施工作量与油田的实际情况，如队伍组建情况、设备供应能力等有较大距离。第二种措施 $U_2(k)$，措施工作量太大，当前设备供应能力较差，不能满足要求。因此可将第二项措施定为约束条件，将约束值从希望值中去掉（B 矩阵中元素定为零），重新选优，则控制策略和状态变化见表 5.29。

分析选优结果要比无约束条件的选优结果投资增加。因此在生产实践中，除开发效果要求的限制条件外，其余的限制条件，应积极采取有效手段，使之尽量满足经济效益最佳的目标，以达到运用最优控制理论进行科学管理油田的目的。

表 5.29　约束 $U_2(k)$ 控制策略选择结果表

	时间	1981 年	1982 年	1983 年	1984 年	1985 年
控制策略井数口	$U_1(k)$	376	188	193	262	408
	$U_2(k)$	75	100	150	150	200
	$U_3(k)$	188	156	189	298	396

续表

时间		1981年	1982年	1983年	1984年	1985年
控制策略井数，口	$U_4(k)$	111	452	256	0	0
	$U_5(k)$	416	503	461	428	380
状态	含水，%	63.3	66.4	69.3	72.2	75.3
	年产，10^4t	5040	5024	5032	5048	5053

说明：U_1，U_2，U_3，U_4 和 U_5 分别为新井投产、电泵、抽油、压裂、堵水。

5.5.5.13 油田开发规划最优控制模型 [79]

在实现某一控制目标前提下，措施量如何安排，这是计量体系预测问题。为此，以油田生产月报附表为基础数据，通过多步递阶物理分析，应用系统辨识方法，建立了产油、产水、地层压力与措施用量的动态关系式，在此基础上，应用最优控制理论建立了油田动态控制预测模型。

5.5.5.13.1 状态变量和控制变量

状态变量 $Q(k)$：

$$Q(k) = [Q_o(k), Q_w(k), p(k)]^T \qquad (5.80)$$

式中：$Q_o(k)$ 为 k 时刻的产油量，10^4t；$Q_w(k)$ 为 k 时刻的产水量，10^4t；$p(k)$ 为 k 时刻的地层压力，MPa；k 为离散的时间步数，月。

控制变量 $U(k)$：

$$U(k) = \left(U_o^T \vdots U_w^T\right) \qquad (5.81)$$

$$U_o^T = [U_1(k), U_2(k), U_3(k)] \qquad (5.82)$$

$$U_w^T = [U_4(k), U_5(k), U_6(k)] \qquad (5.83)$$

式中：$U_1(k)$ 为 k 时刻的新增油井数；$U_2(k)$ 为 k 时刻的压裂井层数；$U_3(k)$ 为 k 时刻的转抽、换泵、下电泵的总数；$U_4(k)$ 为 k 时刻的注水量，10^4m^3；$U_5(k)$ 为 k 时刻的新增水井数，口；$U_6(k)$ 为 k 时刻的水井作业井层数（因为水井作业主要是改善吸水剖面，所以可简称为水井调剖数），次。

5.5.5.13.2 状态方程

描写油田动态在人的支配下的动态演变的过程，可以用下述方法。

累计产油量 $V_o(t, u)$ 不仅是时间的函数，也是措施量 $U(t)$ 的函数，油田地层压力 $p(t, u)$ 及累计采水量 $V_w(t, u)$ 也同样是这种函数。将其期望值对时间求全导数，得：

$$\frac{dV_o}{dt} = \frac{\partial V_o}{\partial t} + \left(\frac{\partial V_o}{\partial U_o}\right)^T \frac{dU_o}{dt} + \left(\frac{\partial V_o}{\partial U_w}\right)^T \frac{dU_w}{dt} \qquad (5.84)$$

$$\frac{dV_w}{dt} = \frac{\partial V_w}{\partial t} + \left(\frac{\partial V_w}{\partial U_o}\right)^T \frac{dU_o}{dt} + \left(\frac{\partial V_w}{\partial U_w}\right)^T \frac{dU_w}{dt} \qquad (5.85)$$

式中，$\left(\frac{\partial V_o}{\partial U_w}\right)^T \frac{dU_w}{dt}$ 和 $\left(\frac{\partial V_w}{\partial U_w}\right)^T \frac{dU_w}{dt}$ 分别为水井措施增油和增水量，鉴于动态系统固有的属性——时延性，水井措施不可能立即在油井中见效，所以应将其去掉。考虑到油田动态系统是一个可做离散处理的软系统，于是将式（5.84）和式（5.85）离散之后有：

$$Q_o(k) = Q_o(k-1)e^{-D^*(k)\Delta t} + B_o^T U_o(k) + \xi_o(k) + \varepsilon_o(k) \qquad (5.86)$$

$$Q_w(k) = Q_w(k-1)e^{G^*(k)\Delta t} + B_w^T U_o(k) + \xi_w(k) + \varepsilon_w(k) \qquad (5.87)$$

同时可写出地层压力的差分方程：

$$p(k) = p(k-1) + U_4(k-1)[1 - R(k)]\Delta t / V^*(k) \qquad (5.88)$$

式中：$B_o(k)$ 为油井措施增益向量，$B_o(k) = [B_{o1}(k), B_{o2}(k)\cdots]^T$；$B_w(k)$ 为单位油井措施增水值向量，$B_w(k) = [B_{w1}(k), B_{w2}(k), \cdots]^T$；$U_o(k)$ 为 k 时刻油井每月措施向量；$\xi_o(k)$ 和 $\xi_w(k)$ 分别为产油、产水可观噪声；ε_o 和 ε_w 分别为产油和产水随机噪声；$p(k)$ 为 k 时刻的油田平均压力；$R(k)$ 为 k 时刻采注比，$R(k) = \frac{1.31Q_o(k) + Q_w(k)}{U_4(k)}$；$V^*(k)$ 为 k 时刻油田弹性容量，$10^4 m^3/0.1MPa$；$Q_o(k-1)$ 和 $Q_w(k-1)$ 分别为 $(k-1)$ 时刻的产油量与产水量；$e^{-D^*(k)}$ 为产油量综合递减率；$e^{G^*(k)}$ 为产水量综合递增率；k 为时间步数，月；Δt 为时间步长，取 1。

5.5.5.13.3 目标函数

目标函数由收支的差额组成,是控制量的泛函,记为 $J_o(U)$,$J(U)$ 为目标函数和增广目标函数,则有:

$$J_o(U) = \int_{t_0}^{t_f} \left\{ \left[C_o Q_o(t) - (C_1 + C_w) U_4(t) \right] - C_1 \cdot \left[Q_o(t) + Q_o(t) R_1 \right] C_1 - C_u \|U\|_A^2 \right\} dt - \left[V_w(t_f) - V_w(t_0)(C_d - C_c) C_1 \right] \quad (5.89)$$

$$J(U) = J_o(U) - \int_{t_0}^{t_f} \mu(t) \left[Q_o(t) - Q_o^d(t) \right]^2 C_1 dt \quad (5.90)$$

式中:C_o 为原油价格,元/t;C_1 为注水花费,元/t;C_w 为水源(清水和污水)价格,元/t;$U_4(t)$ 为 t 时刻的注水量,$10^4 m^3$;C_1 为产液量花费,元/t;R_1 为抽油机占生产井的比例;C_1 为单位核算系数,10^4;C_u 为罚函数,$C_u = \dfrac{S_u}{\|U\|}$,这里 $S_u = 1$,$\|U\|$ 为控制向量范数;$\|U\|_A^2$ 为措施花费,$\|U\|_A^2 = U \cdot A \cdot U$;$V_w(t_f)$ 为在 t_f 时刻的累计注水量,$V_w(t_f) = \int_0^{t_f} Q_w(t) dt$,$10^4 m^3$;$V_w(t_0)$ 为在 t_0 时刻的累计注水量,$V_w(t_0) = \int_0^{t_0} Q_w(t) dt$,$10^4 m^3$;$Q_o^d(t)$ 为国家要求的产量,$10^4 t/$月;$\mu(t)$ 为罚函数。

其中

$$A = \begin{bmatrix} A_1 & 0 & 0 & 0 & 0 & 0 \\ 0 & A_2 & 0 & 0 & 0 & 0 \\ 0 & 0 & A_3 & 0 & 0 & 0 \\ 0 & 0 & 0 & 0 & 0 & 0 \\ 0 & 0 & 0 & 0 & A_5 & 0 \\ 0 & 0 & 0 & 0 & 0 & A_6 \end{bmatrix}$$

式中:A_1 为钻一口油井的投资;A_2 为压裂一次的花费;A_3 为转抽换泵的花费;A_5 为钻一口注水井的投资;A_6 为调剖一次花费。

C_1 的计算式为:

$$C_1 = 2.724 \times 10^{-2} \left[p(t) + \frac{U_4(t) \times 10^4}{30 C_{U_5} \eta_1} - \frac{L}{10} \right] \cdot \frac{C_e}{E_1} \quad (5.91)$$

式中：C_{U_5} 为累计注水井数；η_1 为吸水指数；L 为井深，m；C_e 为电价，元/(kW·h)；E_1 为注入泵效。

C_w 的计算式为：

$$C_w = f_w C_d + (1 - f_w) C_c \tag{5.92}$$

式中：f_w 为含水；C_d 为污水价格，元/t；C_c 为清水价格，元/t。

C_e 的计算式为：

$$C_e = 2.724 \times 10^{-2} \left[\frac{L r_1}{10} - p(t) + \frac{Q_o(t) + Q_w(t)}{30 C_{U_1} \eta_1} \times 10^4 \right] \cdot \frac{C_e}{E_1} \tag{5.93}$$

式中：r_1 为井筒液体密度，t/m³；C_{U_1} 为累计生产井数；η_1 为产液指数，t/(MPa·d)；E_1 为抽油机泵效。

$\mu(t)$ 的计算式为：

$$\mu(t) = \frac{C_o S}{|Q_o(t) - Q_o^d(t)|} \tag{5.94}$$

式中：C_o 为原油价格，元/t；S 为优先级系数，当 $S>1$ 时，表示对国家要求产量 $Q_o^d(t)$ 重视，$S<1$ 表示不重视。

5.5.5.13.4 约束条件

(1) 压裂井层约束。

$$C_{U_2} \leq 3 C_{U_1} \tag{5.95}$$

式中：C_{U_2} 为累计压裂井层数，C_{U_1} 为累积生产井数。式(5.95)表示 1 口井最多压裂 3 次。

(2) 水井调剖井数。

$$C_{U_6} \leq 5 C_{U_5} \tag{5.96}$$

式中：C_{U_6} 为水井调剖累计数；C_{U_5} 为注水井井数。式(5.96)表示 1 口水井最多调剖 5 次。

(3) 换泵井数约束。

$$0 \leq R_1 \leq 1, \quad U_3(t) \leq \text{Constp} \tag{5.97}$$

其中，Constp 为油田每月的转抽换泵最大能力。

(4) 钻井约束。

$$U_1(t)+U_3(t) \leqslant \text{Constw} \qquad (5.98)$$

其中 Constw 为每月的最大钻井能力。

(5) 措施量约束（井下作业施工量）。

$$U_2(t)+U_6(t) \leqslant \text{Consto} \qquad (5.99)$$

其中 Consto 为井下最大作业能力。

(6) 液压约束。

$$p(t)-\frac{Q_o(t)+Q_w(t)}{30C_{U_1}\eta_1}\times 10^4 \geqslant p_H - 3.0 \qquad (5.100)$$

其中，p_H 为原油饱和压力。式（5.100）表示井底流压不能低于原油饱和压力 3.0MPa。

(7) 供电能力约束。

$$\left\{\left(C_1+C_wU_4(t)+C_1R_1\left[Q_o(t)+Q_w(t)\right]\right)\frac{C_1}{C_e}+Q_o(t)\frac{M_\mu}{C_e}\right\} \leqslant \text{Conste} \qquad (5.101)$$

式中：M_μ 为脱水处理中每吨油耗电费用，元/t；Conste 为最大供电能力，kW·h。

(8) 注采比约束。

$$0.9\left[Q_o(t)\times 1.31+Q_w(t)\right] \leqslant U_4 \leqslant 1.2\times\left[Q_o(t)\times 1.31+Q_w(t)\right] \qquad (5.102)$$

(9) 油水井数比约束。

$$1 \leqslant C_{U_1}/C_{U_5} \qquad (5.103)$$

5.5.5.13.5 油田开发规划最优控制模型结果

控制预测模型 1990 年和 1991 年预测结果与实际值对比见表 5.30。

表 5.30 控制预测模型 1990 年和 1991 年预测结果与实际值对比表

时间	项目	油田	LSX	LMD	SB	XB
1990 年	年产油	实际值，10^4t	5145.39	857.82	601.67	824.59
		预测值，10^4t	5189.27	859.63	605.76	839.94
		相对误差，%	−0.76	−0.21	−0.68	−0.64

续表

时间	项目	油田	LSX	LMD	SB	XB
1990年	含水	实际值，%	80.23	87.50	85.96	74.55
		预测值，%	80.85	88.31	87.63	78.75
		相对误差，%	−0.76	−0.93	−1.90	−5.60
1991年	年产油	实际值，10⁴t	(5105.86)	(819.94)	(569.96)	(834.7)
		预测值，10⁴t	5115.15	26711.37	20941.75	5701.17
		相对误差，%	−0.18	−0.87	0.98	3.98
	含水	实际值，%				
		预测值，%	82.24	89.65	88.76	79.75
		相对误差，%	—	—	—	—

注：(1) 此结果于1989年计算。

(2) "()"中数据表示折算值。

该模型也可以实现在某一控制目标前提下措施工作量安排。

5.5.6 灾变预测的实践

5.5.6.1 油田套管损坏国内外研究状况

对于注水开发的砂岩油田来说，油水井套管损坏是一个具有普遍性的问题。长期以来，国内外对套管损坏问题的研究与报道从来没有间断过。

从系统的观点来看，注水开发的油田是一个非平稳的随机过程集合体，从动力学的角度分析，该体系始终是一个非平衡的动力学系统。制订一个注采平衡的原则很容易，但真正实现注采比等于1.0却是一个极其困难的事情，绝对的平衡是不可能的。事实上，油田注采比是个宏观特征量，即使计算出注采比等于1.0，也只是个笼统的平均概念，局部地区仍然是不平衡的。深埋在地下与地层固结作为油田注水采油通道的套管，正是处于这样的非平衡动力系统之中，当系统中的不平衡压力差达到一定值时，将诱使或迫使地层发生不稳定的力学运动——位移，而导致套管损坏，轻者变形，重者破裂或错断。尽管注水开发油田的油水井套管损坏是一个具有普遍性的问题，但关于套管损坏预测的方法却很少见到。翁文波认为地震"是应力积累到某一极限的结果。要积累就有一个运动过程问题，这次损坏到下次损坏也就有个周期问题"。事不同而理同，套管损坏问题也应是如此。

5.5.6.2 DQ 油田套管损坏状况

DQ 油田自 1960 年投产以来，油田套管损坏出现了几次高峰，第一次高峰发生在 1986 年，年套管损坏井为 491 口，且仅有一年；第二次套管损坏高峰发生在 1997 年，年套管损坏井为 491 口。但值得注意的是，随后连续 5 年套管损坏居高不下，年平均为 587 口。油田老区成片套管损坏严重，一些井还发生了多点套管损坏及多次套损。截至 2014 年 12 月，DQ 油田共计发现套管损坏井 19646 口，占到开发总井数的 15.3%；LSX 油田发现套管损坏井 17691 口，其中 2014 年套管损坏井 1214 口，主要套管损坏层位为嫩二段标准层和萨二组油层，套管损坏类型以变形、错断居多。套管损坏井的存在，已经成为制约油田稳产的一大难题。油水井的套管损坏，大量的油水井报废和停产，严重破坏了注采关系的完整性、严重影响了油田的产量、增加了大量的修井成本与生产成本。显然，有效预测油水井套管损坏发生，实现提前治理，这对实现油田安全生产是非常关键的。

5.5.6.3 DQ 油田套管损坏预测

自 1985—2001 年期间，先后 3 次应用可公度性方法对油田套管损坏进行了预测。

5.5.6.3.1 1986 年可公度性方法对套管损坏的预测与检验[80]

定义当年油水井套管损坏数占当年投产油水井总数的百分数为套损率，年套管损坏率大于 1% 为灾变年，油田 1973—1985 年套管损坏数据见表 5.31。

表 5.31 套管损坏数据

时间	1973 年	1974 年	1975 年	1976 年	1977 年	1978 年	1979 年	1980 年	1981 年	1982 年	1983 年	1984 年	1985 年
序号	1	2	3	4	5	6	7	8	9	10	11	12	13
灾变	0.1	0.4	0.5	0.3	0.5	0.7	1.4	1.7	2.8	1.6	1.2	0.5	1.8

注：定义套管损坏百分数大于等于 1 为灾变。

利用三元可公度性方法对 DQ 油田的套管损坏进行了预测。将发生过灾情的年份集作为可公度集。年份的可行临界值定位 ±1 年。用 1986 年实际资料作为新增信息重新建模，三元可公度性预测结果，1987年可能发生套管损坏百分数超过1.0%的灾情（表5.32）。实际上1987年套损率为2.65%。

表5.32 套管损坏灾情预测

$\hat{x}_i$	三元可公度式	$\hat{x}_i$	三元可公度式
$\hat{x}_1 = 1979$	$\hat{x}_2 + \hat{x}_3 - \hat{x}_4 = 1980 + 1981 - 1982 = 1979$ $\hat{x}_2 + \hat{x}_6 - \hat{x}_7 = 1980 + 1985 - 1986 = 1979$ $\hat{x}_3 + \hat{x}_5 - \hat{x}_7 = 1981 + 1983 - 1986 = 1978$	$\hat{x}_5 = 1983$	$\hat{x}_1 + \hat{x}_7 - \hat{x}_3 = 1979 + 1986 - 1981 = 1984$ $\hat{x}_1 + \hat{x}_6 - \hat{x}_2 = 1979 + 1985 - 1980 = 1984$
$\hat{x}_2 = 1980$	$\hat{x}_1 + \hat{x}_4 - \hat{x}_3 = 1979 + 1982 - 1981 = 1980$ $\hat{x}_1 + \hat{x}_7 - \hat{x}_6 = 1979 + 1986 - 1985 = 1980$ $\hat{x}_4 + \hat{x}_5 - \hat{x}_7 = 1982 + 1983 - 1986 = 1979$ $\hat{x}_3 + \hat{x}_4 - \hat{x}_5 = 1981 + 1982 - 1983 = 1980$ $\hat{x}_4 + \hat{x}_5 + \hat{x}_6 = 1982 + 1983 - 1985 = 1980$	$\hat{x}_6 = 1985$	$\hat{x}_3 + \hat{x}_5 - \hat{x}_2 = 1981 + 1983 - 1980 = 1984$ $\hat{x}_3 + \hat{x}_7 - \hat{x}_4 = 1981 + 1986 - 1982 = 1985$ $\hat{x}_4 + \hat{x}_7 - \hat{x}_5 = 1982 + 1986 - 1983 = 1985$ $\hat{x}_4 + \hat{x}_5 - \hat{x}_3 = 1982 + 1983 - 1981 = 1984$
$\hat{x}_3 = 1981$	$\hat{x}_1 + \hat{x}_4 - \hat{x}_2 = 1979 + 1982 - 1980 = 1981$ $\hat{x}_1 + \hat{x}_7 - \hat{x}_5 = 1979 + 1986 - 1983 = 1982$ $\hat{x}_4 + \hat{x}_6 - \hat{x}_7 = 1982 + 1985 - 1986 = 1981$ $\hat{x}_4 + \hat{x}_5 - \hat{x}_6 = 1982 + 1983 - 1985 = 1980$	$\hat{x}_7 = 1986$	$\hat{x}_2 + \hat{x}_6 - \hat{x}_1 = 1980 + 1985 - 1979 = 1986$ $\hat{x}_3 + \hat{x}_5 - \hat{x}_1 = 1981 + 1983 - 1979 = 1985$ $\hat{x}_4 + \hat{x}_6 - \hat{x}_3 = 1982 + 1985 - 1981 = 1986$ $\hat{x}_4 + \hat{x}_5 - \hat{x}_2 = 1982 + 1983 - 1980 = 1985$
$\hat{x}_4 = 1982$	$\hat{x}_2 + \hat{x}_3 + \hat{x}_1 = 1980 + 1981 - 1979 = 1982$ $\hat{x}_3 + \hat{x}_7 - \hat{x}_6 = 1981 + 1986 - 1985 = 1982$ $\hat{x}_2 + \hat{x}_7 - \hat{x}_5 = 1980 + 1986 - 1983 = 1983$ $\hat{x}_1 + \hat{x}_5 - x_2 = 1979 + 1983 - 1980 = 1982$	$\hat{x}_8 = 1987$	$\hat{x}_2 + \hat{x}_7 - \hat{x}_1 = 1980 + 1986 - 1979 = 1987$ $\hat{x}_3 + \hat{x}_6 - \hat{x}_1 = 1981 + 1985 - 1979 = 1987$ $\hat{x}_3 + \hat{x}_7 - \hat{x}_2 = 1981 + 1986 - 1980 = 1987$ $\hat{x}_4 + \hat{x}_5 - \hat{x}_1 = 1982 + 1983 - 1979 = 1986$ $\hat{x}_4 + \hat{x}_6 - \hat{x}_2 = 1982 + 1985 - 1980 = 1987$ $\hat{x}_4 + \hat{x}_7 - \hat{x}_3 = 1982 + 1986 - 1981 = 1987$ $\hat{x}_5 + \hat{x}_6 - \hat{x}_3 = 1983 + 1985 - 1981 = 1987$ $\hat{x}_5 + \hat{x}_7 - \hat{x}_4 = 1983 + 1986 - 1982 = 1987$
$\hat{x}_5 = 1983$	$\hat{x}_3 + \hat{x}_4 - \hat{x}_2 = 1981 + 1982 - 1980 = 1983$ $\hat{x}_4 + \hat{x}_7 - \hat{x}_6 = 1982 + 1986 - 1985 = 1983$		

该研究成果发表于《石油勘探与开发》杂志1988年第15卷第1期。

5.5.6.3.2 1992年可公度性方法对套管损坏的预测与检验

1992年，利用三元可公度性方法对DQ油田套管损坏预测结果表明[81]，"若定义套损率1%为灾变，那么直到2000年套损率每年都可能在1%以上"。预测结果见表5.33。

表5.33 DQ油田套管损坏预测及检验

时间	投产油水井总数口	年套管损坏井数口	年度套损百分数 %	符合程度
1993年	21765	220	1.01	符合
1994年	23672	171	0.72	不符合

续表

时间	投产油水井总数口	年套管损坏井数口	年度套损百分数%	符合程度
1995年	25871	232	0.9	不符合
1996年	28198	254	0.9	不符合
1997年	30491	502	1.6	符合
1998年	31734	641	2.02	符合
1999年	34337	700	2.04	符合
2000年	36591	673	1.84	符合
2001年	48274	738	1.62	符合

从1997年到2001年，套管损坏数量居高不下，而且2001年到到最高峰738口，是历史的最高点。

5.5.6.3.3 2002年可公度性方法对套管损坏的预测与检验[82]

2002年，应用可公度性方法对DQ油田未来10年油水井套管损坏趋势进行了预测。以年套管损坏井数大于500口作为灾变，将油田套损高峰对应的年份（X_1：1986；X_2：1997；X_3：1998；X_4：1999；X_5：2000；X_6：2001）为灾变年，同时假设未来10年内油田开发调整政策保持或基本不变，预测结果见表5.34（《第二届翁文波学术研讨会文集》，2002）。

表5.34 套管损坏灾变预测结果

X_i	三元可公度式
$X_7=2002$	$X_4+X_5-X_2=1999+2000-1997=2002$ $X_5+X_6-X_4=2000+2001-1999=2002$ $X_4+X_6-X_3=1999+2001-1998=2002$ $X_6+X_3-X_2=2001+1998-1997=2002$
$X_8=2003$	$X_5+X_6-X_3=2000+2001-1998=2003$ $X_4+X_6-X_2=1999+2001-1997=2003$
$X_{16}=2011$	$X_3+X_4-X_1=1998+1999-1986=2011$ $X_2+X_5-X_1=1997+2000-1986=2011$
$X_{17}=2012$	$X_2+X_6-X_1=1997+2001-1986=2012$ $X_3+X_5-X_1=1998+2000-1986=2012$ $X_4+X_4-X_1=1999+1999-1986=2012$
$X_{18}=2013$	$X_4+X_5-X_1=1999+2000-1986=2013$ $X_6+X_3-X_1=2001+1998-1986=2013$

预测检验结果表明，2011年、2012年和2013年油田套管损坏均可能在500口以上，而2012年和2013年也将发生油水井套管损坏灾变，灾变年的变化范围为±1年，套管损坏井数也将大于或等于500，并且一旦发生灾变，灾变期可能不止1~2年，见DQ油田历年油水井套管损坏数据曲线（图5.11）（源自大庆油田研究院开发一室）。

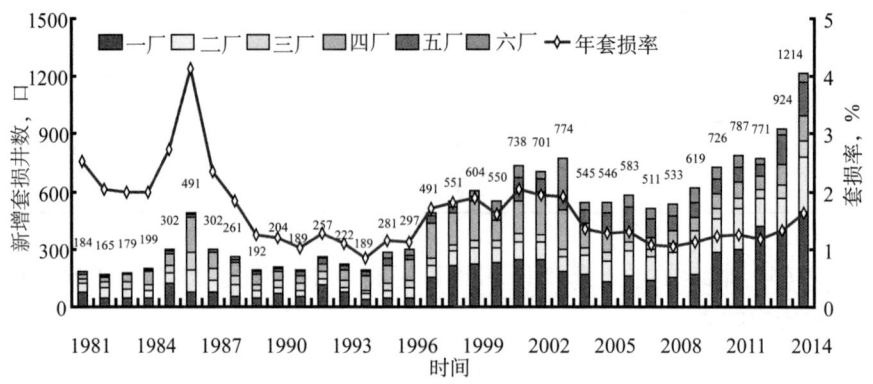

图5.11　DQ油田历年油水井套管损坏数据曲线

对照DQ油田历年油水井套管损坏数据，可以看出应用可公度性方法的预测结果与实际是比较符合的、结果是可用的。

第6章 《预测论基础》的未来与思考

> 科学最基本特征就是不断进步。哪怕在其他方面倒退的时候，科学却是进步着，即使是缓慢而艰难的进步。
>
> ——斯图亚特·考夫曼

信息预测，是从信息含义、信息代数、信息保真、信息预测方法到信息体系的完整理论，是对认识、知识和智能等进行全面、深入思考后提出的一种新的理论体系。信息预测的一个突出特点是立足于从局部数据到个别，立足于分析微弱信号，从数据中提出非偶然性信号的研究方法。

翁文波院士一生的研究领域主要有两个：一是地球物理；二是预测理论。在两个领域里的研究硕果累累、希望也很多。但自《预测论基础》一书出版发行后，宣告信息预测理论的诞生，翁文波的最大愿望就完全寄托在了《预测论基础》的推广应用上。希望能看到将他自主创建的信息预测理论与方法推广到实践中去，更希望《预测论基础》在石油系统的科研领域中生根、开花与结果。

6.1 "翁文波之忧"何时了

任何发明创造要得到社会承认都是一件很不容易的事，但终究会得到社会承认也是件肯定的、不容置疑的事。预测，是人类各种智力探索中最神奇的一种理论、最困难的一项事业，也是最有价值的一种工作。但从另一个角度来看，预测也是最难让人诚心接受的一件事情。

如果对同一个对象或问题所形成了两种理论或学说，虽然各自成立，但却是相互矛盾的现象，即所谓二律背反。在《预测论基础》的推广过程中，就存在着不是严格意义上的二律背反的现象，而是对一种现象的两种不同的解释。对《预测论基础》，有人认为"复杂导致了理解上困难太大"，方法很难推广；又有人说"简单得难以令人置信"，方法也很难推广。结果都是阻碍了《预测论基础》的推广应用。数学的应用是为了把复杂的问题简单化，而非把简单的问题复杂化。20世纪80年代，翁文波院士突破了当代预测理论与思维方式，提出了信息预测理论与方法，并在天灾预测领域取得了惊人的成果。但接踵而来的恰恰是"简单方法"获得的"惊人的成果"更让人难以接受《预测论基础》。

33年来，在《预测论基础》推广应用过程中，虽然翁文波在《预测论》要旨中，详细阐述了信息预测理论与传统预测理论的不同，方法上与功能上的差别；虽然对预测的现状分析很中肯："流行的或经典的预测，主要为社会科学，对自然现象的预测，包括天灾预测，分散在不同单位或个人在研究，现在还没有建立一个广泛承认的学科"。然而在《预测学》于1996年出版之后，种种迹象表明"翁文波之忧"今天仍然存在着。推广应用具有自主知识产权的信息预测理论与方法，仍然没有引起注意，自然也毫无结果。表现出对翁文波信息预测理论既不关心也不感兴趣，自然会产生这样的疑问："翁文波之忧"何时了？

6.2 史蒂芬·霍金对预测的研究

新浪博客2016年4月30日，署名徐德文的一篇关于《霍金从理论上证明人类为什么无法预测未来》的文章值得关切，所谈论的道理对于理解《预测论基础》是特别有益的。物理学家史蒂芬·霍金从理论上证明了人类无法预测未来的答案是"没有先验知识"。

霍金所要证明人类预测的未来是指"宇宙"和"人类"的未来。人类无法预测未来的原因，霍金在理论上给了这样的解释：在时间的维度上，人类只是半维生物，我们不能像在空间的三个维度上一样自由。错过了路上的某个美景，我们还可以原路退回，细细品味。但在时间的维度上，错过便是错过，永无可能退回。比如你坐在一列火车上，火车在一个小站上下旅客，就在火车启动，即将驶出车站的时候，站台上刚下火车的一位美丽少女让你怦然心动。你想下车却已不能，你想要是能预知未来就好了，你就可以提前下车去找她，甚至在火车上就和她相见，成就一段美好姻缘。所以人们总想知道世界以后会怎样发展，自己的人生命运究竟会发生怎样的改变。

对此，法国天文学家拉普拉斯认为"宇宙"和"人类"的未来是可以预测的。他告诉人们，由于宇宙是确定的，是完全被决定的，因此，一定存在着一组科学定律，只要我们知道宇宙在某一时刻的状态，就能依据科学定律预言宇宙中将会发生的任何一事件，甚至包括人的行为。比如，通过太阳和行星的位置和速度，可以计算出任何其他时刻，包括已经过去时刻的太阳系的状态，通过测量近地小行星的轨迹，可以预测它们是否会撞上地球，并在将来的某一天，采取可能的应对措施。

但是霍金认为，太阳系和小行星属于质量巨大的物体，遵循万有引力定律，所以可以计算出它们的轨道。而我们要预测"宇宙"甚至"人类"在过去或将来任意时刻的行为，这与测量小行星的轨道预测它与地球的关系是截然不同的两类性质问题，差别是后者缺乏先验知识。按拉普拉斯的观点，预测"宇宙"甚至"人类"在过去或将来任意时刻的行为，就必须知道在某一时刻宇宙中所有粒子，包括你自己身体里每一个夸克和电子的位置和速度。从理论上或许有预测的可能，但在实践上是无法实现的，是一个伪命题。

人和自然变化，特别是形成重大灾害的异常变化，都有它的成因和众多先兆。如果通过科学研究掌握了它的规律，事先又监测和了解到已经出现的先兆，就可以预测。但是对于罕见的灾害，特别是几十年和百年以上未遇的灾害能否预测，怀疑的人尚多，这主要由两种原因造成：一是因为它罕见；二是因为受知识的限制，而关键是"没有先验知识"。

6.3 《预测论基础》推广的艰难

科学研究的最终目的是把研究成果付诸人们认识世界、改造世界的实践。但从研发成功到付诸实践还有一段路要走，甚至是很长的一段路要走。

6.3.1 《预测论基础》面临的不同认识

在科学研究上，说一句前人没有说过的而又正确的话，做一件前人没有做过的而又正确的事是很不容易的。减灾防灾的基础是灾害预测，而灾害预测是世界性的难题。一个涉及自然灾害预测的新事物诞生引起人们的关注是很正常的，但要得到国内外科学界的承认却是件非常困难的事。

所谓复杂性是指复杂系统的动力学特性。对于复杂系统来说，由于其跨学科、跨领域的特点，迄今，复杂性科学尚未取得带根本性的突破，人们正从复杂走向困惑。当此之际，翁文波创立了信息预测理论。但自《预测论基础》问世以来始终存在着两种不同的观点与认识，究竟是知识还是玄学？是科学还是伪科学？至今仍没有达成完全统一的共识。

6.3.1.1 怀疑或否定《预测论基础》

知识是对客观世界的抽象。地球围绕太阳转，在哥白尼提出日心说之前是事实，之后既是事实又是知识。于是，翁文波指出"如果不把事实说成知识，那就叫迷信"。如果将科学的东西说成是伪科学那就只能是无知与偏见了。实践一再表明，局限于传统观念范围内来研究科学是没有出路的。阅读《预测论基础》，就会感到一种生气勃勃的朝气，会增强创新的意识与勇气。对于一些毫无创见，只会在已有观念范围内做些重复性研究工作的人来说，无疑是一次特别的提醒。但也要看到，总有个别或极个别思想比较僵化、自以为是的人无动于衷，这是不足为怪的。在科学研究过程中，人们可以对问题有自己的观点，允许怀疑，但却要提供可供检验的论证依据。既不但有质疑而且要有对质疑的解释，否则就失去了合理质疑、讨论问题的基础。

对《预测论基础》持怀疑或否定态度最具代表性的是中国科学院理论物理所何某麻院士等。"感觉就是把东西堆砌在一起，相互之间没有关联，逻辑之间也没有连续性。""说白了就是没什么道理""翁文波说地震能预测，从哲学上就是错误的。辩证唯物主义是认为世界是可知的，但是信息总要反映到人脑里面才行，现在地球内部精确的信息不知道，怎么预测"？而或表现出一种没有看懂的无奈，"他们的东西太玄乎"，其意是不可靠、不靠谱。

"动态体系中的自变量的获取和建模是极其困难的"。这已经是复杂性研究领域的一种共识或知识。因此，对于复杂问题研究，如果思维方法仍然是停留在传统的分析方法上，抱着还原论思维，习惯从因果关系出发去研究复杂性问题，追求建立因果关系模型，有这样的质疑是很自然的，结论当然也是错误的。

6.3.1.2 研究与实践《预测论基础》

学习、研究并实践《预测论基础》，充分认识到信息预测理论中的灾变预测所采用的不是主流科学习惯应用的、从西方学来的地球物理方法，而是有着独特的认识论和方法论，并在实践中不断验证了《预测论基础》的科学性与有效性。给出或正在给出许多应用研究的实例，或通过学术刊物不断扩大《预测论基础》的影响。

决策失误是最大决策，也是最可怕的失误，而决策的基础则是预测。由于《预测论基础》的影响不断扩大，引起了更加广泛的注意。陕西师范大学龙小霞、

第6章 《预测论基础》的未来与思考

延军平和孙虎等在《灾害学》第 21 卷第 3 期 2006 年 9 月号发表了《基于可公度方法的川滇地区地震趋势研究》一文。该文的预测结果是 2008 年川滇地区将发生 6.7 级以上地震，该预测得到了实际验证，2008 年汶川发生了里氏 8.0 级地震。地震发生后，记者就汶川地震问题对陕西某高校博导进行了采访，采访过程内容如下：

记者：您觉得地震是否存在预测的可能性？

博导答：在目前的技术条件下，地震很难做到准确预报和预测。像我们这样的专家学者，主要是根据相关研究资料用一些科学方法分析，整理得出结论。一般都是对未来几年、几十年的地震趋势预判，不可能做到某年、某月，甚至某天的精确程度。

记者：请您介绍一下"可公度方法"的概念与方法？原理是什么？

博导答："可公度方法"是一种地震趋势研究方法，不能说是地震预测的方法或是地震预报的方法。"它不能作为预测方法应用。如果是方法的话必须用相应的物理数据，就像天气预报一样，要有一定的物理计算过程，但地震预报很难做到。""可公度方法是一种数学方法，这种方法在趋势判断中给我们提供一种思路，是没有物理基础的，不能作为预报、预测方法使用。可公度方法目前也是正在实际中进行验证的方法，本身并不能说是具备多大的可靠性。它具有统计方法的原理，但不是统计方法。"

记者：我们注意到，您应用可公度方法对汶川地震和玉树地震都事先做出了相应的趋势判断，这是否能说明这种方法存在着有效性呢？

博导答："汶川地震我们是预测到了年的精度，而玉树地震我们预测的是 7.2 级，实际发生的震级是 7.1 级，在地震预测中是允许存在 0.1 级的误差的。现在，我们并不知道可公度方法的机理在哪，只能通过现象对比来逐渐验证它的有效性，所以，现在不能急于把这种方法盲目抬高，也不能把它完全否定。"

一般认为推理体系必须自洽。就是说，没有一种陈述可以既对又错。这段采访颇耐人寻味与深思。"只要达到成功标准的事实就严肃承认，作为研究发展的重要基础。这种切实举措对于理论和有关工作的全面进展都有重要影响"（翁文波）。用可公度性方法对汶川地震预测取得了成功，但却不明确肯定预测方法的有效性，这种思维逻辑似乎颇具费解之意。博导答记者问的态度是实事求是的，全面分析答记者问的内容，说明了这样三个问题：一是对预测的概念、理论与方法还需进一步深入学习、理解与研究；二是还没有从认识论、方法论的层面、理论深度理解《预测论基础》的本质与内涵。虽然应用了唯像信息预测方法，但在认识上还没有完全跳出唯理认识的框框；三是由于地震一类自然灾害预测研究仍处于探索之中。研究者或许对地震一类天灾缺乏深层次的理论认识。但无论如何这是一次成功的预测，相信在以后的研究实践中会逐渐清楚地认识到信息预测理论与方法的内涵与本质。

6.3.2 创新的困难在于接受新知识的惰性和偏见

《预测论基础》推广中遇到了阻力，这是翁文波早已预料到了的事情。"创新的另一个困难，在于社会和学术界接受新知识有惰性和偏见"。他说，"某些偏见也许比无知更可怕。伽利略发明了望远镜，使原来依稀若云的星空，清晰地出现在人类面前。他还发现了木星的4个卫星，但当时有些笃信《圣经》的人根本不相信这是真的，他们甚至不愿去看一看伽利略的望远镜，即使有人看了，也说'这些好像是用魔术的符咒把行星从天空咒出来'"。"我们的知识永远在革新。欧几里德是2000多年前的大数学家，但他对非欧几里德几何恰恰一窍不通，和他去讨论概率论，他也许会大惊小怪的。爱因斯坦是现代的大物理学家，向他解释模糊数学或灰色体系，可能也不十分容易"。"知识是认识的结果"，这是翁文波对"知识"的一种新的解释。因此说"人若执着于刻板的知识，不打开智慧的活源，便会失去洞察力"这是很富有哲理性的。

科学技术发展的历史让人们充分认识到了，对于"那些只懂物理现象的科学家和工程师，往往很难说服他们接受新观念、新技术，只有等他们在科学事实面前，慢慢地掌握信息体系知识，自己真正觉悟了才能接受新理论与新方法"（杨伟国）。当然，这需要觉悟，也需要时间。

6.3.3 科技制度对科技成果推广至关重要

"科技和教育制度、对创新的鼓励、也都有很重要的关系。""这方面，我国和美国相比，就显得呆板。比如预测论，美国大学就可以拿过去写入教科书，而我们却不能，不但不能，而且根据有关规定，我也无权招收搞预测方面的研究生。现实生活中，类似的情况也是常见的。例如，过去有一位科学家曾经建议我国采用吹氧炼钢，但工业界不采用，等到国外广泛推广，我国方才引进国外先进科学技术，弥补国内空白"。

20世纪80年代，石油界的预测研究虽然方兴未艾，但处于研究分散、不成体系、缺乏核心状态。这对于推广《预测论基础》，发展自主创新、具有自主知识产权的预测理论与方法是个非常好的时机。事实是，石油系统虽然举办了多次预测理论与方法学习班，所讲的主要是国外的预测理论与方法，如递减曲线方法、驱替曲线方法等。但却没有举办"预测论基础"学习班。翁文波也曾提出，希望能到大庆油田讲一讲信息预测理论与方法，但却始终没有得到邀请。生活里没有假设，如果能退后一步，假设没有周恩来总理多次要求翁文波开展地震预测研究，翁文波不会改变地球物理的研究方向。假设周恩来总理还健在或20世纪80年代还健在，当然也不会有"翁文波之忧"。

6.4 解除"翁文波之忧"的关键之举

约翰·巴罗指出"全面理解科学的内涵的首要问题是，如何区分知识与迷信，科学与伪科学"。可见解除"翁文波之忧"的关键也在于此。

6.4.1 认识科学理论的内涵

接受信息预测理论与方法，是个复杂的而又艰难的路程。征程的起点或首要前提是需要清楚了解"科学理论的内涵"究竟是什么？

科学理论包括4种不同解释及预测功能：

一是因果解释及预测功能，即一个确定性事物在给定初始条件后，过去与将来都是可以决定的。

二是概率解释及预测功能。由于某些事物本身具有的不确定性导致现象符合统计规律，掌握了统计规律，过去与将来都是可以预测的。

三是结构解释及预测功能。事物的性质表现为其构成的基本成分性质的综合，掌握了事物构成的基本成分性质，结构清晰了，过去与将来都是可以预测的。

四是功能解释及预测功能。事物的系统功能表现为各种因素下的功能的综合，不求结构一致，只求功能解释的一致性。过去与将来都是可以预测的。

对比之下，可以明显看出"信息预测理论"与科学理论之四"功能解释及预测功能"的内涵是一致的。这是对《预测论基础》理解的第一步，承认《预测论基础》的科学性。虽然，接受《预测论基础》还有很多步要走，但这是关键的一步。

6.4.2 《预测论基础》需要"抚养人"

充分认识"翁文波之忧"的深刻内涵是很重要的，因为它是关于科技成果推广应用的一道艰深的命题,需要科技界和管理界共同来破解。

科技发展的历史一再表明,创新的困难大,推广的困难度更大。最著名的是贝尔电话的推广,成了科技创新推广史上的经典。贝尔发明了电话,这本来是个伟大的成功,但别人不拿他当回事,认为他胡说八道,到马戏团去推销,别人说他是疯子。新发明、新创造被抵制这是客观的规律。凡是有的,再加给他,让他多余,凡是没有的,连他所有的也夺回来,这就是马太效应。自古以来国内外都是如此。要改变这种境况,虽然说优势积累,争取临界突破,但这需要时间,也更需要条件。

《预测论基础》需要"抚养人"。虽然已经失去了很多时间,但亡羊补牢,犹未晚也。信息预测理论是预测研究领域的巅峰之作,具有自主知识产权的科研成果,较之传统的、国外的预测理论与方法更具先进性,解决的问题范围也更广泛。因此,如果有"抚养人"的重视、立项研究或举办学习研讨班,彻底搞清《预测论基础》的理论与方法,那么,解除"翁文波之忧"则是轻而易举的事情。

6.4.3 《预测论基础》研究需要正确指引

对于确定性体系,利用物理、化学等规律,通过推理演绎概括为因果关系并做出准确的预测。对于一般性的随机体系,利用统计规律,通过数理统计相关关系给出预测结果和结论。对于复杂体系,复杂性规律正在探索之中,信息预测理论方法的探索则需要正确的指引。

6.4.3.1 需要正确指引的两个问题

翁文波说,泊松模型是基于生命旋回概念提出来的,只是借用泊松名称而已。赵旭东对泊松旋回模型做了理论推导[47],并将文章发表在《科学通报》1987年32卷第18期上,通过论证建议将泊松旋回改称为翁旋回,这是Weng旋回模型的由来。

油田系统预测研究中,我们注意到有这样一类自相矛盾的现象,既认为以时间为自变量的预测方法缺乏机理,但又对产量递减曲线方法倍加推崇,办班学习、翻译有关书籍大力推广。产生这种自相矛盾现象的原因是对预测理论不够清楚引起的概念模糊与应用混乱,这个问题在科技管理与研究人员中都有存在,解决虽不困难,但却需要正确指引。

正确指引之二是注意到有一种学习研究现象值得思考。1996年,中国海上油气《对翁氏模型建立的回顾及新的推导》一文称《预测论基础》"所提出的泊松（Poisson）旋回模型（下称翁氏模型）可以说是我国建立的第一个预测油气田产量的模型。"紧接着就"对翁旋回模型从理论上进行了完整、系统、新的推导"得到了预测油气田产量、累计产量、可采储量、最高年产量及其发生时间的广义翁氏模型，特别提请注意的是"新的推导"。表面上是研究信息预测理论，实际上却是有意或无意地改变了学习、研究、实践《预测论基础》的航道。这种现象使人联想到流行歌手对经典民族歌曲的改编，结果是有品位、有流传价值的寥寥无几。

6.4.3.2 一个具有代表性的研究实例

在油田系统的预测研究中，存在着这样一种研究思维模式，试图通过证明与推导，对其实行修修补补，以此来解决、提高预测方法的预测精度和适应能力。对产量递减曲线、水驱特征曲线都反复证明过，问题是这类研究结果既不能提出新的预测理论与方法，也不可能对预测研究有实质性的突破。

《石油学报》1999 年第 1 期，《预测油气田产量的广义模型》一文提出了产油和累计产油两个广义模型，并认为可由此推导出 Arpes, Logistic, Weng 旋回等 12 个预测模型。该文的广义模型相继在一些专著中广为介绍，说明此类研究方式很有代表性。文中推导如下：

$$\frac{\mathrm{d}y}{y\mathrm{d}t} = h(y,t) \tag{6.1}$$

对于一个有限体系，随时间呈递增变化的总量函数，可有式（6.1）。描述式中：y 为增长信息函数，t 为时间。

油气田的累积产量属于递增的总量信息，综合前人的研究，式（6.1）可写为

$$\frac{\mathrm{d}N_\mathrm{p}}{N_\mathrm{p}\mathrm{d}t} = aN_\mathrm{p}^{-m}\mathrm{e}^{-bt}t^{c-1} \tag{6.2}$$

将式（6.2）分离变量积分得：

$$\int_{N_{\mathrm{p}0}}^{N_\mathrm{p}} \frac{\mathrm{d}N_\mathrm{p}}{N_\mathrm{p}^{1-m}} = a\int_0^1 \mathrm{e}^{-bt}t^{c-1}\mathrm{d}t \tag{6.3}$$

$$\int_{N_\mathrm{p}}^{N_\mathrm{R}} \frac{\mathrm{d}N_\mathrm{p}}{N_\mathrm{p}^{1-m}} = a\int_0^\infty \mathrm{e}^{-bt}t^{c-1}\mathrm{d}t \tag{6.4}$$

对式（6.3）和式（6.4）求解 N_p 得式（6.5）和式（6.6）

$$N_p = \left[N_{p0}^m + ab^{-c} m \gamma(c, bt) \right]^{\frac{1}{m}} \tag{6.5}$$

$$N_p = \left\{ N_r^m + ab^{-c} m \left[\Gamma(c) - \gamma(c, bt) \right] \right\}^{\frac{1}{m}} \tag{6.6}$$

式（6.5）和式（6.6）即为预测油气田累计产量的广义数学模型。式中 N_{p0} 为油气田的初始累计产量，N_R 为油气田的最终可采储量。

推导存在下述几个问题：

其一，声称要从理论上进行推导与证明，但事实却是先入为主地定义了预测模型的基本方程。比如由式（6.1）到式（6.2），一句"综合前人的研究"，就有了基本方程（6.2），并未给出真正的推导与证明。事实上，如果对式（6.2）稍做变换，令 An_p^{-m} 为 B，e^{-bt} 为 e^{-t}，(c^{-1}) 为 n，t^{c-1} 为 t^n，那么式（6.2）就是翁旋回的模型 [式（3.20）]：$Q = Be^{-t}t^n$。

其二，油气田产量广义模型 [式（6.5）] 是由式（6.3）推导出来的。从数学角度看，模型中初始累计产量 N_{p0} 不能等于 0。在油气田的开发时间 $t=0$ 时，要求有某个非零值的初始累计产量 N_{p0} 存在，这个假设在逻辑上与微积分基本原理是相悖的，当时间 $t=0$ 时刻的 N_p 值一定是 0。

其三，广义模型是因果关系模型，一个方程两个未知数，实质是个不定方程。预测 N_p 时需要知道 N_R，而预测 N_R 又要知道 N_p，存在着逻辑上的循环论证错误，缺乏独立预测功能。

其四，用统计规律指导油藏开发研究，实践证明是成功的。统计相关关系不是函数关系，依据系统的统计规律性所建立的各种数学模型是否需要给予严格证明，这是一个需要认真思考的问题。

因此，加强科研的严肃性、严密性，这是促进新理论、新方法推广应用的先决条件。否则，无疑会自觉或不自觉地阻碍着预测新理论、新方法的推广应用与发展。

6.4.4 预测困难但并不神秘

在人类认知范围内，已有了对称规律、可数规律、周期性规律等诸多的先验知识，可是当人们利用这些规律所建立的模型和得出的结论未必都和实际体系相吻合，这就是预测的困难。

预测难，难在信息的残缺、不清楚、不完全；难在人类认知过程中，常常会出现一些脱节的现象或漏失了信息、或引入了假信息、或假正确、或偶然结论正确；难的关键是如何知道究竟能不能预测和应该用怎样的方法进行预测。

不可忽视的一点是，预测还难在人们对预测的偏见。实践反复证实了预测是一件非常不容易的事，也往往是一件费力不讨好的事情。预测对了，某些人们通常是一笑置之，如果预测有误或者错了就会有各种评论，而且多数以指责为主，致使预测者苦不堪言。

翁文波院士反复解释"天灾预测没有什么神奇的，我所有的预测都是通过收集公开的资料，利用市场上出售的计算机推理计算得的"（《科技日报》，1993年月2日）。道理拆开，其实很简单。只要了解了原理、知道了本质，就会自然感到预测虽然很神奇但却并不神秘，世界上的一切事情就是这样。

6.5 《预测论基础》未来与思考

《预测论基础》诞生在20世纪，但却是与21世纪科学发展趋势相呼应、相向而行，闪烁着21世纪预测科学的光芒。21世纪是人类信息新时代，信息思维将成为被广为接受的崭新思维模式，正如翁文波所预言的：完整和科学的"预测学"将是人类文化在信息时代的核心之一，它将在21世纪发扬光大。

6.5.1 我国传统哲学思想需要弘扬

历史上，中国传统的哲学思想对于那些想扩大西方科学范围的哲学家和科学家来说，始终是个启迪的源泉。例如，英国现代生物化学家、科学技术史专家李约瑟（Joseph Needham，1905—1995），在西方科学的机械论思维中无法找到适合于认识胚胎发育的概念而感到失望的时候，他转向了中国思想并取得了成功。丹麦物理学家、诺贝尔奖获得者尼尔斯·玻尔（Nieis Henrik David Bohr，1885—1962），他对他的互补性概念和中国的阴阳概念间的十分接近而深有体会并深感荣幸。比利时化学家、诺贝尔奖获得者普利高津（Iya Prigogine，1917—2003）教授的耗散结构理论也是受到中国哲学思想的影响而顺利完成的。

预测本身是一个相对概念，相对于由不知到有所知。因此，具体的预测方法固然重要，但是它不能代替实质性的分析，只有两者有机结合才能达到比较理想的境地，这就是所说预测的科学性与艺术性。

预测处理的是未来事件。如果一个大型的、复杂的预测模型或方法所能够提供给人们的信息与认识，一点儿也不比人们凭直觉判断的要多，那么，这样的模型充其量也只是装饰作用而已。因此，在预测研究的道路上，必须克服思想上的偏狭和文化上的傲慢。充分认识到《预测论基础》是迫使我们重新考虑预测学的方向、目标、方法和认识论的一个不能忽视的杠杆性作用。充分认识到研究、实践《预测论基础》，就是实实在在地弘扬我国文化、弘扬我国传统哲学思想与现代方法论结合的典范，实实在在地坚持自主的知识产权，坚持走自主发展的科研道路。

《预测论基础》所蕴含的中国传统科学思想的一大特色就是整体的思想、系统的思想、综合的思想，承认局部也是一个整体，局部绝不是支离破碎的单纯的部件，这也必将带来我国预测理论的巨大进步与发展。

6.5.2 中医命运与《预测论基础》的未来

中医与预测两者的命运自古以来就有着某种说不清、道不明的相似性，直到今天才有了个比较明确的说法。苗东升教授在《近代以来中医命运的三个历史必然性》一文中指出，反观中华文明，始终没有形成类似古希腊那样的原子论、公理论和形式逻辑，却在有机论和整体论的方向上日趋完善，达到任何其他文明未曾达到的高度，中医理论和方法体系是其典范[83]。

然而，中医研究思想超前，在历史上却受到过无数次的攻击。俞樾在1879年提出"医可废，药不可尽废"的主张。进入20世纪，严复于1905年指责中医"立根于臆造"。陈独秀认为中医"既不解人身之构造，复不事药性之分析，菌毒传染，更无闻焉"。梁漱溟从哲学认识论上指责中医"没有客观的凭准""只凭主观的病情观测"。胡适则给出总判决："西医是科学的……中医不科学"。20世纪90年代，中国科学院何某麻院士认为"中医不科学""中医90%是糟粕"，应该取消……"

苗东升教授从科学哲学发展史角度研究分析了中医发展历程。欧洲文艺复兴开启了科学从"古代科学"向"现代科学"的转型演化。到20世纪中叶，科学开始了向《新型科学》演化的历史行程。通过科学哲学发展的三个阶段论述了中医的过去、现在，并预测了中医的明天。

苗东升教授指出，还原论科学的基本概念几乎无一能够融入中医的概念体系。复杂性科学的基本概念，如系统、信息、控制、整体性、涌现性、开放性、非线性、不确定性、复杂性、自组织、他组织、综合集成等，能够相当自然地被中医接受，有助于揭示中医的科学性。例如，被视为带有神秘性的中医基本概念如气、神、阴、阳等，都是人这种活肌体作为系统的整体涌现性，还原到局部便消失得无影无踪，只能以复杂性科学的原理给出解释。所以，以还原论范式评价中医的科学性，决定它的命运，这本身就是非科学的，不可能得到客观的结论。中医属于复杂性科学的范畴，以复杂性科学为标准，才能够看到中医的科学性。

复杂性科学回归有机论宇宙观，把人体作为开放复杂巨系统，摒弃人体的机器模型，必须把人作为复杂性系统来处理，这在宇宙观和人体观上跟中医有共通之处。他进一步指出，复杂性科学回归辩证唯物论的认识论，强调实践第一性观点，重视直觉或悟性，主张采用"经验＋直觉＋实践检验"的方法，在认识论上跟中医有深刻的共鸣。

以还原论科学为参照系，中医的确不是科学，而是糟粕。以复杂性科学为参照系，中医对于什么是健康，什么是疾病、病因、病机的理论阐释上有许多超越西医的科学性。这一点也越来越成为世界的共识。美国食品药品管理局 (FDA) 承认中医是"与对抗疗法（常规）医学独立地或平行地演变的完整的理论和实践体系"（方舟子译文）。《预测论基础》与中医的认识论与方法论总体上是一致的，都是从复杂角度来研究问题，中医是研究解决复杂的人体问题，《预测论基础》是解决地震、油藏一类复杂系统问题，研究方法都强调目的性、功能的一致性，而不强调结构的同异性。可以肯定地说，是复杂性科学的兴起从方法论上否定了"中医不科学"的谬见，当然也否定了《预测论基础》不科学的谬见，彰显了《预测论基础》光明未来。

6.5.3 《预测论基础》未来思考

宇宙是唯一的，它是不可以任意赋予初始条件或边界条件的一般系统。因此，试图从因果关系建立预测模型是一条极其艰难的、曙光难见的路。《预测论基础》问世33年来，应用与实践留给了人们很多疑问和猜想，对其未来当然也存在着多种可能。归纳起来有三种：一种是如果信息预测理论能得到重视与有力支持，《预测论基础》研究自然会在较短时间内得到进一步发展、得到推广与应用。最不理想的一种可能就是像现在这样，对《预测论基础》采取了一种是可有可无、虚无主义的态度，《预测论基础》的作用与贡献不能得到充分发挥。第三种可能那就是翁先生所预料的"如果她没有被遗忘，这可能要等几年或十几年的时间"。这里需稍做修改的是"可能要等几十年的时间"，《预测论基础》一定能得到应有的重视。

预测是涉及自然科学、社会科学、思维科学和哲学的科学。预测，有一种奇特的魅力，"寂然凝虑，思接千载；悄然动容，视通万里"。时代的发展呼唤着现代信息预测学，作为当今预测历史转折点的一个标志性著作——《预测论基础》具有完整的理论与实践体系，是一部成功的经典之作。它向人们提供了一种新的预测思维和方法，展示了一个崭新的世界，相信一定会帮助我们创造出一个崭新的秩序。"物理学中的许多突破的确如此。他们和流行观念对抗，但是一旦你拥有他们，他们的四周就有了真理的光环"（约翰·惠勒）。我们也相信读者能够从《预测论基础研究与实践》中认识到《预测论基础》比初看起来具有更多的内涵、更大的科学价值和更深远的实践意义。坚信《预测论基础》开拓的信息预测理论与方法一定能得到发扬光大，造福于人类社会。

参考文献

[1] 王明太，耿庆国.20世纪回眸翁文波院士与天灾预测[M].北京：石油工业出版社，2001.

[2] 王志明.当代预测宗师[M].北京：中国文学出版社，1994.

[3] 翁文波.预测论基础[M].北京：石油工业出版社，1984.

[4] 翁文波.预测学[M].北京：石油工业出版社，1996.

[5] 缪再生，曹德琪.跨时空的透视——怎样预知未来[J].预测，1989（4）：69-71.

[6] 刘洪.非线性系统理论与预测研究新范式[J].预测，1999（2）：1-6.

[7] 维德亚瑟格.非线性系统分析[M].北京：国防工业出版社，1983.

[8] Albert A.Chaos and Society[M].Amsterdam：IOS Press，US，1995.

[9] 宁金彪.预测理论的基本假设和基本思想[J].预测，1988（2）：1-4.

[10] 冯文权.预测方法评价[J].预测，1991（2）：38-41.

[11] 陈玉祥.记第十一届国际预测大会[J].预测，1991（5）：6.

[12] 冯文权.国际预测活动概况与预测评价（下）[J].预测，1990（2）：67-71，56.

[13] 吴翼平.预测任务和预测方法的新探索[J].预测，1995（4）：64-67.

[14] 吉尔克里斯特 W G.统计预测[M].北京：机械工业出版社，1984.

[15] 杰恩斯.概率论沉思录[J].北京：人民邮电出版社，2009.

[16] 吴光霞.论经济预测的动态时序法[J].预测，1989（1）：57-60.

[17] 王亮，刘豹.时间序列预测方法评述[J].预测，1991（4）：59-68，39.

[18] 冯文权.干预分析模型及其应用[J].预测，1999（6）：52-56.

[19] 许昭明.判断预测简介[J].预测，1991（3）：41-47，74.

[20] 王郁.组合预测何以兴起[J].预测，1989（4）：1-2.

[21] Granger C W J.二十年来的组合预测[J].预测，1991（3）：48-52.

[22] 高寒.情景描述法——一种技术预测方法介绍[J].预测，1991（6）：58-60.

[23] 高筱苏.情景分析在公司规划中的应用[J].预测，1990，9（2）：6-11.

[24] 缪景.统计预测误区六例[J].预测，1990（2）：4-5.

[25] 谢科范.预测杂谈[J].预测，1989（2）：67-68，63.

[26] 查特菲尔德 C.简单是否最好[J].肖庭延，庞超逸，译.预测，1989（6）：2-3.

[27] 葛新权.线性化非线性回归预测模型质疑[J].预测，1999（1）：77-78.

[28] 李可人，何木子. 灰色预测为何不准 [J]. 预测，1991，10（2）：59-60.
[29] 席西民. 第四讲 经常出现的错误 [J]. 预测，1991（6）：64-66，6.
[30] 预测方法和技术的应用研究课题组. 中国预测技术发展研究 [J]. 预测，1991（5）：13-15.
[31] 杨东升. 经济分析中的预测方法评述 [J]. 预测，1998（1）：45-47.
[32] 邓自立，郭一新. 动态系统分析及其应用 [M]. 沈阳：辽宁科学科技出版社，1985.
[33] 李言俊，等. 系统辨识理论及应用 [M]. 北京：国防工业出版社 2011.
[34] 哥德温 G C，潘恩 R L. 动态系统辨识 [M]. 张永光，袁振东，译. 北京：科学出版社，1983.
[35] 夏天长. 系统辨识——最小二乘法 [M]. 北京：清华大学出版社，1983.
[36] 韩志刚. 动态系统预报的一种新方法 [J]. 自动化学报，1983（3）：161-168.
[37] 普里戈金 伊，等. 从混沌到有序 [M]. 曾庆宏，等译. 上海：上海译文出版社，1987.
[38] 普利高津 伊. 确定性的终结 [M]. 湛敏，译. 上海：上海科技教育出版社，1998.
[39] 哈肯. 协同学 [M]. 北京：原子能出版社，1984.
[40] [美] 萨里迪斯 G N. 随机系统的自组织控制 [M]. 郑应平，译. 北京：科学出版社，1984.
[41] 刘劲扬. 哲学视野中的复杂性 [M]. 长沙：湖南科学技术，2008.
[42] 费耶阿本德. 反对方法 [M]. 台北：时报文化出版社，1996.
[43] 翁文波. 张清. 天干地支纪历与预测 [M]. 北京：石油工业出版社，1993.
[44] 儒日奈尔 A G，等. 矿业地质统计学 [M]. 侯景儒，黄竞先，等译. 北京：冶金工业出版社，1982.
[45] 何建南. 论翁氏唯象信息预测方法及其意义 [J]. 五邑大学学报：自然科学版，2003，17（1）：30-35.
[46] 黄欣荣. 复杂性科学与哲学 [M]. 北京：中央编译出版社，2007.
[47] 赵旭东. 对油田产量与最终可采储量的预测方法介绍 [J]. 石油勘探与开发，1986（2）：72-78，71.
[48] 赵旭东. 用 Weng 旋回模型对生命总量有限体系的预测 [J]. 科学通报，1987，32（18）：1406-1409.
[49] 司昕. 预测方法中的神经网络模型 [J]. 预测，1998（2）：32-33.
[50] 刘波. 天地人巨系统观 [M]. 合肥：安徽教育出版社，1993.

[51] 赵永胜, 黄伏生. 递推算法在油田动态参数估计中的有效性 [J]. 大庆油田地质与开发, 1986 (4): 49-53.

[52] 齐与峰, 赵永胜. 油气田开发系统工程方法专辑二 [M]. 北京: 石油工业出版, 1993.

[53] 黄伏生, 赵永胜. 一种含水预测模型的补充说明 [J]. 石油勘探与开发, 1992, 19 (2): 77-81.

[54] 赵永胜, 黄秀祯. 递减曲线的多功能数学模型 [J]. 石油勘探与开发, 1985 (5): 58-62.

[55] 赵永胜, 黄伏生. 油态系统辨识及预测论文集 [M]. 北京: 石油工业出版社, 1999: 182.

[56] 肖庭延. 实用预测技术及应用 [M]. 武汉: 华中理工大学出版社, 1993.

[57] 韩志刚. 多层递阶方法及其应用 [M]. 北京: 科学出版社, 1989.

[58] 赵永胜, 梁慧文, 李泽农, 等. 大庆油田开发规划经济数学模型的研究 [J]. 石油学, 1983 (3): 45-56.

[59] 黄伏生, 赵永胜, 刘青年. 油田动态预测的一种新模型 [M]. 大庆石油地质与开发, 1986 (4): 55-62.

[60] 孙赞东, 贾承造, 李相方. 非常规油气勘探与开发 [M]. 北京: 石油工业出版社, 2011.

[61] 薛定谔 A E. 多孔介质中的渗流物理 [M]. 北京: 石油工业出版社, 1982.

[62] 马克西莫夫 M M. 油田开发地质基础 [M]. 北京: 石油工业出版社, 1982.

[63] 斯利德 H C. 实用油藏工程学方法 [M]. 北京: 石油工业出版社, 1982.

[64] 克雷格 F F. 油田注水开发工程方法 [M]. 北京: 石油化学工业出版社, 1977.

[65] Steven W Poston, Bobby D Poe Jr. 产量递减曲线分析 [M]. 李勇, 李保柱, 夏静, 等译. 北京: 石油工业出版社, 2015.

[66] 黄长征, 汪应洛, 谌垦华, 等. 复杂系统的不确定性与期货价格预测方法论 [J]. 预测, 1995 (3).

[67] 赵永胜. 储层三维地质模型难使数值模拟摆脱困境 [J]. 石油学报, 1998, 19 (3): 135-137.

[68] 王家华, 张团峰. 利用储层随机模拟提高油藏数值模拟的效果 [C]. 全国陆上油藏数值模拟会议, 1995.

[69] Keither H Goats. 油藏模拟的技术发展水平 [C]. 国际石油工程会议, 1982.

[70] Julius S Aronofsky. 油藏模拟正进入第三代 [J]. 油气田开发工程译丛, 1987 (9).

[71] 费希尔 W C. 油藏模拟 [C]. 北京国际油田开发技术会议, 1982.

[72] 桓冠仁.油藏数值模拟技术展 [C].全国陆上油藏数值模拟会议,1995.

[73] 赵永胜.油田动态体系的特点及自适应预测实践 [J].石油学报,1986(3):57-62.

[74] 赵永胜.耗散结构理论与油田动态自适应预测 [J].新疆石油地质,1988(2):36-41.

[75] 张仲俊.张仲俊教授论文集 [M].上海:上海交通大学出版社,1987.

[76] 赵永胜,李淑君.油田动态功能模拟的原理与途径 [J].石油勘探与开发,1989(5):79-82.

[77] 黄伏生,赵永胜.应用蒙特卡洛法确定油田产能 [J].大庆石油地质与开发,1985(4):47-49.

[78] 赵永胜,黄伏生.油态系统辨识及预测论文集 [M].北京:石油工业出版社,1999.

[79] 刘青年,赵永胜,黄伏生,等.灾变预测方法的一个应用 [J].石油勘探与开发,1988(1):45-50.

[80] 赵永胜.油田套管损坏的机理及其防治措施.大庆油田稳产开发技术 [M].哈尔滨:黑龙江科学技术出版社,1997.

[81] 赵永胜.三元可公度性用于油田套管灾变预测 [C].中国地球物理学会天灾预测专业委员会翁文波预测学术研讨会,2002.

[82] 苗东升.近代以来中医命运的三个历史必然性 [J].中国工程科学,2008(5):25-31.

跋

  一部《易经》，千古之奇，至今不见解读结束。一部《红楼梦》，千古之谜，解读仍有新意萌生。一部《预测论基础》，千古之理，却催生了"翁文波之忧"。

  作为预测领域无可争议的权威，翁文波院士的研究成就和生平一直吸引着广大读者。在学习、研究与实践《预测论基础》的过程中，注意到对《预测论基础》的不严肃说辞、不公正的议论，更有甚者称其为伪科学。种种不负责任的议论，亵渎了预测科学，伤害了预测研究者的尊严。为了信息预测理论的发展与成长，更是出于对《预测论基础》价值的肯定，产生了解读《预测论基础》的念头。

  科学发现分为两类：一类是从自然界发现新的事实，即通过新的观察工具与实验手段发现－新的自然客体或自然现象；另一类是在科学研究中提出新的概念、原理、假设、定律，建立新的理论体系。翁文波先生的发现属于第二类。即在预测研究中提出并完成了《预测论基础》。一切理论的探索，归根结底都是认识方法的探索。因此，大胆采用那些对自己最合适的方法，创造自己最需要的方法，去解决那些自己需要解决的问题已成为科学研究的常识。翁文波先生的《预测论基础》就是按着自己的方法论完成的。正如先生所说的"预测论是创新的理论，所以很难一下子被人理解和接受；如果说简单，也简单得让人难以相信。比如说预测方法之一的可公度性，就是用非常简单的几个数值，经过为数不多的几次加减的算术演算来表达的。无论谁听了，都会打个问号，世界上有那么的天灾预报研究机构和人员，有那么多高、精、尖的先进技术和设备，简直可以说布下了天罗地网，即使这样天灾预报的难关还没有最后攻破，而有人用加减运算就能预报，这不是天方夜谭吗"？由于"简单得让人难以相信"，所以《预测论基础》的推广应用也遇到了困难。对于翁先生的认识论、方法论书中讨论了很多，其中谈到直觉主义和直觉经验等。所谓直觉主义理论，即认为科学上的发现，以及一般意义下的创造力，是一种完全非理性的过程，它包含着神秘的、不可分析的直觉和洞察力。这也许是如果不能深刻理解翁先生的独特认识论、方法论就会看不懂的原因之一。马克思在《关于费尔巴哈的提纲》中曾强调指出："对事物、现实、感性，应当'从主观方面去理解'，而不应当'只是从客体的或者直观的形式去理解'，正是通过主观提出问题，通过思维进行创造，才能导致真正的科学发现"。显然，停留在传统的认识论与方法论之上，不追求认识论的进步而想读懂《预测论基础》是很困难的。

  从认识论上看，人们对物质世界的认识从确定性、随机性到复杂性，方法论从还原论、系统论到整体论。人们一致的看法是，越是复杂的问题解决的方法越简单。比如神经网络模型的提出与应用就是一个证明。对于复杂的自然灾害如地震、涝灾、旱灾、飓风等复杂问题，翁先生采取了最简单的可公度性预测方法，而运算只用加减法，但却成功解决了自然灾害预测问题，使预测研究向前迈进了一大步，这是跨越一个时代的一步。值得重提的是，龙小霞、延军平和孙虎等基于可公度方法的川滇地区地震趋势研究结论——"在2008年左右，川滇地区有可能发生≥6.7级强烈地震"。2008年5月12日汶川8.0级地震证实了可公度性预测的准确性。这足以引起某些对《预测论基础》持怀疑态度研究人员的高度注意，或许在注意中得到启发而清醒过来，出现期望的所谓"浪子回头金不换"的现象。

怀疑是创造性思维的开端，是科学进步的征兆，怀疑精神是科学家最可贵的素质之一。黄汲清院士在为《翁文波学术论文选集》所做的序中写道，"勇于创新、敢于超越的精神是他最突出的品质"。综观《预测论基础》，你会由衷地感到这部著作就是翁先生勇于创新、敢于超越的精神品质的凝聚。老骥伏枥，志在千里。"我通过对质数的加减运算，找到了一把"丈量"天灾的"尺子"，如果在质数问题上进一步探索的话，可能会找到一把破译无序世界的钥匙"。如此惊人之语，掷地有声。深信信息预测理论这一开创性的工作，功绩将永垂科学史上，不仅为同代人称道，而且为后世敬仰。

随着人类文明的不断进步，人们也越来越认识到世界的复杂，而"面对复杂性，我们始终难于得到理性推断的充分前提（雷谢尔）"，"被迫在一切知识领域中运用'整体'或'系统'概念来处理复杂性问题"（贝塔朗菲）。当此之时，唯独翁先生在信息预测研究积累中发现了破解无序的钥匙，打开了一扇通过复杂的大门，架起了由已知通向未知的桥梁。信息预测需要信息积累，不能只积累表面，要注意挖掘潜在的信息。当信息积累到一定深度和广度时，往往可以发现新的带有规律性、价值更大的预测信息。

翁先生始终利用各种机会讲解《预测论基础》的认识论、方法论，目的就是希望人们能从认识上有所改变，有所提高，从而引起人们对《预测论基础》的注意。循着翁先生的思路，《预测论基础研究与实践》也想从认识论、方法论的角度来解读《预测论基础》，重复说明《预测论基础》没有神秘可言。与此同时，我们要由衷地感谢在预测研究的漫长岁月里曾给予我们莫大关怀和鼎力支持的前辈教授、学者和专家。黑龙江大学韩志刚和邓自立教授给予了系统辨识的启蒙教育；北京石油勘探开发科学研究院齐与峰教授在研究中给予了悉心的指导和帮助；秦同洛教授对我们的研究方向给予了充分肯定和支持；中国石油天然气集团公司科技司蒋其凯、曾宪义教授从科研管理角度给予了极大支持和鼓励。此外，还要感谢那些与我们一起合作的同事、朋友和给予我们默默支持的家人。

跋

"关于过去事物的知识,是历史;关于未来事物的知识,是预测"。这是翁文波院士对预测的高度概括。我们将带着尊敬与谦卑继续深入学习、研究《预测论基础》,期待着信息预测理论的进一步发展、相信《预测论基础》终将成为现代预测理论研究征途中坚不可摧的基石与里程碑。

作者

2017 年 8 月

附录1　翁文波及其《预测论基础》

翁文波是我国著名石油地质学家、地球物理学家，中国科学院院士，是中国地球物理勘探、测井和石油地球化学技术的创始人，是"信息预测理论"的开拓、创始与奠基者。

翁文波1912年生于浙江鄞县（今宁波市），1934年以《天然地震预报》一文毕业于清华大学物理系。1939年获英国伦敦大学帝国理工学院地球物理博士学位。

纵观翁文波院士的一生，可分为两个阶段：1939—1966年，以石油勘探创业为主前半生的28年；1967—1994年，受周恩来总理委托从事天灾预测理论探索、研究为主后半生的28年。

1939年，翁文波任重庆中央大学物理系教授，1941年任玉门油矿勘探室副主任，筹建了我国第一个重力勘探队，在河西走廊开始了我国最早期的石油重力勘探，开创了我国的石油地球物理事业。1959年，他作为大庆油田发现主要贡献者获国家自然科学发现奖。

1966年3月河北邢台发生6.8级地震，周恩来总理要求翁文波赴灾区调研。是年4月，周恩来召见李四光和翁文波，希望他们对地震进行研究。1967年3月，河北省河间县发生6.3级地震，周恩来总理单独召见翁文波，说"石油已放光彩，地震方面也要放光彩"。1969年，渤海发生7.4级地震，周总理电话通知翁文波到国务院，因当时被隔离审查而受阻。周总理三次召见改变了翁文波的研究方向。10年之后，1979年翁文波撰写了《初级数据分布》，1980年发表了《频率信息的保真》《可公度性》等研究论文。1984年翁文波出版了专著《预测论基础》，以其的独特的学术思想体系，开创了信息预测理论，并在实践中得到了验证。

1994年9月26日他住进医院，他曾反复强调"我死不足惜，唯一放心不下的是如何把预测论研究告一段落。""希望找到可靠的人接我的班，使预测论的研究继续下去。"翁文波的一生，淡泊名利、无私奉献、严谨认真、锐意创新。他的品德、他的情操，不懈追求的科学精神永远是我们学习的楷模。

附录2 回答王志明同志五个问题

问题1：《预测论基础》要旨。

近年来，国内外有的大专院校，开设"技术预测"的课程，一般归属于社会科学的范畴。1984年出版的《预测论基础》在自然体系的属性上引入了不确定性、不稳定、非排中、可数（量子化、离散性）、可公度等概念。在认识体系的属性上引入了偏面、模糊、灰色、分体等概念。在数学方法中，从以求共性为主的统计学，开拓到以求特性为主的信息学。预测论就这样进入到自然科学的领域，将排除在技术预测研究范围之外的自然现象，如从中微子质量到地震、洪水等，也成为可研究的对象。

问题2：预测的现状。

流行的或经典的预测，主要为社会科学，在有的国家和企业，有专门从事预测的部门或组织，美国的兰特公司就是一例。在学术上，国外有的大学有"技术预测"这样一类课程，也属于社会科学部门，现在又出现了"未来学"，广泛地预测人类的未来。对自然现象的预测，包括天灾预测，分散在不同单位或个人在研究，现在还没有建立一个广泛承认的学科。

问题3：存在的问题和我们的困惑。

1984年《预测论基础》一书的出版，标志着一个新学科的提出，但她像一个先天不足的婴儿，在一片荒野中诞生了。我们的困惑是，有谁将成为她的热心的抚养人？目前，她的命运并不十分理想，在这种种不利因素的背景后，还有一个最基本的问题，那就是任何新的学说，都有一个被认识的过程，如果她没有被遗忘，这可能要等几年或十几年的时间。

问题4：希望之所在。

当潘多拉打开灾祸之盒，飞出一大批的灾祸，迅速地散布到地球上，但盒子底下还深藏着唯一美好的东西——希望！希望必须建立在自己潜在力量之上。"预测论"也必须不断自我完善，充实其生命力，在实力中实现自身的价值。以天灾预测为例，预测必须起到减灾的目的。

问题5：2000年的思考。

"预测论"可能在本身发展过程中提供一部分理论基础和新的方法。如果她有足够的生命力，一个比较完整的"预测学"将在下一个世纪诞生，完整和科学的"预测学"将是人类文化在信息时代的一个核心。